中國園林博物館學刊

U0178125

Journal of the Museum of
Chinese Gardens and
Landscape Architecture

中国园林博物馆　主编

中国建材工业出版社

06

《中国园林博物馆学刊》
编辑委员会

名誉主编　　孟兆祯

主　　编　　张亚红　刘耀忠

副 主 编　　黄亦工　赖娜娜　陈进勇

顾问编委（按姓氏笔画排序）

　　　　　　白日新　朱钧珍　李　蕾　张如兰　张树林

　　　　　　陈蓁蓁　耿刘同　曹南燕　崔学谙

编　　委（按姓氏笔画排序）

　　　　　　牛建忠　白　旭　刘明星　谷　媛　张宝鑫

　　　　　　赵丹苹　陶　涛　薛津玲

封面题字　　孟兆祯

封底治印　　王　跃

主办单位　　中国园林博物馆

编辑单位　　园林艺术研究中心《中国园林博物馆学刊》编辑部

编辑部主任　陈进勇

编辑部副主任　张宝鑫

编　　辑　　张　满　冯玉兰　吕　洁　孙　萌

地　　址　　北京市丰台区射击场路 15 号

投稿信箱　　ylbwgxk@126.com

联系电话　　010-83733172

目　录

园林历史

藏品研究

科普教育

风景园林及学科发展
——刘家麒先生访谈

刘家麒：1932 年生，1949 — 1955 年就读于复旦大学农学院园艺观赏组、沈阳农学院园艺系造园专业、北京农业大学园艺系造园专业。曾就职于中国城市规划设计研究院，教授级高级工程师，历任《城市规划》编辑部副主任、院副总工程师、院科技委员会副主任、深圳规划设计咨询中心经理、深圳分院总工程师等职务。中国风景园林学会资深会员、中国风景园林学会终身成就奖获得者。

采访人：首先您能谈谈您的求学和工作经历吗？

刘家麒：我是 1949 年考进复旦大学农学院园艺系的，那时候园艺系主任是毛宗良教授，他是 20 世纪 30 年代留法期间学的园林专业。1950 年，毛宗良先生和张守玉教授（曾留学日本学习花卉专业）创办了观赏园艺组和观赏组，我是进入观赏组学习。1952 年国家院系调整，复旦大学农学院调整到沈阳农学院。当时我有事晚了两年才去。两年以后等我过去的时候，观赏组已经撤掉了。当时我想我已经读到三年级了，再改果树蔬菜专业也不合适。而当时全国就只有北京农业大学有造园专业，后来沈阳农学院就同我商量到北京农业大学借读，我去借读了但最终我还是在沈阳农学院毕业。毕业之后，我被分配到哈尔滨市园林部门做规划设计。1980 年，我调到北京中国城市规划设计研究院工作，主要是从事城市规划工作，而不是园林工作。后来我退休的那年，周干峙任中国风景园林学会理事长，邀请我去担任学会的常务理事，从这个角度说，我在退休之后又为园林事业做了点贡献。我在工作中比较喜欢创新和创造，记得早前在哈尔滨的时候，这个城市比较特殊，原来有很多俄国人，城市和建筑偏俄式风格，中国传统园林的味道不浓，我为此专门写了一篇论文《哈尔滨的园林风格》，这是当时国内探讨园林风格的第一篇研究论文。1963 年到 1966 年，我主导在哈尔滨创办了冰灯游园会，当时的做法很简单，就是拿水桶装上水，室外放一晚上，周围就结成一个冰壳，凿个窟窿把水倒了，再把冰壳倒出来，里边放上蜡烛点上，公园到处一摆，效果很意外，相当吸引人。现在哈尔滨冰灯变成冰雪节，名气越来越大，变成了哈尔滨冬季旅游的重要名片。我到北京之后于 1980 年第一次编制了泰山风景名胜区规划，过去一般在进行风景名胜区规划时，主要关注风景，关注如何游览。我没有按照常规套路走，而是参考了一些国外资料，我发现国外的规划来自很严整的数据，因此我在编制泰山规划之前首先做了游人调查，提出了风景名胜区环境容量等问题。后来做深圳总体规划时，采用了一些市场经济的概念，比如说土地有偿使用，服务设施配置等，主要还是比较灵活的运用方式。

采访人：您从事城市规划方面的工作，也写了很多城市的规划设计方面的论文，那您认为有什么好的经验方法值得借鉴应用到北京的城市发展上呢？

刘家麒：从历史渊源方面来讲，城市规划专业其实是从园林专业分出来的。过去国外风景园林专业的风景园林师，也都懂城市规划。我们国家的老前辈，比如程世抚先生，留学美国时学的是风景园林，但他也是城市规划专家，所以说风景园林师从事城市规划天经地义。我觉得城市规划可以从一个更高、更宽的视野去看待风景园林。建一个公园或者一个园林，你首先要考虑就是它在城市里面到底是什么地位？在城市绿地系统里是属于什么性质的绿地？另外，它辐射的服务范围有多大？服务人口是什么样的性质？这样的话，你建设园林的时候才能够有根据，能够做好。

采访人：您觉得音乐和园林之间有什么联系？

刘家麒：我觉得艺术原理都是相通的。从音乐来讲，最基本的要素三个：一是旋律，二是节奏，三是和声。这三个要素在园林里，也能找到对应的点。比如说我们进入一个公园，沿着园路游览时会看到步移景异的景色，这就是旋律；园林里的节奏就是参观时路线上的起承转合；园林是个综合艺术，包括山水石植物建筑，这些元素综合在一起就是和声。因此从这个角度看，音乐与园林基本还是非常相通的。

采访人：您撰写了关于缅怀前辈的很多文章，您能谈谈这些前辈对您的哪些方面有影响呢？

刘家麒：汪菊渊先生是我的老师，对我影响很大。另外，对我影响比较大的还有李嘉乐先生、周维权先生。我认为他们两位先生工作非常严谨，非常踏实，而且知识面都非常广博。再有余树勋先生，对我们后辈的帮助和扶持也非常大，我非常感激他们。我之所以能取得一点成就，可以说是站在巨人的肩膀上。所以我非常怀念他们，非常感谢他们。

采访人：积极推广《中国园林绿化树种区域规划》，对园林绿化发展的重大意义是什么呢？

刘家麒：记得当时《中国园林》上有篇文章，提出要设立一个科研课题，研究全国的树种区域规划。其实我知道这个事情早就有人做了，陈有民先生之前就已经做过全国树种规划，而且做了十几年。但我们国家树种区域规划比美国要复杂得多，因为影响着树木冬季成活，不单是温度问题，还有湿度问题，有的树不是冻死的，而是干死的。陈有民先生就根据温度和湿度因子，把全国划分成很多区域，列出了每个区域适宜什么树种。我写这篇文章的本意是想说搞科研一定要先搜集文献，在别人研究的基础上再做，才能更进一步。

采访人：为什么您呼吁园林要发展，要先立法呢？

刘家麒：现在吴良镛先生提出的人居环境的概念，也无非是包括建筑、园林和城市规划。在我们国家法律层面，建筑领域的法规条例很多，城市规划方面则有城市规划法，唯独园林绿化方面没有相关的法律，只有一个临时性的条例。如果法律缺项，我们行业的工作开展就没有依据，与其他相关的行业、专业的相互关系也就搞不清楚。日本大概是1936年在园林绿化方面就已经立法了，规定城市中应该有多少人口，人均绿地应该有多少，如果是朝着这个目标努力，并且按照法律法规去建设，进度就会很快。可以看出来日本在立法之后，园林绿化建设速度就上去了。所以我说我们国家也很有必要在园林绿化建设方面尽快立法。

采访人：您对风景园林的定义是什么呢？

刘家麒：关于风景园林，国际风景园林师联合会（International Federation of Landscape Architects，IFLA）有个定义，中国风景园林学会也有一个定义，风景园林应该是和人的生活密切相关的，和环境密切相关的一种科学技术和艺术。按照汪菊渊先生的说法，中国风景园林分三个层次：第一个层次就是传统园林，包括园林植物，园林建筑，园林土木建设，主要是堆山理水，这是中国风景园林学科的基础；第二个层次是城市绿化，就是跳出私家园林、皇家园林的围墙，把园林放到整个城市里面去；第三个层次就是大地园林化，把整个国土范围都作为一个园林化的目标来实施。大体上是这么三个层次。

采访人：您对"大园林"是如何解读的呢？

刘家麒："大园林"不是我提出来的，是陈向远提出来的，他写过一本著作《城市大园林》。我曾经跟他共同商量和讨论过，主要围绕三条：一是范围大，整个市域，所有山水林田路，全都园林化；二是面向全体社会大众；三是功能比较全，包括文化娱乐和生态环保等相关内容。

采访人：您对中国风景园林学科的展望是什么呢？

刘家麒：我认为风景园林从一开始为少数人服务，到为城市市民服务，再到为全体人民服务，这个范围越来越大，所以风景园林学科前景非常大。我们还要积极宣传风景园林的意义，否则老百姓说一提园林就只知道好玩好看，那是不够的，对于维护生态、保护环境的作用也应该进一步普及。现阶段我们处在中国特色社会主义新时代，要建设美丽中国，倡导生态文明，我们的风景园林确实应该在生态文明建设中占有非常重要位置。

采访人：您对园林行业的中国园林博物馆未来的发展有什么意见和建议吗？

刘家麒：我觉得中国园林博物馆作为全国唯一的国家级园林博物馆，对我们园林行业起的作用非常大，收藏了很多园林文献和历史见证物。另外对于宣传园林的作用，弘扬中国优秀传统文化，也将会起到巨大的作用。我希望中国园林博物馆越办越好。

风景名胜区是最具中国特色的自然保护地

李金路

李金路：1962 年生，中国城市建设研究院有限公司总工程师，教授级高级工程师，注册规划师。长期从事全国风景园林事业中长期发展规划和建设事业技术政策编制等宏观研究，国家行业技术标准编制以及住房城乡建设部、各省市风景园林专业的软课题研究。主持、从事城市规划、村镇规划、风景名胜区规划、旅游规划、城市绿地系统规划、城市公园规划设计、居住区园林景观设计、道路和广场景观设计、庭园设计和施工服务。

我国正在建立以国家公园为主体的自然保护地体系，国家公园、自然保护区、风景名胜区、森林公园、湿地公园、草原等都将归入自然保护地类型（表 1）。但是上述诸多概念中，只有风景名胜区源于我国上古时代开始的、由中央和地方公认的，并连续 4000 余年历史不断的名山大川体系，其余各种保护地都是近 150 年来引自的西方概念。

风景名胜区与一般保护地在空间相近、本底重合的同时，在内在属性上又有着本质的差异。国务院《风景名胜区条例》对风景区的定义："具有观赏、文化或者科学价值，自然景观、人文景观比较集中，环境优美，可供人们游览或者进行科学、文化活动的区域"。36 年来，国务院共颁布 9 批 244 处国家级风景名胜区，加上约 700 处省级，共计约 990 处风景名胜区。总体而言，风景名胜区天人和谐、历史悠久、文化深厚、生态健全、景观优美、设施相对完善。相比人工的"名胜"区域，风景名胜区中的自然区域所占比例很大；相比完整生态系统的自然保护地规模，风景名胜区的面积又小很多，它在资源特点、使用功能、历史渊源等方面，与通常的自然保护地迥然不同。

风景名胜区共计 14 种类型。虽然彼此各具差异，但是其核心特点却是"风景"与"名胜"的有机结合。是"风景"娶了"名胜"，还是"名胜"追求了"风景"？独特的人文历史景观与优美的自然生态系统和神奇的地质地貌是怎么有机结合的？这就需要对风景名胜区的本质属性进行完整的梳理。

1 风景名胜区的"前世今生"

中国的风景名胜区制度酝酿于改革开放初期，始于 1982 年国务院设立的首批 44 处国家重点风景名胜区。但是 30 多岁的风景名胜区却是有源之水，有根之木，她有着 5000 余年的中华历史渊源。中华民族积极向上的古代神话传说、启迪智慧的通灵思想、朴素唯物论思想、整体认知世界的认识论和方法论、寻求自由自我自在的人生社会理想等，都是今天风景名胜区体系诞生的早期营

表 1 各类自然保护地的"前世今生"（截止到 2018 年年底前）

自然保护地类型	国内起始时间	国外起始时间
国家公园	3 年前中国国家公园试点	150 年前美国黄石国家公园
风景名胜区（中国起源）	4000 年前禹封九山 2000 前秦汉五岳名山 36 年前风景名胜区	
自然保护区	60 年前鼎湖山自然保护区	150 年前美国黄石国家公园
自然公园		80 年前皮厄尼尼自然公园

养。中国神话的伟大梦想、人神通灵的修身实践、探求仙境的风水宝地、生活理想中的宇宙模型，都激发出了古代先民追求神圣、探索神秘、塑造神奇的内生动力，并借此认知自我、完善自我、升华自我，走出一条中国特色的人天和谐之路。至今，我们内心仍然向往"鬼斧神工""恍若仙境"的风景胜地，并从大自然获得智慧启迪，这与古人寻求高山大川的非常之地作为通灵开窍的道场，简直异曲同工。风景名胜区基于自然生态，但已不再局限于生态本底的物质属性，它是中华民族"天人合一"宇宙观的具体反映，是古人的人生理想境界和构建的宇宙模型，是在中华大地上自然界的自我认识！

昆仑山在中国的神话传说中是天帝在地上的都城，是万山之源、万河之源，是百神所在的地方。昆仑神话源于人类早期，主要描述了宇宙形成、人类从诞生到发展的重要历程，其中的内容非常丰富。"盘古开天、女娲补天、伏羲画卦、神农尝草、夸父追日、精卫填海、愚公移山等我国古代神话深刻反映了中国人民勇于追求和实现梦想的执着精神"。中国的文化大多源于昆仑神话体系，风景名胜区的发生和发展也不例外。从昆仑神话到蓬莱仙境，从"三山五岳"到名山大川，再到风景名胜区体系，历经了"一三五百千"的演进历程。

原始文明造就了昆仑神话，中华神话从仙境走向人间的大致路径是：一圣山（西方昆仑山）、三仙岛（东方蓬莱三仙山）、五岳镇（以中原文化为核心的五山岳，后期又衍生出五座镇山）、百名山（"天下名山僧占多"的各家祖庭道场）、千风景（护佑中华民族各聚集地区周边的成千名山，其中风景名胜区是典型代表）。中华神话产生、流传过程与华夏民族的生存与发展存在着时空的一致性，隐约显示出古代中华文明在寻源、探流、求本、自我认知的心路历程和演化变迁的时空轨迹。

昆仑山（一圣山）与古代的夏、周、羌（图1、图2）几个民族的活动空间都有密切联系，昆仑神话成为他们

图1　夏朝疆域图（http://news.yxad.com/news/256228143_100185841.html）

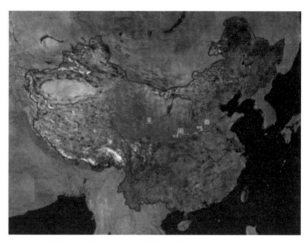

图2　周朝时的羌族分布（中国城建院王玉洁）

的精神信仰。

羌族是生活在昆仑山下、黄河上游的早期先民之一。汉族在先秦时期自称华夏，华夏族是黄河流域的最早居民，于8000年前在黄河上游和中游建立了大地湾文化（甘肃天水）和裴李岗文化（河南新郑）；公元前7000—5000年在长城沿线及河套地区建立了仰韶文化（鄂、豫、甘、青）；公元前4600—4000年在黄河的中下游的鲁、豫、晋、陕地区建立龙山文化。华夏文明传承时空脉络是：大地湾文明和裴李岗文明—仰韶文明—龙山文明。随着华夏文明重心的东迁，上游的神话体系也"顺流而下"，成就了蓬莱神话。随着3500年前的夏末商初二里头文明的出现，汉文化核心圈在中原形成，神话伴随着文明正式"落户"在中原周围，演变成中国独特的"三山五岳"现象。

"三仙岛"就是东海传说中的蓬莱、方丈、瀛洲三座仙山，属于秦汉以后兴起的神仙信仰的产物。先民以大河（黄河）为主线，溯源寻本到昆仑，顺流探往至蓬莱。一山一海，一西一东；一高一低，一源一流，一来一往，两个神话体系以华夏文明为载体，位于以中原汉文化为核心的东西两端，构成了先民神话想象与现实理想的交织。

"五岳镇"指中华五座岳山和五座镇山。汉代时的"五岳"包括东岳山东泰山、南岳安徽天柱山（隋代改为湖南衡山）、中岳河南嵩山、西岳陕西华山与北岳河北岱茂山（清朝顺治后改为山西恒山）。汉族先民大体以西起陇山、东至泰山的黄河中、下游华夏文明圈为代表的活动地区。东、西、中三岳都以中原的汉文化为核心，位于华夏祖先最早定居的中华民族摇篮的黄河岸边。而南岳的南拓，北岳的北展，也显示出中原文化圈的逐渐丰满和拓展。"五岳"和"五镇"是"圣山仙岛"神话的现实成果，是对中原核心文化空间的"神仙保佑"。

"五岳"既不是中国海拔最高的山，也不是风景最美的山，也未必是生态系统保持最原真、最完整的山，为何被帝王选为封禅之地，成为守护中华文明核心圈的圣山？并历经2000余年的文化积淀，许多岳山成为世界自然和文化遗产？"五岳"是神话仙境在华夏文明体系中的具体表现，是中国古代"五行"学说在国土上的具体落实，是古代万物相生相克、彼此运动转换的"五大发展理念"，是中华文明对天人模型的独创！"五岳"都高耸在平原或盆地之上，相对高度都非常突出，显得格外险峻，都作为人神沟通的圣山，并以此延展，构筑了中国古代的名山大川体系，奠定了今天中国风景名胜区的基础。随着神通、求仙、通灵和启智功能的逐渐世俗化，古代的名山体系核心价值被逐渐淹埋，而显示出资源保护、观光游览、科研科普的日常世俗活动，呈现出今天的风景旅游功能。

此外，山东沂山、浙江会稽山、山西霍山、陕西宝鸡吴山、辽宁医巫闾山等"五镇"名山，与"五岳"一起，构成了古代中国法定的通灵祭祀之地，也都演化成了今天的风景名胜区。

从以中原文化为中心建立的由皇家垄断的"五岳""五镇"，神通功能泛化到遍布全国由华夏民族定居的名山大川；从"娱神"的山岳祭祀和崇拜，到"娱人"的美丽国土、美丽家乡的"八景"文化；从远古的人神沟通活动，到现在的人与自然和谐相待的风景名胜区，神话伴随着中华民族的拓展、迁徙和居住，神山寄托着国家的信仰和百姓的理想，风景名胜区承载着华夏文明演进的印迹。

中国古代神话的变迁伴随着中华文明的迁徙，中国神话某种意义上就是人的神话。世上本没有神仙，神仙是人的理想化，神仙境界就是人生的理想阶段。古人渴望有一个超尘脱俗的仙境，可以修身养性，长生久视，永享安康，显示出先民对美好生活的憧憬。风景名胜区就是先民这一认识演进过程的真实载体，是古代中国人宇宙观、人生观的原真记录。

风景名胜区记录了典型的中国"天人合一"式的混元整体思维方式。与西方的自然保护地不同，中国人眼中的自然不是作为主观的人研究的外在客观对象，而是主客观一体、物我合一的浑然状态。大自然是人化山水（绝对人格和精神象征）、德行山水（君子比德、金玉比德、植物比德）、哲学山水（山者仁，水者智；山者静，水者动）。人之品，山水德，交融辉映，人杰地灵，这大大超越了科学山水的认识范畴，也大大高于一般自然保护地关注的地质地貌、生态系统、物种和基因多样性的形物质层次。

从哲学的观点看自然，禅宗的影响最为典型。宋代禅宗大师青原行思提出参禅的三重境界：参禅之初，看山是山，看水是水；禅有悟时，看山不是山，看水不是水；禅中彻悟，看山仍然山，看水仍然是水。这些观点不是科学，也不是玄学，而是中华民族对世界整体而深刻的理解，是中华民族独有的认识论。

古人在原生态保护的基础上，必须对自然的荒山进行"开山"——或称之为"精神开光"，"开光"后的山岳才不再是"荒山"，不再是原始的自然物，而成为主客观一体、大自然与人类意识结合的精神产品。借助神奇的风景、神仙的传说、神秘的幻境，古人营造出通灵天地、升华自身的修行道场，追求人天和谐的人杰地灵。风景名胜区从神话起步，历经人神沟通、人生修炼、认识自我、启迪智慧的多个阶段，随着神通活动逐渐泛化，通灵圣山的分布也从围绕着中原的汉文化核心的五岳，拓展到地方五岳，以至东亚地区，扩展到了中华先民聚居地周边的各处山岳，开始了"山不在高，有仙则名"，表现为"天下名山僧占多"的中国特有的文化景观特征；进而通俗到社会大众日常审美层次，演化到现在风景游赏。风景名胜区是人与自然在精神意识层面相混化、相融合的生态文明成果。

风景名胜区寻求的是山水清音，元气淋漓，在恍若仙境的山水中启迪人生智慧，实现了大自然的自我认识。风景山水的精神属性凸显，明显属于"形而上"，大大超过其在地理科学、景观生态学、气象生物学研究等物质属性的"形而下"层次。目前的244处国家级风景名胜区大致属于3大类型：神话类型、诗化类型和人化类型；而目前的446处国家级自然保护区按照保护的主要对象，可分为3大类别：自然生态系统类、野生生物类和自然遗迹类。风景名胜区的特点在于人与自然的高度和谐统一，其核心价值在于风景、名胜和风景名胜资源要素经过历史的积淀而构成的自然和文化遗产、文化景观价值，而不全以森林、湿地、草原等生态系统价值来评估，自然生态系统、生物多样性都仅仅是风景名胜区的绿色背景和本底，是它的原始起点。

古代的名山大川体系伴随中华文明的历程，用江山护佑社稷；现代风景名胜区关注生态保护、文化传承、审美启智、科学研究、旅游休闲、促进区域发展，为人民群众向往的更美好生活提供风景旅游休闲体验。其核心功能在精神文化的审美层面，给后代留下的是自然和文化遗产，或者文化景观。而通常的自然保护地视人类的活动为最大干扰，关注生态系统的原真性和完整性，以及重要的栖息地、物种和景观保护，同时保持特殊的自然和文化特征、提供教育、旅游和娱乐机会。其核心功能在物质科研层面，给后代留下自然遗产。这是两者之大不同。

2 风景名胜区核心价值特征

风景名胜区是在自然地域的空间上，中国传统文化演进的高级层面，是自然保护地上的中华文明的精华，从远古到今天，都是最美国土，是国家的符号象征。在全国960万平方公里的土地上，已经建成各类自然保护地超过8000个。如果说总面积占国土面积18%的自然保护地是国土上的"生态绿毯"，那么，占国土面积2%的风景名胜区就是"绿毯"上的美丽"鲜花"，其中集中承载的中华文明的"名胜"更是"鲜花中的花蕊"！

依照国务院目前的法规，风景名胜区与自然保护区、文物保护单位/历史文化名城并列为国家三大法定遗产保护地，涵盖了国家自然遗产、文化遗产、自然和文化遗产、文化景观的各种保护类型。风景名胜区是介于自然保护与文化保护之间的人与自然协调关系的特殊保护类型。显然，三者不能都用通常的自然保护地的方式来统一管理。

与通常的自然保护地在生态系统物质层面的保护相比，风景名胜区的精神层面高端而又综合复杂。它基于生态系统之上，又大大延展到文化层面；它包含科学内容，又大大拓宽到哲学领域。风景名胜区位于生态上、山水间、风水中——景在表面，文在内心；风景是貌，风水是根；风情为核，元气为本；自然是本底，天人和谐是目标。

风景名胜区是中华文明的一枝奇葩！与一般的自然保护地凸显生态特征不同的是，风景名胜区既是自然生态环境，又是人类文明成果，它是健全生态系统与优秀中华文明的有机结合。这是通常的城市文明和一般的自然保护地都难以企及的高峰。

与城市文明相对应，风景名胜区承载着中华文明的另外一枝，即山水文明。它记载了中华民族的宇宙观、人生观和价值观，包含了古代先民独特认识论和方法论，

成为天人合一观、风水堪舆思想、阴阳五行学说、人杰地灵思想、整体内向型思维方式，以及儒家、佛家、道家、医家、武家、民间诸家优秀的思想文化和实践的空间载体，而不同于通常的自然保护地。

远古的神山圣水承载着中国原始文明的神话传说，古代的名山大川就是中国农耕文明时代的国家公园，国家级风景名胜区就是中国工业文明时代的国家公园，中国的风景名胜区继承和发展了中国的名山大川体系，集中了世界遗产地、国土最美风景、国内外最认可的国家代表区域，给未来的生态文明时代的中国国家公园的探索奠定了坚实的基础。

中国建立以国家公园为核心的自然保护地体系，依然面临"坚持中国道路，弘扬中国精神，凝聚中国力量"的选择。风景名胜区所承载的中国山水文化特色是构建中国特色的社会主义道路的历史文化基础之一。源于5000年古老文明的中国风景名胜区体系具有中国起源、中国特色、中国智慧、中国模式、中国价值观，还曾经有着中国输出的特点。在我们重塑文化自信过程中，必须充分、全面认识风景区的本质属性，激活其中的遗产信息，释放出其中的潜藏价值，与其所连带的生态系统一起，服务于中华民族的伟大复兴。

立足中国各类保护地的资源特征，梳理历史文化和配置现实功能，做到体系互补得当，防止生态景观资源错位使用，甚至高值低用。针对有学者提出的"国家公园—自然保护区—自然公园"中的单一重复的资源分类（表2），笔者提出中国保护地分类构想，促使自然与人文相辉映，保护和利用分层次的中国特色体系。

表2　中国保护地分类体系构想

类型	本质特征	核心功能
国家公园	生态系统总原真、完整，自然生态最具国家代表性	最严格保护生态系统，是国家经济社会发展的生态保障
风景名胜区	历史最悠久，风景最奇特，山水文化最具国家代表性	严格保护和利用风景资源，用山水文化支撑中华民族的伟大复兴
自然保护区和自然公园	典型自然生态系统、珍稀濒危野生动植物、特殊自然遗迹和景观、与人文景观相融合	保护典型的生物多样性、自然生态系统和特殊的自然遗迹；以生态保育为主，兼顾科教和游憩文化活动

参考文献

[1]　《风景名胜区分类标准》CJJ/T 121—2008.

[2]　李金路.中国需要什么样的国家公园？//风景园林师——中国风景园林规划设计集17［M］.北京：中国建筑工业出版社，2018.

[3]　住房和城乡建设部.中国风景名胜区事业发展公报（1982—2012）.

[4]　彭福伟.国家公园体制改革的进展与展望［J］.中国机构改革与管理，2018（02）46-47.

[5]　谢凝高.名山·风景·遗产//谢凝高文集［M］.北京：中华书局，2011.

注：原发表于《中国园林》2019年03期，有删减。

漫谈盆景
——以扬派为例

耿刘同

耿刘同：1939 年生，著名园林文化专家，享受国务院特殊津贴。历任颐和园副园长、总工程师、北京市园林局副总工程师，参与主持了颐和园成功申报世界文化遗产、复建苏州街等工作，曾担任中国紫禁城学会副会长，著有《颐和园》《中国古代园林》《御苑漫步》《佛学和中医学》，主编《中国皇家文化汇典》等。

1 从北京盆景参加扬州盆景盛会说起

盆景是中国传统文化的重要组成部分，是东方文明的重要符号。在历史悠久、流派纷呈的中国盆景艺术中，北京盆景应属新秀。改革开放以来，北京广大园林工作者和业余爱好者不断追求探索，利用北方树种和北方石材进行构思创作，植物主要是乡土树种里的荆条、鹅耳枥和小叶榆等，逐步形成了于粗犷中凸显雄奇的风貌，出现了一批令人瞩目的优秀作品，并在历次国内外的展出评比中获得了喜人的成绩和奖项。在提高与普及过程中的北京盆景艺术，已经成为首都各公园美化厅堂展室和亭榭庭院的内容，同时也出现在逐步改善居住条件的市民居室和凉台之上，点缀在国宾下榻的宾馆之中。

20 世纪 90 年代，北京植物园建成了国内规模和设施一流的盆景专类园，展示以北京盆景为主的盆景艺术代表作。北京也相继成立了北京盆景协会和北京盆景艺术研究会，涌现出了以周国良为代表的一批中国盆景艺术大师，积极推进北京盆景的快速发展。周国良曾经使用圆明园遗址的榆树残根做成盆景作品"劫后余生"。在颐和园申报世界文化遗产时，我们专门把这一盆景陈设在会场，笔者作为申报团队的成员，专门阐述了盆景艺术和"三山五园"焚毁等主题内容，感动评委的同时也很好地宣传了中国的盆景艺术。

以上这些都是北京盆景艺术不断普及提高并在其风格上趋于成熟的标志。1997 年在江苏扬州举办了全国第四届盆景大会，当时的北京园林局组织相关人员参加，笔者带队参与了这次盆景界的盛会。正是因为这次扬州盆景展示盛会，北京盆景得到了社会各界的喜爱与赞许；也正是因为这次盛会，北京盆景以独立的姿态跻身于国内著名流派之中。

2 对扬州盆景的认识

笔者生于扬州，成长于扬州，至初中时方离开扬州到北京生活，耳濡目染，从小就认识盆景，也对扬州的园林有切身的了解。

扬州人非常喜欢盆景，几乎家家户户都有盆景，尽管盆景的形式和品质有所不同。其实，在扬州，树桩盆景是正宗，山水盆景并没有市场。小时候，笔者家里有一个大园子，比较宽敞，曾代养过几盆别人家的盆景，其中有三棵明代的老树桩盆景。这些盆景能够清晰记载年代，尤为重要的是流传有序。盆景所用的紫砂盆是圆形的签筒，紫砂是鳝鱼黄的，顶子是平顶，有个主干，一顶、五背、三个弯。一般来说，扬州的主干都是奇数背，或三或五或七背。这几盆盆景高度 50 厘米，在笔者家管理养护了四五年的时间，主要摆放于室内窗前，与笔者日夜相伴，后移交给接待部门。这一期间为这几个盆景做过两次绑扎，浇水和施肥时只是用笋皮，或者是蚕豆外壳泡水。大师们对盆景的养护管理主要是绑扎，不同的师傅手法不完全一样。大师来一整天的时间。第一个大师管理时的方法是不打头芽，而是弯起来。扬州盆景讲究"缩龙成寸""一寸三弯"，用棕丝进行绑扎，棕丝都是现场搓成。后一个大师修剪的方式与前一个大师手法不同，是用剪头的方式，保持圆顶造型。扬州盆景中绑扎的棕法很重要，其最难的是背面棕绳，从正面看不出来绑扎，很讲究。

扬州的盆景植物常见的有松、柏、榆、杨四种，其中杨是指很有名的盆景植物——黄杨。明朝散文家张岱在《陶庵梦忆》中记载了一则关于黄杨盆景枯干复活的故事，范与兰"所畜小景，有豆板黄杨，枝干苍古奇妙，盆石称之。朱樵峰以二十金售之，不肯易，与兰珍爱，'小妾'呼之。余强借斋头三月，枯其垂一干，余懊惜，急异归与兰。与兰惊惶无措，煮参汁浇灌，日夜摩之不置，一月后枯干复活"。这与北京古树复壮中李锦龄先生用中草药进行复壮具有异曲同工之妙，可惜的是没有进行深入的实践和研究。

盆景是活的艺术品，既然是有生命的就牵扯到寿命问题。盆景的寿命有两个方式可以记载，一是自然树木生长的年龄，二是制成盆景的树的年龄，不是以自然年龄为年龄，而是以盆景做出以后的年龄为年龄。笔者家中代养的这几盆桩景没有换过土，也从没有换过盆，显示了良好的适应能力。这个盆景实际上应该有一对，两盆完全一样，是对称的，因为扬州盆景很讲究对称，不是平常的随意摆放。笔者在别人家见过非常不成型的树桩，但是在制作盆景时使用锯子把老树桩剖成两半。扬州的盆景讲究一对，迎春花盆景，悬口的，最多的九背，九种不同的枫叶嫁接在同一棵树上。

扬州的盆景非常讲究几架，厅堂陈设不在露天，露天只是为了养护，因此几架就显得非常重要，更像个工艺品，可以看出扬州的盆景不是为了单独欣赏，而是有跟花瓶陈设等类似的设置初衷（图1、图2）。

3　盆景的特点及其和园林的关系

盆景艺术到底跟园林是什么关系？这个问题很多园林工作者都考虑过。其实园林主要是协调人工和自然之间的关系。造园所追求的"虽由人作，宛自天开"很好地揭示了园林与自然的关系。那就是源于自然而高于自然，宛若自然。从某种程度上说，外国园林与中国园林是一个目标，都是处理人与自然的一种方式。英国皇家美术学院首任院长——乔舒亚·雷诺兹在谈风景画写生时提到，假如给园林下个定义，那就是以能不能改变自然为衡量标准，园林是经过选择的对人有用的自然。

盆景蕴涵的哲理和艺术内容与造园相通。盆景植物的种类不同，有赏根的，有赏干的，有赏叶的，有赏果的，但盆景的制作与动物改造时改变基因不同，树桩盆景是不改变基因的，尽管改变了植物的姿态和形状，但并不改变植物的基因。有人认为盆景起源于日本，称为"侏儒树"，这根本是错误的。中国的盆景本质上并不是追求病态的审美，而是关于人和自然的协调。盆景的修剪和绑扎是按照人的意愿。现在来看，盆景制作中绑扎得比较松散，且绑扎的方式也在不断变化，盆景艺术与植物的天性也在靠近中。从这种意义上说，盆景确实是带有生命的艺术品或者是活动的雕塑。盆景是解剖中国园林的最好标准。揭示人与自然关系最精巧的就是盆景。

关于盆景的流派，当前有趋同发展的走势，流派的界限逐渐模糊。文化的交流促进了盆景艺术的同化，现在只从外形上看，并不能直接区分出一些盆景到底是哪个流派，除了那些较为典型的、具有特殊印记的盆景作品。从北京世园会获奖的扬州盆景作品来看，这种流派间的趋同性还是非常明显的。

图1　扬州盆景的造型特点

图2　绘画中的扬州盆景

《园说——北京古典名园文物展》策展回顾

张亚红　秦　雷　隗丽佳　张　旭

摘　要： 中国古典园林凝聚着传统文化的高超智慧，昭显着中国造园艺术的辉煌成就，北京的古典名园是体现首都历史文化名城风貌的重要内容。为展示首都北京历史名园的艺术魅力及其在城市发展中的重要作用，策划了"园说——北京古典名园文物展"，通过丰富文物和历史资料布置，以北京市属古典名园在北京 800 余年城市建置和变迁中的历史、文化、生态及社会价值为主线，按照时间、空间、功能三个线索，为游客揭秘园林文化遗产的"昨天、今天和明天"。

关键词： 古典园林；展览；博物馆；文物

2019 年 5 月 18 日国际博物馆日，《园说——北京古典名园文物展》（下称《园说》展）在首都博物馆开幕。对于北京市公园管理中心来说，这是一个开创先河的历史节点、文保成果的"高光时刻"。来自颐和园、天坛、北海、景山、香山等 11 家历史名园园藏文物，首次走出公园、集中外展。190 余件（套）承载着城市变迁和历史记忆的文物展品和历史资料走进博物馆，向公众讲述"虽由人作、宛自天开"的北京古典名园故事。

展览期间，国家文物局副局长顾玉才，北京市市委常委、宣传部部长杜飞进，市委常委、教工委书记王宁、副市长卢彦、杨斌等领导参观指导，给予很高评价。观众观展热情高涨，展览应观众要求延期落幕，由原定 10 月 7 日延长至 11 月 3 日。170 天的展期，共接待 40 余万人次，得到了广大观众的认可和各级领导的肯定。

《园说》展的圆满成功，坚定了我们进一步挖掘园林文化，传承园林文化价值的信念，增强了让文物活起来、讲好园林故事的信心。回顾策展前后的点滴，很多心得体会值得总结和记载。

1　展览的缘起

2018 年，市领导在调研颐和园、天坛两家世界文化遗产保护单位时，强调进一步落实习近平总书记关于"加强文物保护利用和文化遗产保护传承，让丰富的馆藏文物活起来"的指示，将市属公园园藏文物在首都博物馆面向公众展出。2018 年 11 月，我们与首都博物馆商定，展览安排在首都博物馆地下一层 2 号展厅，面积 1200 平方米，开展时间确定在 2019 年 5 月 18 日。

2　展览的逻辑脉络

2.1　展览的主题

以园藏文物为载体讲述古典园林的历史、文化、生态及社会价值，从古典园林这个视角讲述古都北京的城市建置、历史变迁的发展历程。简言之，以文物讲园林，用园林讲城市。

2.2　展览的名称

《园说——北京古典名园文物展》是首都博物馆近些年展览中首次用两个字作为名称的展览，看似简单的两个字背后，确是颇费周折的过程。

此项展览作为首都博物馆"礼赞京华"系列展览之一，最初取名"园耀京华——北京古典名园文物特展"，"园"指园林，"耀"，意光耀、闪耀，"京华"，指北京，"特展"指规模、意义、规格和组织程度不一般。这一名称基本表达了展览的意图，符合博物馆展览名称的惯例，但不够亮眼、精彩，缺乏点睛力度。之后改名"园·粹——北京古典名园文物展"，"园"即园林，"粹"既指文物是园林中的精华，又寓园林是城市的精华，在首都博物馆建议下，把"特展"的"特"字去掉，但总体感觉，展览意图还没有表达到位。经我们反复研究，在20多个备选名称中最终选择了"园说"为展览名称。主要考虑到：一是符合习近平总书记提出的"让文物说话，让历史说话，让文化说话"的要求；二是园林圣典，明代计成所著《园冶》阐释园林的提法用的即是"园说"二字；三是精准反映了此次展用文物说园林，用园林说城市的意图。

2.3　展览的架构

北京市公园管理中心管辖11家市属公园，包括颐和园、天坛2家世界文化遗产，北海、中山、景山、香山4座著名的皇家御苑，北京动物园、北京植物园2家专类园，陶然亭、紫竹院、玉渊潭3个城市公园以及中国园林博物馆，园林类型丰富多元，历史文化内涵各具特色，想要在一个展览中涵盖古典园林、坛庙园林、山地园林、城市园林、博物馆等多种类型，如何搭建展览整体架构着实让我们费了不少脑筋。

起初，我们想借助北海、景山、中山、天坛四座园林来阐释中轴线文化，以颐和园、香山、北京植物园为主来表达西山永定河文化带。无论是四座园林对于中轴线的支撑，还是三座园林对于西山永定河文化带的支撑都相对薄弱。

随后，我们跳出各家公园所处位置的局限，调整了思维角度，以园林发展为脉络，以市属11家历史名园为讲述主体，从时间、空间、功能三个维度阐释城市与园林、历史与园林、人与园林之间的关系，确定展览整体逻辑思路。整个展览的核心和精华如图1所示。

从图1中可以看出：

维度一：空间关系——城市与园林

园林与北京城市的发端、发展密切相关。以北海琼华岛讲述京城起点，以天坛为代表的九坛八庙介绍京城格局，以颐和园、香山为代表的西郊园林介绍城市功能的扩展，并把长河沿线的北京动物园和紫竹院公园巧妙地衔接嵌入其中。

维度二：时间关系——历史与园林

北京城的建设可追溯到金元时期，北海在当时即作为重要的行宫园囿。明代是京城格局的成形时期，天坛、社稷坛等是其中重要组成部分。清代的颐和园、圆明园等皇家园林扩展了城市西郊的文化格局。

维度三：功能定位——人与园林

不同类型的园林代表了不同时期、不同人群对天人合一、山水相融、美好家园的诉求。北京古典名园中囊括了皇家禁苑、坛庙园林、行宫御苑等多种功能定位，这些古典名园从私人独享到人民共享，在新时代都成为人民群众的美好家园，体现了"公园姓公"的根本属性。

2.4　文物的筛选

市属公园的园藏文物共有5.6万件，数量不少，但品质较高、种类丰富的文物多集中在颐和园。天坛的文物重复件多，品类多为祭器，其他公园文物数量较少，这给展览增加了不小的难度，想要依托文物讲园林就需要在精挑细选文物展品的同时，尽可能平衡展览各单元的文物体量。因此，文物的筛选始终随着展览大纲的打磨、展览的落地实施而不断动态调整。最终精选出的文物包括瓷器、玉器、青铜器、漆木器、书画、丝织品等190件文物及戏单、拓片、历史照片、标本等50余件/套资料品，展品年代自辽金至今，其中一级文物13件，二级文物18件。

图1　展览策划架构体系图

2.5 展览的单元设置

展览主要分四个单元，加上序厅和尾厅共六个板块。

序厅：虽由人作　宛自天开

通过园林中的"山（假山石）、水、建筑（廊亭彩画）、文物（石洗）、植物（竹）、动物（石洗中的锦鲤）"，表达园林对自然山水的摹写，对美好意境的追求（图2）。

第一单元：平地山海　溯自辽金

第一单元主要表现北海公园、景山公园在北京城市历史沿革和布局中的重要地位。北海作为中国历史最悠久、格局保存最完整的皇家园林，是古都北京城市架构的核心，具有重要的历史价值。北海公园、景山公园平地起山海，亭台花木深，艺文渊薮地，具有杰出的园林文化艺术价值（图3）。

第二单元：坛庙相望　天人合一

第二单元主要通过天坛公园所藏的丰富、系统的古代祭祀类文物，表现天坛、社稷坛、日月山川坛、帝王庙在古代北京城市建置布局中的重要功能及其所反映的中国传统哲学中敬畏自然、敬天法祖、人与自然和谐相处的朴素自然观（图4）。

第三单元：三山五园　移天缩地

第三单元通过丰富的皇家文物展现颐和园、香山静宜园、卧佛寺行宫、紫竹院行宫、乐善园行宫在皇家园林艺术、清代政治、文化、外交、民族团结、城市生态、供水等领域发挥的重要作用（图5）。

第四单元：百年公园　旧貌新颜

第四单元表现民国以来，公园这一以昔日皇家禁地为主的最早对民众开放的公共空间，作为近代文明的产物，在开启民智、创新文化、酝酿革命、服务民生领域发挥的作用，特别是中华人民共和国成立以后，在保护文物、传承文化、创新科技、促进交往、服务外交，提升人民大众幸福生活指数等方面所发挥的无可比拟的巨大作用（图6）。

尾厅：盛世兴园

尾厅通过照片墙展项，展示1949年以来人民在公园中的文化生活照片，照片墙从黑白渐变至彩色。在对园林未来的展望和凝练的结语中结束展览（图7）。

除了上述的展览主题，在策展过程中，我们还隐含了一条展览主线，即"国强则园兴，国衰则园败"。从

图2　序厅：虽由人作　宛自天开

图3　第一单元：平地山海　溯自辽金

图4　第二单元：坛庙相望　天人合一

图5　第三单元：三山五园　移天缩地

图6　第四单元：百年公园　旧貌新颜

图7　尾厅：盛世兴园

历史走来的古典园林，无疑是精彩辉煌的，在清乾隆时期达到顶峰，而后因国力衰败，列强入侵，几经劫掠和焚毁，中华人民共和国成立后迎来了新生，皇家禁苑成为人民公园。2019年是中华人民共和国成立70周年，70年的发展，国力不断增强，公园迎来了前所未有的发展时期，越来越多的公园建成开放，走入老百姓的日常生活，即所谓：盛世兴园。

3　展览配合活动的策划与开展

为多角度阐释园林，在展览期间我们还开展了一系列随展活动：一是5月18日开幕当天，天坛公园展演了非物质文化遗产中和韶乐曲目；二是安排了"园林人讲园林美"3场随展讲座。分别由北京市公园管理中心原总工程师李炜民、颐和园园长杨华、北京市公园管理中心副主任、中国园林博物馆馆长张亚红三位专家分别以"不到园林怎知春色如许""颐和园·时间美学""中轴线上的历史名园"为题阐释园林美；三是开展了"天坛的声音""御苑书法，墨香传承""中国古代建筑探秘"，探秘中国园林博物馆园林沙盘制作等4场科普体验活动；四是借助"科普公园"公众号平台，开设"园说——说文物专栏"发布文物科普文章21篇，介绍了"园说"文物展中的文物精品科普故事；五是编辑出版《园说——北京古典名园文物珍粹》《园说说文物》科普图书；六是精选市属公园文创产品在首都博物馆展卖。

此次展览得到各方的认可，得益于：

一是市领导高位推动。多位市领导对此次展览的定位、场地、大纲、文物解读方式、宣传等给予关心、支持和具体指导。

二是公园管理中心统筹推进。展览涉及11家市属历史名园，从项目的立项、资金安排、策展团队的组建、大纲的编制、项目落地实施，公园管理中心充分发挥了体制优势，加强了统筹和调度。

三是策展团队专业敬业。策展团队由公园中心业务部门和颐和园牵头，其他市属公园及中国园林博物馆共同参与。策展基础是公园中心及所属各单位多年的文史研究。展览大纲的编写主要由颐和园承担，其他单位对本单位所涉及内容进行把关。展览内容在确保准确的前提下，力求通俗易懂。

四是讲解团队素质过硬。从各公园选拔的讲解人员在展览大纲确定之初就开始了培训，并在布展阶段进行了实地演练。展览期间，讲解人员的讲解内容也随着观众的需求不断调整和完善。

当然，任何一个展览都是遗憾的艺术，《园说》展也同样留下了一些遗憾，比如因筹展时间紧，没来得及上线语音导览服务；有些文物展品的解读还可以再详细些；序厅的纱幕虽几经更换，效果还是不甚理想等。

今天，我们回顾《园说》展策展中的收获和遗憾，总结经验和不足，对今后开拓策展理念，创新展陈内容，推出"有观点""有温度"的文化展览具有借鉴和指导意义。

4　结语

《园说》展的成功，凝结着各级领导、园林和文博专家的热诚关怀和大力支持，体现了首都园林工作者高度的政治责任感和团结协作的工作作风，展现了北京市公园管理中心各级领导和各公园文物专业工作者坚强的统筹组织能力和精益求精的专业态度，书写了新时代首都园林文物保护管理事业新的篇章！当前，在以习近平新时代中国特色社会主义思想的指引下，北京古典名园的传承保护与创新发展迎来了新的机遇，北京市属公园的广大干部职工将"不忘初心、牢记使命"，继续发扬在《园说》展策展过程中展现的专业态度和敬业精神，为传承公园历史文化，服务人民大众，提升首都功能、建设生态文明做出应有的贡献！

Planning Review of "Historical gardens Theory-Cultural Relics Exhibition about Beijing Classical Gardens"

Zhang Ya-hong,Qin Lei,Wei Li-jia,Zhang Xu

Abstract: Chinese classical gardens embody the super wisdom of traditional culture, which highlights the brilliant achievements of Chinese landscape architecture. Beijing's classical gardens are an important part of the capital's historical and cultural cities. In order to show the artistic charm of Beijing's historic gardens and its important role in urban development, the "Historical gardens Theory--Beijing Classical Gardens Cultural Relics Exhibition" was planned. By means of many cultural relics and historical materials, the main lines were sum up to show the develop ment and historical, cultural, ecological, and social values of Beijing Classical Gardens which were more than 800 years old. According to the three clues of time, space and function, visitors will be able to reveal the "yesterday, today and tomorrow" of garden cultural heritage for tourists.

Key words: Classical gardens; Exhibitions; Museums; Cultural relics

作者简介

张亚红 /1969 年生 / 湖北武汉人 / 女 / 硕士 / 高级工程师 / 北京市公园管理中心副主任、中国园林博物馆馆长 / 研究方向为公园管理、古典园林保护和研究（北京 100044）

秦雷 /1968 年 / 男 / 山东聊城市人 / 副研究馆员 / 硕士 / 北京市颐和园管理处副园长 / 研究方向为文物保护和研究（北京 100091）

隗丽佳 /1988 年 / 女 / 北京市人 / 馆员 / 硕士 / 北京市颐和园管理处 / 研究方向为文物保护和研究（北京 100091）

张旭 /1983 年 / 女 / 北京市人 / 馆员 / 硕士 / 北京市颐和园管理处 / 研究方向为文物保护和研究（北京 100091）

山石在中国园林博物馆中的艺术展示

黄亦工

摘　要：山石是构成中国园林的重要自然元素，山石的欣赏与造景设置在我国造园史上有着很重要的地位。在对传统园林山石应用发展演进过程进行梳理的基础上，对园林中常用的石种进行了分析，并根据中国园林博物馆的展陈系统定位进行了山石的应用和展示实践，提出了适合博物馆发展理念的山石应用方案，既反映了中国传统造园的精湛技艺，也展示和弘扬了中国的传统文化。

关键词：山石；园林；博物馆；展览陈列；景观

山是典型的自然物，是大自然重要的组成部分。在漫长的历史发展过程中，山成为古人崇拜和欣赏的对象，以山石为主题的诗词、书画作品数不胜数。石既是山的组成部分，又可独立地作为山的象征。在传统园林和盆景等艺术形式中，一片石可被视为一座山峰，所谓"一拳则太华千寻"，形成了独具特色的石文化。

中国园林师法自然，通过叠石掇山、营造建筑、配植花木再现自然景观，追求"虽由人作，宛自天开"的艺术境界。叠石掇山是中国古典造园的核心内容。园林中多应用天然石材，巧妙地构筑假山、独置赏石作为重要的园林景观。"园无石不秀，居无石不雅"，不仅赏石成为独立的艺术内容，叠石掇山也成为我国传统造园的重要技艺，反映了艺术家对自然美的再创造。在弘扬和传播中国园林文化的过程中，山石及其相关的应用成为重要的展示内容，需要在梳理山石在园林中应用脉络的基础上，更好地展示山石及其文化内容。

1　山石及其在园林中的应用

1.1　山石与中国园林概述

山石的欣赏及其在传统园林的应用，历史悠久，具有丰富的文化内涵。从古代皇家苑囿、私家园林和寺观园林，到现代公园、城市绿地和风景名胜区，历代造园者无不借取天然石材，巧妙地构筑假山、巧设赏石来设计优美的自然景观，在庭院中进行自然美的再创造，并通过文人诗词和丹青描绘赋予山石以深厚的文化内涵，很好地诠释了人与自然的和谐关系。

中国古典园林有四大构成要素，分别是筑山、理水、植物和建筑，这四者的不同变化，构成了中国园林的不同风格。叠山就是在园林中进行掇山和置石。掇山是用一小块一小块的石材堆叠而成的假山，置石则是用一整块完整的石材点缀在庭院之中。叠石掇山是我国独有的造园艺术手法，始于秦代的蓬莱三岛，历史悠久。伴随着中国园林的生成和发展，赏石在园林中也有了较快的发展[1]。

1.2　山石在园林中的应用简史

园林中山石的应用源于古人对山的崇拜、对自然物的比德思想以及对大自然的观察与欣赏，这从早期的历史遗存和文物可以看出来。

东汉时期，在一些皇家园林和私家园林中出现了堆叠假山的记载。魏晋南北朝时，庭院中的山石已成为独立观赏的对象。山东省临朐县北齐崔芬墓壁画，描绘了墓主人生活的场景，其中可以看出庭院置石已经应用在造园中（图1）。

隋唐时期，造园用石的美学价值得到充分肯定，"假山"一词开始用作园林筑山的称谓，赏石成为园林创作和游赏中的一项重要活动。随着赏石文化的发展，有关文学作品也相继问世，其中最具有代表性的就是白居易的《太湖石记》，它是我国第一篇全面介绍太湖石收藏和鉴赏方法的理论性作品。

宋元时期，山石成为造园普遍使用的素材，出现了叠石工匠，园林叠石技艺大为提高，人们更重视石的鉴赏品玩。《宣和石谱》和《渔阳公石谱》等多种石谱刊行出版，成为山石欣赏的理论总结。这一时期，园林中山石的应用较为普遍，北宋画家苏汉臣《秋庭婴戏图》庭院中笋状的太湖石高高耸立，反映了此时期置石在园林中的应用情况（图2）。

明清时，赏石活动在皇家和民间都更加普及，赏石进一步与文学、书画和工艺美术相融合，出现了更多的山石著作，如明代林有麟的《素园石谱》是迄今传世最早、篇幅最宏大的画石谱录，共收录102种名石，其中还穿插了249幅石画。

1.3　山石应用的文化内因

自古以来，文人就把对石头的收藏和鉴赏作为一种精神寄托，并以此陶情养性、明心治德，这就出现了李白醉石、白居易赏石、米芾拜石等有关山石的美传，这些典故也很自然地反映到园林中。

远古时期的山岳崇拜，儒家倡导的山水比德、乐山乐水的思想和自然观，都是山石欣赏的重要促进因素。其后古人寄情山水，因诸多客观条件限制，不能终日徜徉于山水之间，于是"竖画三寸，当千仞之高；横墨数尺，体百里之迥"，将崇山峻岭纳入画境，园林中堆叠"百仞一拳、千里一瞬"的假山来寄托江湖之思、林泉之意，卧游于天地之境[2]。

1.4　山石在传统园林中的应用手法

1.4.1　堆叠假山

根据石料的形状、纹理和颜色，随意变化，造成各种不同形状的假山，既有真山的自然野趣，又富有艺术的创造性。

1.4.2　独立置石

独立置石欣赏，要求石头有很好的观赏特性。古代文人雅士对太湖石等为代表的赏石鉴赏，认为需有"瘦、漏、透、皱"四大特点。所谓瘦者，是指石材须体态细长苗条，有迎风玉立之势为佳；所谓漏者，是指有坑洼，轮廓线丰富；所谓透者，是指孔洞多而显得非常通透；而所谓皱者，是指石材的纹理呈千奇百怪，石头表面有凹凸的褶皱。

1.4.3　山石驳岸

驳岸是建于水体边缘和陆地交界处，用工程措施加工岸而使其稳固，以免遭受各种自然因素和人为因素的破坏，保护风景园林中水体的设施。古典园林中的驳岸一般为自然式驳岸，以山石为基本材料。

在大自然中，石头总是给人以生硬之感、冷峻的印象，而且位置固定不动。然而，当石与水为邻，一静一动的巨大反差，便能映衬出山石生动活泼的形象。宋代大画家郭熙说过，"山得水而活，水得山而媚"。扬州片石山房中以大量太湖石作为水体的驳岸，通过太湖石的拼接营造出参差不齐、犬牙交错的驳岸形式，大大增添了水的自然野趣。同时，片石山房的假山中还种植有罗汉松、垂柳等园林植物，这些山石、植物在水的映衬下更显生机，两者交相辉映，虚实结合，浑然天成。

图1　山东临朐北齐崔芬墓壁画中的假山石

图2　宋　苏汉臣《秋庭婴戏图》中的假山石

1.4.4　点缀配景

山石可作为其他园林要素的配景，如园路两侧的山石。古典园林中既然讲求顺应地形、随高就低地安排建筑，园内自不免"有高有凹，有曲有深，有峻有悬，有平有坦"。古朴自然的、由山石堆叠的形式各异的蹬道，因其易与自然山水式园林融为一体，便成为解决高差的首选。扬州片石山房园林中小径回环，曲折通幽，或掩映于树荫，或宛转于洞壑，或跳脱于池榭，带出山体的层次变化，这不仅有效地解决了园内的交通联系问题，同时大大增强了空间的曲折性。片石山房在有限的空间中，通过对"石"的巧妙设置，使得本来一览无遗的有限空间曲折迂回，不但丰富了游览路线，翻山越岭，寻谷探幽，增加情趣，并且延长了游览路程和游览时间，从而起到拓展艺术时空的作用，扩大了观赏者心理上的空间感受[3]，山石在园林景观营造中发挥了重要作用。

2　山石种类及观赏特性

我国幅员辽阔，山石种类繁多，堪称世界奇石王国。在长期的造园实践中，根植于不同的地理地质背景，在对造园和赏石艺术的不懈追求下，不同地区逐渐形成了各具代表性的特色山石种类，展现了不同风格的山石艺术，也成为中国园林的艺术瑰宝。

2.1　太湖石

太湖石因产于太湖而得名，是中国古典园林中叠山置石的主要石种（图3）。后来，人们把与太湖石形态类似的石灰岩岩石都称为太湖石，如常山太湖石、巢湖太湖石、费县太湖石、房山太湖石等。太湖石纹理纵横遍布，有玲珑剔透的大小孔穴，是其典型特点，深受人们喜爱，由此也成为中国园林的文化符号，在绘画、雕塑等各种艺术形式中多有出现。

2.2　宣石

宣石又称宣城石，主要产于安徽省宣城、宁国一带山区（图4）。其质地细致坚硬、性脆，颜色有白、黄、灰黑等，以色白如玉为主，是古代宣州进贡给皇上的主要贡品之一。宣石最适宜做表现雪景的假山，也可做盆景的配石。

2.3　英石

英石又称英德石，产于广东省英德市，主要成分为碳酸钙。英石千姿百态，意趣天然，具有悠久的开采和玩赏历史，宋代的《云林石谱》就有相关记载，其被列为宋代皇家贡品，极具观赏和收藏价值（图5）。

2.4　黄石

黄石主要产于江苏常熟。石材棱角分明，雄浑沉实，平正大方。其表面十分光滑而呈现醒目的黄褐色，并有油脂状或蜡状光泽，石质坚硬，裂隙孔洞少见（图6）。

2.5　灵璧石

灵璧石因产于安徽省灵璧县而得名。质地坚硬，敲击时会发出金属般的声音。清代乾隆皇帝称灵璧石为"天下第一石"（图7）。

2.6　笋石

笋石多产于浙赣交界的常山、玉山一带，属观赏石中的硬石类，大多呈条柱状，形如竹笋而得名，又称为石笋。高大者最宜布置庭院，也宜置于树木、竹林之侧或矮树花丛中，或水榭、沼池之旁，尤以置于建筑、粉墙形成的小空间最宜（图8）。

2.7　青石

青石是自然界中广泛存在的石种，色呈青白，在园林中常作为道路铺装、山石蹬道、山石驳岸等（图9）。

3　山石在中国园林博物馆的艺术展示

在中国园林博物馆的室内外公共区、展厅、展园等区域展示了南北太湖石、宣石、黄石、英石、灵璧石、

图3　太湖石

图4　宣石

图5　英石

图 6　黄石

图 7　灵璧石

图 8　笋石

笋石、青石等有代表性的园林石种，有驳岸、独置赏石、展厅展品、山石磴道等不同的展示和应用形式。

3.1　公共区域假山石展示

在中央大厅展示了宋代遗石"青莲朵"（图10）。在"春山秋水"序厅中分别展示了南北太湖石、笋石、宣石、灵璧石等传统石材与不同的掇山和叠石手法，成为中国园林博物馆建设的一大艺术特色（图11、图12）。其中的北太湖石产自北京房山区。在一层展廊中还展示了来自新疆奇台县的硅化木，长约38米（图13）。

3.2　室外展区假山石展示

以展现北方山地园林特色的染霞山房，借鉴了避暑山庄山近轩、梨花伴月，颐和园、贻春园等，石材主要选用北方黄石（图14），步道采用青石相得益彰。室外展区水体驳岸则大部分采用青石（图15），四季庭与半亩轩榭局部采用南太湖石与建筑水体结合。

3.3　室内展园假山石展示

中国园林博物馆的室内庭院苏州畅园、扬州片石山房和广州余荫山房均采用当地特色石材。畅园和片石山房选用南太湖石（图16），材料均选自江苏当地，尤其以叠石为特色的片石山房在石材上精益求精；余荫山房则按照原来特色选用广东当地英石，以保证余荫山房材料和工艺的原真性（图17）。

图 9　青石

图 10　宋石遗韵——青莲朵

图 11　北太湖石

图 12　笋石展示

图 13　硅化木展示

3.4　展厅内假山石的展示

在中国古典园林中，将不同石材较好地运用的例子，当数扬州个园的四季假山，造园者运用不同石料营造出"春、夏、秋、冬"四季的景色。在中国园林博物馆的中国造园技艺厅中仿造了扬州个园的四季假山景观。春山竹林中的置石是石笋，取"雨后春笋"之意。夏山叠石以太湖石为主，山上种有紫藤古柏，秋山由黄石堆叠而成，每块黄石棱角分明，整座山体壮丽雄伟。冬山用宣石堆叠。宣石的美妙之处在于，石体被阳光直射时会迎光发亮，呈现出雪一样晶莹剔透的感觉，烘托出银装素裹的冬季景色。

4　结语

山形水系是传统园林的基础和骨架，直接决定着园林空间的美学特征和人们的空间感受，影响着园林的布局方式、景观效果、排水设施等。中国传统的山石文化源远流长，并因文人的参与而底蕴深厚。观赏石作为真善美的象征，体现了中华民族特有的精神品质。园林中的山石是代表自然的元素。在中国园林博物馆展陈体系构建中展示的各具特色的山石，既反映了中国传统造园的精湛技艺，也展示了中国传统文化的传承。

图14　山地黄石展示

图15　青石驳岸

图16　屋顶展园内太湖石堆叠假山

图17　英石假山堆叠（施工过程照片）

参考文献

[1] 周维权 . 中国古典园林史 [M] . 北京：清华大学出版社，2010.

[2] 张敏莉 . 中国古典园林掇山置石手法及理论研究 [D] . 福州：福建师范大学，2010.

[3] 魏菲宇 . 中国园林置石掇山设计理法论 [D] . 北京：北京林业大学，2009.

Display and Application of Stone in Chinese Garden Museum

Huang Yi-gong

Abstract: Stone is an important natural element in Chinese gardens. The appreciation and setting stones play an important role in the history of Chinese classical gardens. On the basis of sorting out the evolution process of the application and development of traditional landscape rocks, this paper analyses the common stone species in gardens. According to the orientation of the exhibition system of the Chinese Garden Museum, the application and display practice of rocks are carried out, and the application scheme of rocks suitable for the concept of museum development is put forward, which not only reflects the exquisite skills of Chinese traditional gardening, but also shows and promotes it. It promotes the connotation of Chinese traditional culture.

Key words: Stone；Garden；Museum；Exhibition；Architecture Landscape

作者简介

黄亦工 /1964 年生 / 男 / 北京市人 / 教授级高级工程师 / 硕士 / 毕业于北京林业大学 / 现就职于中国园林博物馆北京筹备办公室 / 研究方向为展览陈列、园林历史（北京　100072）

论新时代赋予行业博物馆的新机遇

谷　媛

摘　要: 行业博物馆是从事某一行业的文物标本收藏、保护、研究和展示的机构, 随着社会文明程度的提高以及文化大发展、大繁荣, 行业博物馆雨后春笋般纷纷建立, 成为博物馆类型的一个重要分支。北京博物馆学会行业博物馆专业委员会的成立而再次被关注, 这也是北京博物馆事业发展的一次重要突破。本文从行业博物馆顺应潮流和时代的需求而乘势发展的大好契机, 阐述博物馆作为时代风向标的作用; 从公众对行业博物馆的关注程度和角度, 分析行业博物馆发展的机遇和方向; 从专委会成立后的专业指导解读了行业博物馆未来的工作重点。旨在通过探讨行业博物馆发展的机遇, 来促进博物馆自身的发展和推动文化事业繁荣。

关键词: 博物馆; 行业博物馆; 公众; 机遇; 发展

近年来博物馆越来越受到社会重视, "博物馆"成为网络热搜词。博物馆可以是知识补给站, 也可以是历史教科书; 可以是小朋友的故事会, 也可以是手工的操作间; 可以是豪迈的英雄往事, 也可以是温婉的游园惊梦; 可在方寸间一览千年, 也可于闹市中静静流连……形形色色, 千馆千面, 这其中最具特色的就是新时代里欣欣向荣的行业博物馆。

如果说今天的行业博物馆做到了"千馆千面", 那定是博物馆人二三十年的执着坚守。就在二十世纪八九十年代, 随着全国各地一批批工业遗产的出现而催生了行业博物馆的诞生, 并成为博物馆类型中最有特点、增长最快、富有活力、最具补充和冲击力的一个部分。行业博物馆, "是从事某一行业的文物标本的收藏、保护、研究和展示的机构。它针对某一行业进行文物标本资料的收集、整理和研究, 提供实物证明, 用其特有的展示手段, 阐述该行业历史发展过程和文化内涵。"随着行业博物馆的迅速发展和博物馆学的不断推陈出新, 这个严谨概念也需与时俱进, 比如"文物"一词之于行业博物馆似乎不是入藏的唯一指标, 此处不赘述。

1　顺应潮流, 行业博物馆迎来春天

行业博物馆在自身行业内发挥了记载行业历史、转

化发展成果、展示行业技术文化等重要功能, 让公众深入了解一个行业在社会发展中的贡献、在文化传播中的地位, 引导公众走进博物馆。回头看行业博物馆的发展史, 从20世纪80年代行业博物馆诞生初期, 曾面临着"非行业发展核心业务"的尴尬, 一度资金不足、人员短缺、观众稀疏、吸引力差。四十年后的今天, 这种局面得到大幅度的转变, 得益于党的十八大以来, 习近平总书记高度重视传承弘扬中华优秀传统文化, 多次就博物馆和文物保护工作作出重要指示批示的契机。分析行业博物馆所乘的春风, 归纳为以下三方面:

第一, 博物馆本身发展的大好势头以及国家、地方政府对文博行业的重视和扶持。首先, 博物馆热持续升温, 博物馆已经成为百姓生活、学生学业、家庭文化等不可或缺的一部分, 也成为解决社会主要矛盾的重要抓手。截至2017年年底, 全国备案的博物馆达到5354家, 平均两天就有一座新的博物馆向社会开放, 我国成为世界上博物馆事业发展最快的国家之一。130座国家一级博物馆、286座国家二级博物馆和439座国家三级博物馆, 约占全国博物馆总数的五分之一, 成为博物馆事业发展的主体阵容。非国有博物馆超过1400家, 行业博物馆超过800家, 成为博物馆建设快速发展的重要力量。2018年全国博物馆举办展览2万余个, 宣传教育活动20余万次, 年参观数量超过10亿人次, 大大刷新了博物馆观众

数量的历史纪录。尤其值得一提的是，近几年博物馆展览、活动、文创相结合的模式在各种类型的博物馆中屡见不鲜，比如"龙头老大"故宫博物院 2019 年春节在午门—雁翅楼展厅举办建院以来文物最多、展场面积最大的一次展览——"贺岁迎祥——紫禁城里过大年"，把一个展览做成了节日；再如中国园林博物馆，作为园林行业内唯一一所国字头的博物馆，在响应国家号召，大力提倡公共文化服务方面，坚持了常规与特色并举的原则，全年文化活动不断线，结合园林文化打造七个传统节日的白天互动和夜间演出活动，先后还原了园林中的琴棋书画诗香茶场景互动活动，开发出了深受大小观众喜爱的古建模型搭建、瓷上园林、植物种植、经典诵读、园林绘画、插花花艺等丰富多彩的文化课程；连续三年的春节庙会活动，共集合了百余项非遗传承项目，为观众提供了体验传统文化、动手参与传统手工技艺的平台。一种有好看的，有好吃的、有好玩的、有好买的逛博物馆模式成为时髦，在年味日益变淡的这个时代，带着一家老小一起去博物馆赶赶集、看看展、闻闻年味儿，自然是别有一番趣味。受观众认可的公共文化服务品牌的打造，为中国园林博物馆等行业博物馆挖掘自身文化特色、找准发展定位、吸引潜在受众、回馈社会创造了条件。好政策让收藏在博物馆里的文物、陈列在广阔大地上的遗产、书写在古籍里的文字都活了起来，让公众感受到博物馆文化的传播和魅力。

第二，回归博物馆最本源的功能属性，那就是"文物"，而"让文物活起来"已成为新时期我国博物馆事业的发展目标。这个"活"字不仅仅体现在博物馆内部的展览、活动、文创方面的火热互动，更体现在跨专业、跨学科、跨地域的各种跨界合作，还活在文物展览不拘一格的流动形式以及走出国门、影响世界的文化自信。以行业博物馆为例，各馆在落实习近平总书记关于"让文物活起来"的道路上推陈出新，充分挖掘自身的行业特点，在行业内部发挥出重要的舆论宣传和社会引领作用，比如有着正阳门馆、东郊馆、詹天佑纪念馆三个场馆的中国铁道博物馆，展示了大量的曾使用于中国铁路不同历史时期、不同种类的机车车辆实物，不仅展品规模大、数量多、价值珍贵，而且几乎所有的展品都是真品。其中有颇具历史意义的"毛泽东号""朱德号""周恩来号"等功勋机车，还有为支援解放战争，哈尔滨机务段紧急修复的一批老旧火车，更有琳琅满目的内燃机车、蒸汽机车、电力机车等。这样一个行业博物馆，可以满足你对火车类型的种种想象。只有在这里，才能了解中国铁路发展的历史，体会中国铁路一路走来，历尽坎坷，代代心血，才有了今天中国铁路的辉煌！2018 年，笔者有幸跟随铁道博物馆参观了京张铁路清华园隧道和清河火车站改造工程现场，也是第一次从博物馆的角度看与我们的生活息息相关的铁道建设，亲历了大型盾构机昼夜潜行在城市密集区地下的震撼，当时所有在场的博物馆人无不动容，并且一致认为，这两台盾构机在完成服役后一定要进博物馆，向世界展示中国高铁技术的发展。大家的愿望在 2018 年 12 月实现了，京张高铁盾构机刀头被中国铁道博物馆东郊馆永久收藏，铁道博物馆在我国高铁事业中也发挥出重要的作用。

第三，行业博物馆的发展还得益于行业自身的发展以及对行业历程中的历史、文化、见证物、影响力的重视。行业博物馆以它对本行业遗产的保护、研究、展示和传播所体现的作用，受到政府和社会公众的重视，一大批行业博物馆如雨后春笋般崛起，成为本行业重要的记录、总结、保护、展示的一个窗口和平台，同时也充分体现了一个行业的社会担当和对自身发展价值的文化自信。可以说，行业建立博物馆对行业本身的稳定发展、对公众文化生活的普及提升都有着不可比拟的作用。因此，各行业对所属的博物馆从资金的支持、人力的保障、政策的倾斜、机会的给予等方面做出了巨大的支持，为行业博物馆服务行业和服务社会提供了可能。以笔者所在的中国园林博物馆为例，2013 年，该馆建成于第九届中国国际园林博览会的举办地，以"中国园林——我们的理想家园"为建馆理念，以"经典园林，首都气派，中国特色，世界水平"为建设目标，以弘扬中国园林悠久的历史、灿烂的文化、多元的功能、辉煌的成就为终身使命。展陈体系由 10 个室内展厅、3 个室内实景园林与 3 个室外园林展区组成，以中国历史和社会发展为背景，以中国传统文化为基础，以园林文物及相关藏品为重要支撑，以展示中国园林的源远流长、艺术特征、文化内涵及其历史进程为主要内容，体现园林对人类社会生活的深刻影响。到目前为止，在六个固定展览长期开放基础上，共推出涉及园林文物、园林建筑、园林文化、园林植物、书画、非遗等内容的精品临时展览 130 余项，中国数千年的园林文化的实践和理论得以在一座行业博物馆内集中展现。在与行业不断融合的过程中，该馆的特色和优势逐步显现，得到行业的普遍关注和重视，在人才政策、专业技术职称聘用、对外交流、展览展示硬件等方面得到行业的大力支持。比如全馆人员结构中有 70% 的人员是来自系统各单位；固定陈列也集中了大量系统单位的文物展品。

中国园林博物馆的建立，从园林文化研究、展示、文物收藏、人才培养等，把发挥行业博物馆功能和行业建设发展紧密地联系在一起，充分发挥自身的优势和强项，有效地辐射到行业的各项工作中去，全面提升了行业的影响力和凝聚力。在历年的临时展览策划、文化活动及新闻宣传工作，园林行业内容占据了 80% 以上的比重；持续四届的中法园林文化论坛便是发端于中国园林博物馆；"园林文化大讲堂"也成为系统内的品牌文化课堂和系统人员的福利；囊括了系统内超级数据资料的园博馆的数字博物馆成为行业内资料查询、信息交流、资源整合和共享的平台。

2　乘势而上，行业博物馆赢得公众关注

回顾行业博物馆的发展历程，历经了从以服务行业、保存行业发展历史和实物为主，以公众服务为辅的建馆初衷，逐渐向历史类博物馆服务于社会公益和公众的特点转型。今天的行业博物馆已经亲切到可以被看懂，文化表达到可以被带走的程度。新时期，无论是博物馆还是社会公众，都对博物馆的"公众性"提出了更新、更高的要求。

为了更加科学地掌握行业博物馆在社会及公众心目中的认知和地位，笔者制作了 200 分调查问卷，希望通过公众对行业博物馆的认识了解行业博物馆的发展现状。

2.1　调查对象及调查方法

此次调研的调查对象均为来馆观众，通过问卷调查量化收集观众对行业博物馆的了解程度。调查主要采用了拦截访问的调查方法，在调查过程中不会加入个人理解和诱导。

2.2　实施过程

"行业博物馆"问卷调查工作自 2019 年 2 月 1 日开始至同年 3 月 31 日结束。其间共有 200 名观众参与了此次问卷调查。问卷从观众对行业博物馆的认识、行业博物馆的吸引力、行业博物馆对于观众参观的收获、观众对行业博物馆的期许以及其与综合博物馆的区别等方面综合了解观众对于行业博物馆的认识程度以及参观的目的和收获。

接受调查的游客中男性观众 91 人，占比 45%；女性观众 109 人，占比 55%。接受访问的观众中 18 ～ 25 岁的观众占比 30%，25 ～ 50 岁的观众占比 54%，50 岁以上观众占比 16%。本次调查对象中学生及老师占比 28%，离退休人员较多（占比 32%），公司职员占比 22%（图 1）。

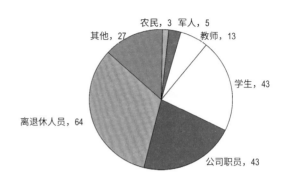

图 1　行业博物馆观众分布图

2.3　对行业博物馆的认识

调查对象中有 165 人表示听说过、了解"行业博物馆"，35 人表示没听说过"行业博物馆"一词。在问到"行业博物馆"和"综合性博物馆"的区别时，78% 的调查对象表示知道"行业博物馆"和综合博物馆的区别，部分调查对象可以列举出二者区别。

本次调查，对受访观众理解的行业博物馆与综合性博物馆的关系进行了排序，认为"行业博物馆代表行业发展水平，是综合性博物馆不能取代的"排首位（159 人），其次分别是"行业博物馆"与"综合博物馆"在展示内容上互相补充（151 人）、"行业博物馆"比"综合博物馆"更具有吸引力（125 人）、"行业博物馆"在某一方面更加专业、深入（113 人）。

通过本次调查了解到，多数人认为"行业博物馆"是某一行业中历史、文化、科技等最综合、最权威展示平台（占比 56%），部分受访观众认为"行业博物馆"应该更注重学术性（占比 21%），仅有少数人认为"行业博物馆"只能举办业内的展览和活动（占比 8%），极少数人员认为"行业博物馆"观众量比综合博物馆少、经费紧张且发展局限性较大（三项分别占比 11.5%、1%、2.5%）（表 1）。

表 1　观众对行业博物馆的认识

对行业博物馆的认识是什么？	投票人数
1. 是某一行业中历史、文化、科技等最综合、最权威展示平台	112
2. 行业博物馆只能举办行业内的展览和活动	16
3. 经费相对比较紧张	2
4. 观众量比综合博物馆少	23
5. 应该更注重学术性	42
6. 发展局限性较大	5

整体来看，受访观众普遍认为行业博物馆靠专题展览、专业知识、学科需要以及免费开放来吸引观众，仅有少数人认为行业博物馆是靠文化活动、优美环境、文创产品吸引观众。

2.4 中国园林博物馆作为"行业博物馆"对公众的吸引力

针对中国园林博物馆运营现状，笔者也做了一些调查，结果显示大多数观众认为中国园林博物馆作为行业

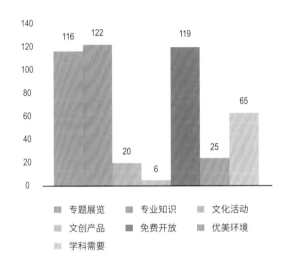

图2 博物馆对公众吸引力情况

博物馆对其有吸引力（占比97%），仅有3%的观众认为没有吸引力（图2）。同时了解到，观众来馆的主要目的是希望孩子学到了园林知识，了解了更多的园林文化，增进了与朋友、家人之间的感情以及参观有兴趣的展览，受访观众纷纷表示室内、外展园都令人印象深刻。

收取问卷的过程中，观众纷纷表示通过参观行业博物馆不仅增加专业知识，更加增进了与朋友、家人之间的感情，孩子也从中学到了相关知识，可谓一举多得，这也是不少观众参观的目的所在。同时还了解到，目前部分观众对于行业博物馆概念的理解仍有偏差，但大部分观众表示通过此次问卷调查，在工作人员对行业博物馆进行解释后有了进一步的了解。

最后，笔者对观众去过的行业博物馆进行了统计，结果见表2。

通过本次调查发现，公众对"行业博物馆"的认识在不断地提高，行业博物馆有其自身鲜明的特点，具有非常突出的传播优势，在对公众科普教育体系中扮演着重要角色。行业博物馆应通过进一步开放办馆理念，加大对与公众相关性的问题研究与内容展示，有更强层次感的展示和设计；更多利用当下交互性多媒体等展示手段，通过细节服务等途径，来改变自身与公众的疏离隔阂感，进一步增强博物馆的公众吸引力和影响力。

3 抓住机遇，行业博物馆发展之我见

由于行业博物馆具有区别于一般综合性博物馆的特

表2 观众参观博物馆情况

您去过以下哪家"行业博物馆"？			
中国园林博物馆	200	中国消防博物馆	15
中国铁道博物馆	59	北京汽车博物馆	176
中国妇女儿童博物馆	45	中华航天博物馆	5
中国海关博物馆	6	中国电影博物馆	81
中国地质博物馆	79	中国体育博物馆	4
中国化工博物馆	3	中国传媒大学博物馆	4
民航博物馆	27	中国钱币博物馆	15
中国农业博物馆	1	北京自来水博物馆	6
中国邮政邮票博物馆	23	铁道兵纪念馆	18
北京警察博物馆	12	北京中医药大学中医院博物馆	5
北京戏曲博物馆	74	北京通信电信博物馆	7
北京古代钱币博物馆	32	北京人民艺术剧院博物馆	23
其他	6		

点，其在某一领域有着深厚的研究、积累和表达，藏品富有极强的行业色彩，展览以行业文化的辐射为主要内容，教育也有着显著的专业性。但长期以来，并没有一个专门的组织来整合行业博物馆的资源，谋划行业博物馆的发展，更没有抱团取暖的意识，各行业博物馆一直希望成立行业博物馆专业委员会，以利于同行间的学术交流，推动行业博物馆管理水平、科研水平和公共服务能力的提高。2018年10月24日，北京博物馆学会行业博物馆专业委员会（以下简称"专委会"）在中国化工博物馆成立。二十余家京城行业博物馆单位作为联合发起单位参加了成立大会。这也是北京博物馆事业发展的一次里程碑，为行业博物馆资源的统筹、融合、互鉴提供了可能。专业委员会设在中国铁道博物馆，在北京市博物馆协会的统一管理下，负责专委会日常工作的运营以及活动的组织。在中国铁道博物馆、中国妇女儿童博物馆、中国园林博物馆等二十余家发起单位的共同商讨下，制定了专委会管理办法，明确专委会是从事北京地区行业博物馆理论研究与实务探索、组织相关学术交流、协调推动北京地区行业博物馆文博事业发展的非营利性社会团体。

专委会是在国家政策、发展导向、博物馆自身以及受众期许等全国博物馆行业发展新时代、新机遇下应运而生。行业博物馆作为后起之秀，在博物馆快速增长的数量中占据相当大的比例，其社会作用也正在发生变化，变得更具交互性，更具灵活性、适应性和可移动性。今天的行业博物馆正在把行业特色与文博事业发展相结合，探索更多的创新方式，讲好行业的故事，尽展各行各业的风采。

行业博物馆专业委员自成立以来，主动担负起行业博物馆的中枢驱动，在馆际交流、专业研讨、参观学习、展览互动等方面发挥了极大的作用，更重要的是对行业博物馆未来发展的方向性引领。2019年"5•18"国际博物馆日期间，为了更好地发挥行业博物馆的作用，促进行业博物馆间交流互鉴，使其整体辐射力和美誉度得到快速提升，专委会联合中国自然科学博物馆学会专业科技博物馆专委会、北京企业文博协会、北京博物馆学会女馆长联谊会于中国园林博物馆共同举办了"喜迎新中国70周年华诞　行业展风采　文博展作为"的集体宣传推介览暨学术报告会等系列活动，各家博物馆同步进行了观众互动、文创产品宣传展示。此次活动极大地推动了行业博物馆之间的交流合作，实现了行业博物馆文化资源共享和共同发展，提升了行业博物馆公共服务能力。

在大好的新时代、新形势下，行业博物馆面临着大好的发展机遇，当前，我国博物馆事业正处于历史上极好的时期之一，国家将博物馆事业与国家战略、国运发展密切相关，作为覆盖城乡、便捷高效、保基本、促公平的现代公共文化服务体系的重要组成部分。作为行业

博物馆的从业者，我们首先应该全面客观地认识自己的社会角色，提高本领域的文化自信，既不盲目从众，也不敝帚自珍，而应该本着开放的胸怀，主动融入社会文化、经济发展大局中，为社会发展提供更多更好的服务，行业博物馆应该在以下方面有所思考和作为。

第一，加强行业博物馆特色藏品的征集。藏品是博物馆的基础，但行业博物馆又不同于一般的综合性博物馆。首要之处在于藏品的专业性、独特性，行业博物馆的藏品是突破传统历史文物界限的，是依照行业发展的历程而收集的见证物，可以无关文物，可以无关定级，甚至可以颠覆博物馆藏品的普遍认知，比如笔者所在的中国园林博物馆，在藏品类型中就有一类"有生命的藏品"，作为园林的重要内涵和组成部分，譬如古树、古盆景等活态的文物，就是馆内重要的且有特色的藏品而被行业重视，被公众喜爱。"有生命"也意味着"有寿命"，这又是不同于文物概念的一个特殊性，势必更为珍贵。因此支撑这类活态文物延年的养护技术和人才也同时成为与这类特殊藏品不可分割的部分。对于行业博物馆来说，除了征集传统文物之外，更要将视野放逐于行业的不同时空，不拘一格征集和展示行业的文脉。一定程度上说，行业博物馆不在于拥有什么，而在于能给人们带来什么。

第二，重视行业博物馆口述历史资料的征集和展示。行业博物馆的重要支撑是行业发展史，而口述历史是文物、文献、档案的重要补充，有着不可替代的意义和价值。大部分博物馆长期以来对口述历史的重视不够，将着眼点放在具体的文物上，也未大规模将口述历史纳入收藏和展示的体系中，只是作为对"物"的辅助展示。随着人们对博物馆功能认识的不断深化，口述历史在博物馆中所扮演的角色渐被重视，甚至被视为参与社会问题讨论的重要形式。尤其是有着深厚行业背景的博物馆，更应该重视收藏"人的故事"。"物"终究是为"人"服务的，发挥文物的价值，本身就是为了促进人的全面发展，这也是博物馆展览的最高境界——见物、见人、见精神。中国园林博物馆自建馆以来就开辟了"园林大家"的专访栏目，对国内外著名的园林大家、专家、技师或见证重要时期重要事件的个人或团体进行口述史的采集，形成影像和文字资料库。随着积累的不断丰富，口述历史资料势必成为行业重要的精神遗产，实现博物馆资源的再创造。

第三，着手行业博物馆影像资料的留存、征集。行业的发展需要记录，而记录最直观的方式莫过于影像，年复一年积累的影像资料是博物馆最重要的文化载体，一处消失的古建筑，如果有了历史影像，就可以科学研究和复建；一个历史人物、一个历史事件，如果有影像的记录，那无疑是有血有肉的；一个博物馆，尤其是行业博物馆，有了系统影像资料的留存整理，很多工作便

可信手拈来。近十年，随着文化事业的发展，影像作为一种特殊的媒介，其史料价值和艺术价值越来越受到社会各界的重视，拍卖会上影像资料因为它的价格低廉，价值重大而成为吸引眼球的拍品。中国园林博物馆在建馆初期有幸拍得二十世纪二三十年代由朱启钤、梁思成等人兴起的营造学社的测绘、考察的影像图片，仔细研究发现其中很大一部分图片所反映的文物建筑已经消逝或被不科学修缮；通过这批影像资料，我们还了解了以梁思成、林徽因、刘敦桢等为主力的大师们的足迹遍布祖国的大江南北，这就是历史影像的魅力。我们相信，随着博物馆人意识的提高，历史与艺术影像一定会摆脱以往在博物馆中的边缘地位，逐步解决对其收藏和研究认识不足、收藏及研究力量分散、学术水平普遍不高、开放程度不够等问题。

第四，关注行业博物馆服务社会的功能。行业博物馆植根于行业的沃土，接收行业的阳光雨露、风雨雷电，行业的风向标自然也是博物馆的传感器，有限的资金、有限的场地、有限的人员，在服务行业之外如行有余力，则以兼顾公众，反之则不然。显而易见，这样的做法不会被长期致力于社会公共服务平台和体系打造的博物馆所接受，也不会被日益增长的公众文化生活需求所认同，在这个博物馆高速发展的时代，一个文化变革的时代，我们要加速适应时代要求，必须在坚持公益的基础上，拓展传播的效能和服务社会的决心，从对"物"的守护、对"业"的执着，发展到对"人"的关注、对"公"的践行，进而上升到博物馆致力于社会的可持续发展的革新进步中。行业博物馆专委会的章程中，就涵盖了各馆要结合本馆特色，精彩解读本行业发展及其对社会贡献，为公众服务，为社会发展推波助澜，走出一条新路来，从而构建出中国博物馆学新体系。博物馆的真正价值，不在拥有多少馆藏，而在用这些馆藏如何传播文化，以史鉴今，启迪后人。

第五，整合行业博物馆资源联合办展。博物馆分类虽然至今未有特别明确的定论，但不论专类博物馆，还是行业博物馆，都呈现出大好的发展势头，各馆积极主动地寻求合作已经成为行业内普遍的做法。行业博物馆有着天生的亲缘关系，在性质、特点、政策、资金等方面有许多的共通之处，因此行业博物馆彼此的合作既是扩大交流，也是抱团取暖，将为博物馆之间广泛的交流与合作提供了可能。尤其能够解决行业博物馆之间藏品资源不足、展陈条件不均衡的问题。文物能流动起来，文化就能互通起来，共同的平台就能真正打造出来。展览、学术、活动这些优质资源的交流不仅有助于藏品资源的共享、优秀展览的传播，而且对推动展陈水平的整体提升发挥了积极作用。2019 年"5•18"国际博物馆日，四十余家行业博物馆、专类博物馆联合在中国园林博物馆办展宣传的机制，必将成为一个良好的开端和模式，也成为行业博物馆专委会组织会员或者会员间相互交流的重要抓手。

4 结语

一个行业的发展和进步，文化无疑是最好的记录和表达。为一个行业建一座博物馆，是每一座行业博物馆萌芽的理由，并使之成为行业发展的丰厚土壤，成为保存、研究和展示行业发展历程中的精神传承和物质载体。在行业博物馆渐渐为公众所认可、被行业所重视的今天，作为同时兼具行业交流与公众服务双重属性的博物馆，一方面应该担当起存留行业历史、传承行业文化、塑造行业形象的使命；另一方面，还要把凝结着中华民族优秀文化的文物保护好、管理好、研究和利用好，拓展视野，延伸功能，转变定位，担当责任，努力成为为中华民族伟大复兴的中国梦而奋斗的见证者、参与者和贡献者。

参考文献

[1] 习近平 . 一个博物馆就是一所大学 [N] . 人民日报，2017-4-22.

[2] 刘玉珠 . 我国博物馆发展概况、问题及任务 [R] . 全国博物馆工作座谈会上讲话，2018.

[3] 杭侃 . 让文物活起来的一些思考 [N] . 中国文物报，2019-3-6.

[4] 温云飞 . 浅谈行业博物馆的生存与发展 [J] . 黑龙江史志，2014（9）：292-292.

[5] 金瑞国 . 博物馆是新文化的发生器 [R] . 让文物活起来的创新性实践与落实——《国家宝藏》节目文博论坛，2018.

[6] 《主人》编辑部 . 行业博物馆 [M] . 上海：上海三联书店，2011.

The New Opportunities for Special-interest Museums in the New Era

Gu Yuan

Abstract: The special-interest museum refers to the institution that is engaged in the collection, protection, research and display of cultural relics in a certain industry. With the improvement of social civilization and the development of culture and prosperity, special-interest museums are sprung up and became an important branch of the museums. The establishment of the Beijing museum association and professional special-interest museum committee has been paid attention again, it is also a major breakthrough in the development of Beijing Museum. This paper expounds the effects of the museum as the defining of the times from the great opportunity of the development of the special-interest museum in keeping with the trade and the needs of the times. The paper analyzed the opportunity and directions of the development of special-interest museums from the perspective of public attention to special-interest museums. This paper also explains the focus work of special-interest museums from the professional guidance after the establishment of the professional museum committee. The paper aims to promote the development of museums and promote the prosperity of culture undertakings by exploring the development opportunities of special-internet museums.

Key words: Museum；Special-interest museums；Public；Opportunity；Development

作者简介

谷媛 / 女 /1976 年生 / 北京市人 / 毕业于中国人民大学历史系 / 本科 / 现就职于中国园林博物馆北京筹备办公室 / 副研究馆员 / 研究方向为文物与博物馆、展览陈列（北京　100072）

古典园林名石的传承与保护

刘耀忠　张宝鑫

摘　要： 园林与赏石都是中国传统文化的重要组成部分，反映了人们对其与自然和谐关系的不懈追求。本文在对山石、赏石和园林名石内涵进行分析的基础上，简要总结了中国园林中的置石传统，以传承有序的园林名石案例解析了名石传承的内在原因，在此基础上对园林名石的保护和传承途径进行了探讨，可为园林名石等保护提供研究基础和参考。

关键词： 园林；名石；传承；保护

中国园林的形成和发展离不开自然，艺术理念和造园技艺方面师法自然，其文化的核心也反映了人和自然的关系及其不断追求的演进。传统园林一般以山水为骨架，其他造园要素则围绕山水来进行布局，因而山石是不可缺少的景观要素，起着十分重要的构景作用。园林中置石，不仅有其独特的观赏价值，而且能陶冶情操，给人们无穷的精神享受，产生回归自然的美好联想。玲珑剔透的山石，有远古之意，或如抽象雕塑，有现代之感……千姿百态的置石和赏石，丰富了古典园林的内涵，石因园而盛名，园因石而增华，园林中的名石，更是蕴含着深厚的文化，延续传承至今。

1　名石内涵——何为名石

1.1　山石与赏石

岩石是在地质作用下形成的矿物聚合体，是地球上最普遍的存在。研究表明，地球里面紧紧裹着一层岩石圈，地幔的上部也都是由岩石组成。岩石构成了我们自然大地的骨架，山林川泽为人类生存提供了自然化的空间。作为重要的自然元素，山石在社会发展中发挥着不可替代的作用。人类自诞生之日起，就与自然环境中的石头结下不解之缘。我们的祖先创造了辉煌的石器文化。早期，石头是先民重要的劳动工具，还有作为饰物的宝石和玉石。随着人居环境的营造与改善，石头成为建造房屋、修建城池和关隘的主要材料，也出现在沟渠河道等水利

设施之中，这些应用为人类社会的发展进步奠定了良好基础。

先民们与石头朝夕相处，不断拓展石头的实用价值。随着审美观念的萌芽和发展，动物、植物和山石等自然物成为重要的审美对象。魏晋时期，隐逸思想盛行，山野佳处成为寄情山水、亲近自然的重要场所，自然天成、鬼斧神工的石头逐渐成为重要的观赏内容，蕴含了自然之美和人文情怀的奇石成为赏心悦目、遐想玩味的精神寄托，吸引了一代又一代帝王贵族、文人墨客和收藏名家进行诗词吟咏、丹青描绘和书法题刻，由此演化出源远流长、文化底蕴深厚的传统赏石文化，其中也凝结和延续了人与自然山水的密切关系。

赏石是指具有一定的形态、色彩、纹理、声韵和意境，以鉴赏为主要内容的自然奇石。中国大地山川钟灵毓秀，自然山水有各种类型，有峰峦岭嶂，也有丘壑渊涧，形成了嶙峋跌宕的自然景观。"石"在《说文解字》中解释为"山石也"，《诗经》中有"渐渐之石，维其高矣"的诗句，早期的石都是指山石。我国山石的种类极为丰富，由此，传统赏石的类型非常多样，分类方法也有很多。一般来说，赏石以观赏特性为主要分类依据，依其自然形态、体量大小、观赏特点和欣赏形式，可将其分为4大类，即自然风景名胜石、园林用石、供石和其他品类石[1]。

名石总体来说知名度比较高，具有某个方面的独特意义。一般来说，包含两方面的含义。一是某一种类的

石头。如园林中的四大名石：太湖石、英石、宣石、黄石；观赏石的四大名石包括太湖石、灵璧石、英石和昆石；印章四大名石为寿山石、昌化石、巴林石和青田石等。当然这种划分并不具有唯一性。二是指历史悠久、有着传奇故事或见证了历史变迁的特定石头，如江南园林四大名石：玉玲珑、冠云峰、皱云峰、瑞云峰。这类石头具有独一性，是独一无二的，没有完全相同的两块石头。

1.2　园林置石传统

中国赏石文化最早在园林中出现，叠石筑山可说是中国园林的一大创造，也是传统园林的精华。中国造园中取自然山石，巧用山石叠山置石，是自然山峦在园林、庭院中的生动摹写，经过漫长的发展过程，园林中的山石应用形成了独立置石、叠石、筑山和供石等模式。

中国赏石艺术源远流长。据考古研究，早在新石器时期先民就采集雨花石供玩赏。由实用功能到欣赏，传统的赏石艺术开始萌芽。园林中山石的应用源于古人对山的崇拜、对自然物的比德思想以及对大自然的观察与欣赏，这从早期的历史遗存和文物可以看出。随着园林的出现，赏石艺术发端于秦汉时期，在一些皇家园林和私家园林中出现了堆叠假山的记载。魏晋南北朝时，庭院中的山石已成为独立观赏对象，山东省临朐县北齐崔芬墓壁画，描绘了墓主人生活的场景，可以看出庭院置石已经应用在造园中。

隋唐时期，赏石艺术逐渐兴盛，主要以园林赏石为主，造园用石的审美价值得到充分肯定，"假山"一词开始用作园林筑山的称谓，赏石成为园林创作和游赏中的一项重要活动。随着赏石文化的发展，有关文学作品也相继问世，其中最具有代表性的就是白居易的《太湖石记》，它是我国第一篇全面介绍太湖石收藏和鉴赏方法的理论性文献。

宋元时期，人们更重视石的鉴赏品玩，赏石、玩石已蔚然成风，山石成为造园普遍使用的素材，园林中的赏石和单独的赏石兴盛，刊行了《云林石谱》《宣和石谱》和《渔阳公石谱》等谱录，成为山石欣赏的理论总结。这一时期还出现了专业化的叠石工匠，园林叠石技艺大为提高，北宋画家苏汉臣的《秋庭婴戏图》中笋状的太湖石高高耸立，反映了此时期置石在园林中的应用情况。

明清时赏石活动在民间更加普及，赏石进一步与文学、书画和工艺美术相融合，出现了更多的山石著作，如明代林有麟的《素园石谱》是迄今传世最早、篇幅最宏大的画石谱录，共收录有102种名石，其中还穿插有249幅石画。中华人民共和国成立以后，赏石艺术获得蓬勃发展，成为重要的非物质文化遗产，园林中的名石成为石文化发展的重要见证。

1.3　名石文化传承发展

作为自然观赏对象，石头自身的条件是文化传承的依据和重要起点。观赏石之美来源于其自身条件的因素：一是石头的内在条件，主要指其组成成分和内部结构等，可通过现代仪器测得的量化指标，如摩氏硬度、密度、光泽度等；二是石头的外观，包括其形态、色彩、纹理等，主要通过视觉感受到的外在特征。石头的形色纹理能引发美感，产生对大自然天工与奇巧之美的赞叹。

石头文化在古代社会的形成与发展，与中国传统哲学思想分不开。"智者乐水，仁者乐山"所体现的山水观，影响深远。石头坚硬不变，能够引起人格的联想，正如苏轼"石可破也，不可夺其坚"描述的那样，石头被赋予了感情。此外，小中见大是士大夫们的共识。唐代李德裕《题罗浮石》曰："名山何必去，此地有群峰"；白居易的《太湖石记》云："百仞一拳，千里一瞬，坐而得之"。由于古代文人墨客的大力推动，中国赏石文化达到了较高的水平，由个体到整体，从物质达精神，逐渐上升到哲学意趣的高度。

中国的石文化是传承文化，经过一代又一代不断传承。古代赏石多是传承的历史名石以及古人赏玩过的流传下来的供石，都是具有重要历史价值、文物价值和艺术价值的名石。历史名石往往与名人名园有关系，判断古代赏石年代主要看文献记载，看铭文或题刻，看名园的建造年代，看石头上的包浆等[2]，这些都与传承有关系。名石的传承与审美观念和自然观等思想因素密不可分，在同样思想背景下产生的园林则作为名石传承的重要载体，为名石的保存提供了很好的条件。

2　园林名石——何以名石

2.1　名园与名石

中国古代园林追求"虽由人作，宛自天开"的艺术境界，掇山理水、花木配置、营造建筑是传统造园技艺的重要内容。其中堆叠置石是传统园林最能具体反映自然的造景手段，无论哪种类型的园林都是必不可少的内容，即便是平地造园也要堆土为山，掘地为池，营造出城市山林的景观氛围。假山堆叠师法自然，取材自然山石，按照自然山石成山之理，集零为整掇成仿自然山体。置石是另一种山石应用的手法，是在园林中以山石为材料做独立性或附属性的造景布置，主要表现山石的个体美或局部的组合而不必具备完整的山形，能达到以简胜繁、独自成景的效果[3]。

中国园林源远流长，具有悠久历史、知名度高的园林称为历史名园，这些园林都具有突出的历史文化价值，并能很好地体现传统造园技艺，其园中的叠石掇山、理水、花木配置和营造建筑各具特色，一般都有很高的艺术价值和文化价值。园中的假山往往延请名家堆叠，或有画家和文学大师等艺术家参与其中，因此都具有很高的艺术水准，成为园林中烘托主题、表达情感和吸引人的重要内容。许多名园林中有知名的假山作品，如扬州个园的四季假山，以不同的石材表现四季景观。园中一些特置石在造园时也会精中选精。这些石头姿态和造型优美有可观之处，具有很高的审美价值，可以单独作为主题形成一个景区的构图中心，如留园的冠云峰、无锡寄畅园的美人石。独置的山石也可以作为植物景观和水景的点缀，构成如诗如画的小景，与周围的环境相互协调、相互衬托。

很多园林因石头的设置而成为名园，或者园名因山石而起，如扬州片石山房，其叠山之妙在于独峰耸翠，秀映清池，当得起"奇峭"二字。石壁、石磴、山洞三者最是奇绝，现天人合一的文化所在。苏州的狮子林以叠石取胜，洞壑宛转，怪石林立，园林掇山虽不高，但洞壑盘旋，嵌空奇绝，虽凿池不深，但回环曲折，层次深奥，飞瀑流泉隐没于花木扶疏之中。苏州环秀山庄是以湖石、假山为主的古典园林，园中由明代戈裕良所叠假山堪称一绝，占地不过半亩，但咫尺之间，千岩万壑，步移景异。

名石与园林相互辉映、相得益彰，名石使园林更盛，名园使名石更加知名。苏轼提出"园无石不秀，斋无石不雅"，已认识到奇石具有灵动的神韵。上海豫园本是江南名园，园中的名石玉玲珑具有太湖石的皱、漏、瘦、透之美，孔多如蜂巢，可呈现"百孔淌泉，百孔冒烟"的奇观。此石本是隋唐时期发现的，后宋徽宗赵佶征花石纲时被列为贡品，但因体积庞大，运送十分艰难。运夫们虽经历艰辛，但路途耽搁太多，无法按期送到京城，便趁押送的差人酒醉之机逃之夭夭。差人醒后见运夫无影无踪，亦四散而去，玉玲珑就被弃置荒野。据明代王世桢《豫园记》记载，玉玲珑石是从乌泥泾的朱尚书园中移来的。

为什么石头多出现在园林中，原因有很多，有园主人的喜好，也有造园者的匠心独运。其实园林从雏形期开始就包括山石等自然因素。随着园林的发展，太湖石等名石逐渐成为园林中的重要造景元素，一些观赏价值较高的山石也出现在园林中。园林和赏石二者都是体现自然的因素，作为艺术形式，文化起源相同，二者相谐发展也是题中应有之义。此外，园林为名石提供了很好的展示和保存场所，这些美丽的石头在园林中保存也是理想之选，尤其是传承有序的名园更具有保存的便利条件。留存的名石大多出现在园林中且传承有序，虽然有的石头历史脉络并不十分清楚，但通过后期的系统研究还是可以厘清发展脉络和传承关系。

2.2 名石与名人

古人好石，欣赏石峰为品石，反复品味，仔细揣摩。

普通的山石能成为名石，离不开名人的欣赏赞美和诗词吟咏。中国的山石文化融自然科学和人文因素于一体，历史名人在其中发挥了重要的推动作用，涌现出白居易、柳宗元等一批著名诗人、文学家和赏石名家，牛僧孺、米芾等赏石收藏家留下了众多关于石文化的故事，也有计成、戈裕良、张南垣等叠石名家，给我们留下了精美的叠山作品，更有杜绾、林有麟等理论大家留下了各种石谱，使得中国的石文化能够流传有序。

白居易对太湖石非常喜爱，在任苏州刺史时，于太湖岸边发现了沉睡千万年的两块太湖石，"苍然两片石，厥状怪且丑。俗用无所堪，时人嫌不取。……万古遗水滨，一朝入吾手。……孔黑烟痕深，罅青苔色厚"，此诗是我国记载太湖石的最早文献史料，同时诗的内容明确地记述了他首先发现太湖石的过程以及太湖石的观赏价值[2]。自此之后，随着人们对太湖石观赏价值的逐步认识，拉开了我国园林中采用太湖石的序幕。白居易的履道坊宅园中有太湖石和天竺石等赏石，他还写下了《太湖石记》的名篇。

米芾为宋代著名书法家、赏石收藏家和评论家，被人称为石癫。他任无为军太守时见院中太湖石"状奇丑，以为石憨然无邪，有君子之气"，正冠下拜曰："吾欲见石兄二十年矣"，后人将其官服拜石之事传为美谈，留下了"米芾拜石"的典故，相关内容和形象在后世园林中多有出现。无为军距灵璧不远，盛产奇石，米芾搜集各类奇石，分类命名并加以详细品评。明代林有麟《素园石谱》记载："米尝守涟水，地接灵璧，蓄石甚富，一一加以美名，入室终日不出。"他痴迷奇石，以赏石为乐事，甚至到了忘我的程度，有时觅到一石，爱不释手，揣在袖中，时时用手抚摸，自己戏称为"握游"，乐而忘忧，自得其乐。米芾在观赏石品评方面，最早提出以"瘦、漏、透、皱"作为鉴评太湖石的标准。

宋代苏东坡也是喜欢名石的大家，珍藏大小雪浪石，其住所题名为"雪浪斋"。雪浪石纹理流畅，画面清雅，似浪非浪，似雪非雪，得造化之灵秀，含天然之玄机，历近千载，风韵依旧。他还创造了以竹、石为主题的画体，并以竹石作为绘画和诗文吟咏的对象。竹石相互依托，一重一轻，一动一静，形成了优雅的山石艺术品。他咏道："宁可食无肉，不可居无竹。无肉令人瘦，无竹令人俗。"以拟人的手法，以竹、石象征人品的高尚情操。苏东坡在《石氏画苑记》中指出："画之所贵者，贵其似也，其似尚贵，况其真乎"，这其中体现的绘画理论和藏石赏石理论如出一辙，成为赏石和传统造园融合发展的重要内在因素。

2.3 园林名石的传承

叠石为山乃中国传统园林置景的重要技法，无论是北方皇家园林，还是江南的私家园林，山水景色都是园中的主要观赏内容。宋代徽宗皇帝于汴京宫城的东北隅营建的艮岳寿山（也称万岁山），在掇山方面"括天下之美，藏古今之胜"。此园冈连阜属，东西相望，前后相续，左山而右水，后溪而旁垄，连绵而弥满，吞山而怀谷。宋徽宗作《御制艮岳记》，记载这一盛举，造园时广罗天下花木奇石（花石纲），分批送往汴京，安置于"寿山艮岳"之中。艮岳因战争毁坏后，太湖石散落、迁移，流传各地，金世宗修建大宁离宫时将汴京艮岳的太湖石、灵璧石转运到中都（北京）琼华岛，也有一些散落的艮岳遗石留存于开封龙亭公园等地。修建艮岳等皇家园林时的花石纲遗物有很多留存，如上海豫园玉玲珑、苏州瑞云峰等都被认为是花石纲遗物。

清代皇家园林也有很多名石，最著名的当属青莲朵、青云片、青芝岫等。其中青莲朵的传承极富传奇色彩。南宋时临安御苑"德寿宫"中有古梅，高宗赵构传位于孝宗，自己退位当太上皇。淳熙五年（1178 年）二月初一，新皇帝到德寿宫朝拜太上皇，太上皇特地留他在石桥亭子上看古梅，并说此地有奇石是太湖石之王，透、漏、丑都占，样子极像一朵含苞欲放的莲花，应为芙蓉石。德寿宫后逐渐荒废，至乾隆时已不及原规模的十之二三，但某些遗迹尚存。明时画家孙杕和蓝瑛合作，画《梅石画》刻于石碑上，名曰"梅石碑"，置于"芙蓉石"旁。乾隆皇帝第一次南巡至杭州访德寿宫遗迹，见"芙蓉石"十分喜爱，以衣袖拂拭"抚摩良久"，并吟诗曰："临安半壁苟支撑，遗迹披寻感慨生。梅石尚能传德寿，苔华又见说蓝瑛。一拳雨后犹馀润，老干春来不再荣。五国风沙埋二帝，议和嬉乐独何情。"浙江地方官领悟圣意，将此石运至京师。乾隆降旨置于长春园蒨园中，赐名为"青莲朵"，为蒨园八景之一。乾隆三十二年（1767 年）重摹梅石图碑，置于圆明园"青莲朵"石侧旁。民国时期，青莲朵移入新建成的中央公园（今北京中山公园），梅石图碑也移置北京大学校园内。2013 年青莲朵作为重要展品放置于新建成的中国园林博物馆保护和展示。

3 园林名石传承与保护策略

3.1 加强研究，探究文化内涵

名石，尤其是园林中的名石，具有深厚的文化内涵和历史价值。但当前的名石价值研究多关注其经济方面的价值，背离了赏石文化发展的初衷，因此需要通过开展相关研究重新审视赏石文化的核心理念，从根本上改变社会上片面追求经济价值的倾向。就名石本身来说，对其物理层面的属性研究不够深入，对其质地和成分等相关研究滞后，影响了名石年代的判定。园林名石有关的研究大多集中在石的欣赏方面，但是鉴赏的标准多依据古人的说法，且名石传说的内容偏多，而基于历史的考证内容较少，与文献结合的考证并不全面且深度不够，园林与名石的关系研究较少。当前留存的园林名石历经风雨，其上的题刻等随着年代的久远而辨识不清，叠石技艺保护研究程度不够，造成园林名石蕴含的信息逐渐在消失，因此还应尽快开展园林古石的保护研究。

3.2 调查记录，厘清传承谱系

当前留存的古典园林中的历史名石，分散在公园、景区、博物馆等不同单位，其保护和管理效果因各单位条件不同而有所区别。大多数单位对名石的记载和记录较为简单，都是各自管理，无法从总体上进行管理保护和研究，没有从总体上进行登记和管理并纳入系统的管理之中，从而无法与其他单位保存的名石进行结合分析，而其中一些可能存在关系的名石无法说清楚其共同的传承关系。因此，通过详细调查、深入考证，结合利用现代技术手段，考证清楚石头的来龙去脉，加强单位之间的合作与交流和信息共享，调查清楚园林名石的基本情况，建立相关的数据库，是当前较为紧迫的任务。

3.3 技术应用，实施科学保护

园林中的名石是重要的历史见证物，留存了丰富的历史信息，但当前园林名石的保护技术相对落后，大多数石头在园林中经历风雨侵蚀，因为认识程度和重视程度不够，在日常管理中并没有采取有效的保护措施。此外，对名石的整体保护意识不强，对古石的底座等配套设施保护和研究不力，造成古石保护总体状况不佳。当前科技的发展，越来越多的文化保护和修复技术，为石头的保护提供了可行的途径。因此在当前园林名石的保护方面，应该积极创新保护方法，重点从修复技术转化应用方面着手，从保存资料角度来说，要加强新技术的拓展应用，如加强数字化技术对名石原真数据的采集和保护，同时可为科学管理和展示宣传奠定重要基础。

3.4 拓展渠道，促进文化传播

名石是我国传统园林景石中珍贵的精品，不仅有千年以上的历史，而且大多数奇巧无比、形态各异，观赏性极佳。正如明末清初戏曲家李渔所言，"山石之美者，俱有透、漏、瘦"。赏石文化作为中国传统文化的一部分，走出国门在世界各地传播，既是当今加强我国国际传播能力建设、增强民族自信的时代要求，也是中国传统观赏石行业快速发展的现实需要。总而言之，拓展渠道，大力推进观赏石文化的传播和加强国际交流与合作，是国家所需、时代要求和行业的呼唤[5]。园林名石有直接具象的载体，围绕园林开展文创产品的开发实践，在一定程度上也是传播园林名石及其文化的重要途径。

4 结语

赏石文化和园林是中国传统文化的重要组成部分，园林名石历经沧桑，成为极具价值的文化遗产，展示了中国园林文化的发展演进，也展示了赏石文化的传承，这恰如中国文化的绵延不断一样。通过深入研究名石与园林各自的内涵及其相互关系，能够更好地理解中国传统文化的深邃，通过历史考证结合现代技术对园林名石进行保护和管理，是保证名石在园林中有序传承的重要基础。对整个世界来说，这种中国传统赏石文化的影响，随着时间的推移，其意义必将更加深远，其需求将更加强烈。

参考文献

[1] 贾祥云. 中国赏石的分类与鉴赏 [J] . 中国园林，2010，11：92-96.
[2] 李树华. 中国园林山石鉴赏法及其形成发展过程的探讨 [J] . 中国园林，2000（16）1：80-84.
[3] 封云. 试论中国园林的山石之美 [J] . 中国园林，1996（12）1：53-56.
[4] 陈民府. 古典赏石文选 [M] . 北京：大众文艺出版社，2016.
[5] 陈永庆. 试论加强中国赏石文化的国际传播 [J] . 宝藏，2015（1）：78-79.

Inheritance and Protection of Famous Stones in Classical Gardens

Liu Yao-zhong，Zhang Bao-xin

Abstract: Garden and Ornamental stone are both important parts of Chinese traditional culture, which reflect the unremitting pursuit of harmonious relationship between man and nature. Based on the analysis of the connotation of mountain stone, Ornamental stone and garden stone in the garden，stone placement in Chinese gardens were briefly summarized. The internal causes of orderly inheritance for famous stones were analyzed with cases of famous stones in gardens. The protection and inheritance ways of stone in the garden were discussed, which can provide research basis and reference for the protection of garden stone.
Key words: Garden; Famous stone; Inheritance; Protection

作者简介

刘耀忠 /1965 年生 / 河北石家庄人 / 教授级高工 / 硕士 / 现就职于中国园林博物馆北京筹备办公室，党委书记 / 研究方向为园林历史与理论、古典园林保护（北京　100072）

张宝鑫 /1976 年生 / 男 / 山东青岛人 / 教授级高工 / 博士 / 现就职于中国园林博物馆北京筹备办公室 / 研究方向为园林历史、艺术、文化，博物馆展览（北京　100072）

北京中山公园中的奇峰名石

盖建中

摘　要：北京中山公园的前身是明清社稷坛，自 1914 年辟建为公园开始，逐步开始按照传统中国园林的营造手法，叠山理水，点布湖石。朱启钤先生多方运作，自圆明园遗址处选择有观赏价值的湖石，移置在公园内。其园林置石不但满足了人们亲近自然、寄情山水的愿望，更因其特有的历史文化背景，而使其相关研究具有深远的历史意义和现实意义。

关键词：中山公园；移置湖石；历史研究

在中国园林中，堆山叠石具有十分重要的地位，以至于有"凡园必有山石，离石不成园"之说。北京中山公园作为古代坛庙园林的重要代表之一，其园林置石不但满足了人们亲近自然、寄情山水的愿望，更因其特有的历史文化背景，而使其相关研究具有深远的历史意义和现实意义。

北京市中山公园所在位置原是唐代古幽州城东北郊的一座古刹。辽代，扩建成大型僧刹"兴国寺"。元代再次扩建为"万寿兴国寺"。明永乐十八年（1420 年），按"左祖右社"制度，于阙右门之右建社稷坛。社稷坛是封建皇帝祭祀五土神、五谷神的场所，也是皇权王土和国家收成的象征。1914 年由北洋政府内务总长朱启钤倡议并主持辟为公园，初称中央公园，并于当年 10 月 10 日开放，是北京近代史上第一个对市民开放的古典皇家坛庙园林。1925 年 3 月 12 日，孙中山先生逝世，曾在园内拜殿停灵并公祭。1928 年 9 月 5 日，为纪念孙中山先生，中央公园改称中山公园，拜殿改名为中山堂。社稷坛辟建为公园后，为改善景观环境，朱启钤先生在祭坛外坛精心规划，择其所宜，开辟园门、道路，增建亭台楼榭、轩馆廊坊；点布假山名石，铺筑花池绿地，搜集花鸟鱼虫，饲养珍禽异兽，挖塘引水，起土堆山，即池栽荷，就山植树，将一个荒秽颓败的皇家社稷坛，建设成为一个以坛为中心，以古柏为绿带，四周环以多组景观的坛园结合、水木明瑟、具有民族风格的综合性公园。

1　奇峰名石移置背景

社稷坛时期，园内是肯定不会有各种奇峰名石的。经查，中山公园的太湖石均来源于圆明园。为什么要将圆明园的名石移到中山公园？《中央公园二十五周年刊》（这是中央公园开放了 25 年之际，由公园董事会出资刊印的一部书）详细记述了从社稷坛到中山公园的发展历程。其中，公园董事董玉麟（京师警察厅处长）在《记圆明园遗石》一文中，把移置名石的前因后果讲得很明白。"故圆明园遗石，近年为势豪攫取及园户盗卖几尽。甲子冬，推广四郊警察，始将盗运之事禁绝。而择石之较异者，移置中央公园。既供公共游赏，亦可永久保存。以视于荒烟蔓草中，与夫窃为私有，而辗转于市商之手，其显晦自有辨也。"这样做避免了这些名石落入私人之手，辗转于商人买卖中。可以试想一下，在那样一个混乱的时局下，圆明园遗物保护恐怕只能说纸上谈兵。而朱先生没有坐而论道，采取了择优移置的手段。可能从今天的一些理念和想法来看，不是最好的，但至少做了努力。让今天的人得以在中国园林博物馆、中山公园看到这样的园林瑰宝。（图 1、图 2）

2　奇峰名石何时而来

关于这些奇峰名石何时被移到中山公园，笔者看到了三个不同的版本。

图1 中央公园25周年纪念刊精装

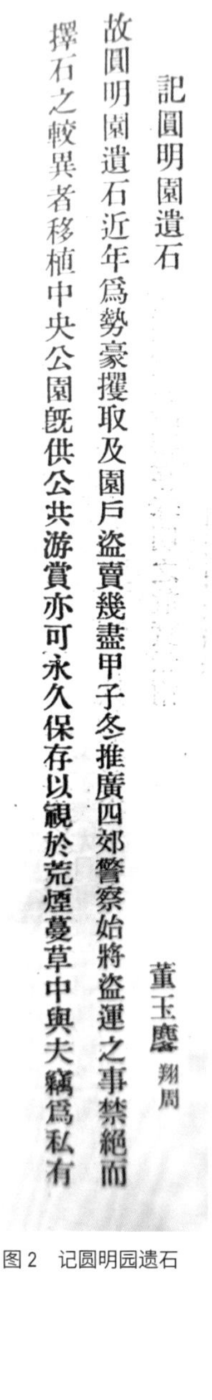

存文》113～114页的＜中央公园记＞一文中记述民国三年（1914年）四月四日开放。迁圆明园所遗兰亭石刻及青云片、青莲朵、搴芝、绘月诸湖石，分置于林间水次，以供欣赏。"这一版本是说四块名石都是1914年建园初就移置过来了。

黄成彦，1937年生，上海人，研究员。1961年毕业于山东大学生物系植物专业，同年分配到中国地质科学院地质研究所，从事化石硅藻、硅藻土和湖泊沉积物研究，享受国务院政府特殊津贴。黄老对太湖石的研究和保护极为重视，曾多次来中山公园实地拍摄太湖石，并当面向笔者建议保护好这些名石。先生提到的《公园存文》，笔者没有查到相关资料。但《中央公园记》是可以找到的。《中央公园记》由朱启钤所撰，1928年脱稿，由董事孟玉双手书，镌于过厅东壁二块嵌石上。1970年"五一九工程"拆建南门过厅时，将"公园记"和"董事题名"嵌石全部拆除。《中山公园志》第266～267页全文录入了这篇题记。文中载"……乃于民国三年十月十日，开放为公园。……迁圆明园所遗兰亭刻石及青云片、青莲朵、搴芝、绘月诸湖石，分置于林间水次，以供玩赏。"从这一段文字中可以得到两个信息，一是公园是民国三年十月十日开放的，二是青云片等名石是迁自圆明园，并没有给出具体时间。

版本三

2014年，黄成彦著，地质出版社出版的《北京的奇峰名石》第86页载"在《观赏石概论》第56页有关中山公园几块名石这样记述'为保护历史名石，1917年有识之士将青云片等十五块名石移到中央公园'"，黄先生后来曾就此向该书作者询问，但作者未能告知原文出自何处。

1931年，北平圆明园遗物文献展览会在公园水榭举办。在《湖北教育厅公报》1931年第2卷第7期、《天津商报图画半周刊》1931年第2卷第10期、金潛庵《上海画报》1931年第691期、《中华图书馆协会会报》1931年第6卷第5期对此事均有记载，明确记载了圆明园遗物青云片、绘月已移置中山公园。而青莲朵没有提及具体移置时间。（图3、图4）

认真分析上述资料，青云片等名石1931年前已经移置中山公园是肯定的。青莲朵即使没有确切时间，也不晚于1931年。

3 奇峰名石基本概况

这些奇峰名石不仅是自然的遗存，也承载着厚重的人文历史。百余年的历史、自然的风霜洗礼，它们与公园的一草一木融为一体，静静地守护着中山公园。下面向大家做一简要介绍。

版本一

2002年，中山公园管理处编著，中国林业出版社出版的《中山公园志》第二篇中山公园·第二章园林建筑·第一节景点修建，第91页载："搴芝石1914年、绘月石1919年、青云片石1925年、青莲朵1927年分别从圆明园运来。"

《中央公园二十五周年刊》载：民国三年（1914年）9月至年底："（六）修打牲亭。……，亭前石座湖石名搴芝，系由圆明园移置"。搴芝石是1914年9月之前移置，否则修打牲亭时湖石不会已经安置在其前面。

民国八年（1919年）："（四）建四宜轩。……，轩前置石座湖石一名绘月。"绘月石是1919年移置。

《燕都》杂志创刊号，1985年8月，总第一期第21页刊载了王敬铭撰写的文章《圆明园的珍贵遗物》，其中记载："1925年，青云片石从废墟中被清理出来，移置在中山（应为中央，本文笔者注）公园。……。"截至目前尚未看到其他资料。

而青莲朵石1927年移置的说法并未得到确切资料的支持。

版本二

2014年，黄成彦著，地质出版社出版的《北京的奇峰名石》第86页载："在朱启钤撰写的《公园

图2 记圆明园遗石

記圓明園遺石

董玉麐 翔周

故圓明園遺石近年爲勢豪攫取及園戶盜賣幾盡甲子冬推廣四郊警察始將盜運之事禁絕而擇石之較異者移植中央公園既供公共遊賞亦可永久保存以視於荒煙蔓草中與夫竊爲私有

3.1　园林名石

3.1.1　搴芝石

该石置于宰牲亭西侧。石高1.85米，宽1.25米，厚0.8米。"搴"读音为"千"，意为"拔"。石上镌有清高宗御题"搴芝"二字。从正面看，石体下端为一石柱支撑，由多层灰岩组成，是自然天成还是人工加工，无从考证，不愧为一个佳作。从背面看，可见石体确属一体。石体下部两个尖状石似一只母鸟在向一只幼鸟喂食。石体上部形似灵芝。基座为长方形，座高0.85米，长1.65米，宽1.25米。（图5）

3.1.2　绘月石

该石置于四宜轩东侧。石高1.8米，宽1.25米，厚0.65米。石上镌有清高宗御题"绘月"二字。此石外形近似菱形，中部最宽，下部稍有收缩，由中部向上逐渐收缩，顶部收缩呈短圆柱形凸出。石体正面有三个孔洞呈斜线排列，中部孔洞最大，近似一足形。左侧孔洞较小，近似一鸟形，石体背部左上角孔洞小，近似四方形。绘月石年久风化比较严重，后公园加装了玻璃罩以求保护。（图6）

搴芝石为圆明园含经堂遗物，绘月石原置于圆明园四宜书院后。含经堂是清代的文化遗址，原为圆明园长春园中心地带建筑，于1860年被焚毁，目前尚存遗址。四周山水花木环抱，是该园内最大的园林建筑风景群。主要建筑分三路轴线纵向并列，记有大小殿座近30座，建筑面积约8000平方米。含经堂始建于乾隆十年（1745年），是乾隆为归政后颐养天年而建。1912年，姚华"圆明园游记""游圆明园遇雨"曰："绘月、搴芝二石，耸峙旧殿阶上，甚奇古。"姚华在二石下拾得断碑一块，归后拟琢为砚。据查考，姚氏所得"断碑"，实即《乾隆重刻淳化阁帖》第十卷张旭"终年"帖之残版。故知，二石皆为长春园含经堂之旧物。

3.1.3　青云片石

该石置于外坛东南隅北侧。石高2.9米，宽4.4米，厚2.05米。原系置于圆明园秀清村（即别有洞天）河北岸西端之时赏斋前。别有洞天又称秀清村，位于福海东南隅山水间，一处崖秀溪清、亭台错落、环境幽雅的园中之园。南出秀清村门，为绮春园。东出绿油门，为长春园。别有洞天建于雍正年间，居水木清华之阁西稍北，高台卷棚硬山，正殿三间，前出廊，外檐悬乾隆御书"时赏斋"匾。斋前为回廊院，廊深0.96米，院内偏南置"青云片"太湖巨石。此斋俗称秀清村高台殿，于乾隆二十六年前后添建而成。（图7）

青云片石系北京园林名石，孔穴明晰，结构奇巧，玲珑剔透，似烟云缭绕，与万寿山的青芝岫石系姊妹石。青云片与青芝岫，皆为米万钟从京西大房山采得，欲置勺园力未就，弃之良乡。"青芝岫"与"青云片"这两块石头原来都是明万历进士、书画家米万钟的遗物。米万钟爱石之癖，将这两块山石从房山运抵良乡，由于其家财耗尽，被迫弃于郊野。一百多年后，二石被乾隆发现，将大石青芝岫运至颐和园，小石青云片至圆明园时赏斋。乾隆称大石青芝岫为雄石，称小石青云片为雌石。京西大房山位于房山区西北部，是太行山余脉，旧日多称"古大房"。大房山，古碑云："出燕奥室"，或谓其形如扦俎，故曰大房。《元史》记载，元大都设有采石局，专门负责从各地采集名贵石料，其中的汉白玉都采自房山大石窝。到了明朝，大石窝的石料开采达到了惊人的速度。特别是明成祖迁都北京后大兴土木，新建皇宫、殿宇，集中了全国石匠会战大石窝，一批批石料源源不

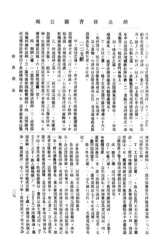

图3　湖北教育厅公报1931年第2卷第7期　　图4　湖北教育厅公报1931年第2卷第7期　　图5　搴芝

图 6　绘月

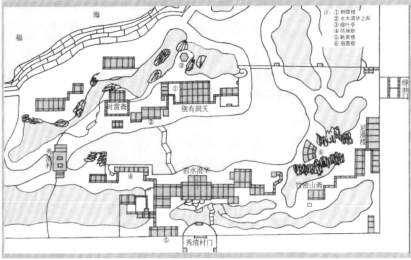

图 7　别有洞天平面图

断地运往京城或外地，持续多年。那些规模宏大的宫殿基座多用大理石或汉白玉建造。

米万钟曾写有《大石记》记载此事："房山有石，长三丈，广七尺，色青而润，欲致之勺园，仅达良乡，工力竭而止。"后来，他还为石头盖了一个遮风挡雨的棚子，期待条件成熟，再将它们运回勺园，可惜终未遂愿。过了 3 年，明朝最后一个皇帝朱由检上台，魏忠贤一伙被处死，米万钟重新被任命为太仆寺少卿。不幸的是，这一年，他也去世了。

乾隆十分珍爱"青云片"这一山石，他于丙戌年（乾隆三十一年）题七言古诗一章；又于丁亥年（乾隆三十二年）、己丑年（乾隆三十四年）和庚寅年（乾隆三十五年）先后在时赏斋赋写了 7 首诗；乾隆三十七年五月，御笔画青云片手卷一幅，令将"青云片"字做银片字。（图 8、图 9）

1925 年，青云片由圆明园移至中央公园，置于来今雨轩长廊以西路旁，"槐柏合抱"的南侧。移置时是将 3 辆料车摽在一起，用 32 头骡子，加上 30 多个壮小伙子，拉了 7 昼夜才运到城里的。

1971 年"五一九工程"后，移到现在位置。《中山公园志》第 91 页、《中央公园二十五周年刊》第 89 页均写明青云片上刻诗 8 首。如今，工作人员依据资料核对了御题诗，在石上仅刻有 7 首。

（1）庚寅仲春中浣御笔（图 10）

一气贞元运，四时景物繁。载阳方煦照，初旭正温暾。固日赏随遇，亦思治有源。助萌贻汉诏，絜矩勉心存。题时赏斋一律。

庚寅是指乾隆三十五年（1770 年）。仲春，也就是春季的第二个月，通常是农历二月。中浣，古代官吏中旬的休沐日。休沐日，也就是古代的休息日。"载阳"

图 8　乾隆御笔绘青云片图

图 9　乾隆御笔青云片

两字出自《诗经》"春日载阳，有鸣仓庚"。意思是说：春天太阳暖洋洋，黄鹂叽喳枝头唱。"絜矩"，絜是用绳围量，矩是规范，引申为法度。絜矩之道：儒家伦理思想之一，指君子的一言一行要有示范作用。此诗大体意思是，乾隆三十五年二月的一个休息日，皇帝在时赏斋看到太阳刚刚升起，暖暖地照着大地。虽是可以休息，但自己心中也不敢有一丝怠慢。

（2）己丑仲春上浣御笔（图11）

当门湖石秀屏横，坐喜松阴满砌清。时赏试言应为好，树姿花意盼春晴。时赏斋得句。

己丑是指乾隆三十四年（1769年）。上浣，与前诗"中浣"一样是休沐日。唐代旧制十日一休沐，俗称上旬、中旬、下旬。从诗中我们可以知道青云片应与殿门相对而立。是年农历二月的上旬休沐日，皇帝在时赏斋望着门外的湖石，格外欣喜，一扫连日阴天的不悦。

（3）丙戌季夏下浣御题（图12）

万钟大石青芝岫，欲致勺园力未就。已达广阳却弗前，土墙缭之茹屋覆。意百里半九十里，不然奇物斩轻售。向曾辇运万寿山，别遗一峰此其副。云龙气求经所云，可使一卷独孤留。伯氏吹埙仲氏篪，彼以雄奇此独透。移来更觉易于前，一例为屏列围固。泐题三字青云片，兼作长歌识所由。有时为根暖踺生，有时为峰芳润漱。虚处入风籁吹声，窍中迸雨瀑垂溜。大青小青近相望，突兀玲珑欣邂逅。造物何处不钟灵，岂必莫厘乃称秀。事半功倍萃佳赏，宣和之纲诚大谬。

丙戌是指乾隆三十一年（1766年）。季夏，即夏季的最末一个月，农历6月。又是一个休息日，皇帝在诗中把移置湖石的经过简要说了一遍。勺园为米万钟的私家园林，原址在今天北京大学西墙内，米万钟本想将二石移到自己的园子里，到了广阳（今天房山区一个地名），本想盖个屋子罩上，以后再运出来，终未如愿。谈到"青云片"石："伯氏吹埙仲氏篪，彼（指"青芝岫"）以雄奇此（指"青云片"）独透。"在乾隆看来，青芝岫雄奇，青云片独透。

（4）丙戌（乾隆三十一年，1766年）新秋上浣御笔（图13）

西宇初生一捻纤，高梧疏影掠堂檐。人间天上秋管领，分付中涓索轴帘。新月一首。

（5）丁亥（乾隆三十二年，1767年）仲春再题

诡石居然云片青，松风吹窍韵清冷。英英生处如为雨，肤寸何殊岱岳灵。（图14）

（6）丁亥（乾隆三十二年，1767年）仲夏月（农历五月）上浣御笔

烟片雨丝卒未已，濯枝润叶总纾怀。不因膏泽良田足，那识今朝时赏佳。时赏斋作。（图15）

（7）丁亥（乾隆三十二年，1767年）新正中浣御笔

庶微有五要惟时，省岁殷勤念在兹。乂用咸休协心赏，嗟哉夫岂易言之。时赏斋一绝句。（图16）

上述7首诗均于石上隐约可见。独缺下面这首。

丙戌孟夏下浣御笔

憩时赏斋作歌

一年惟四时时各九十日一日十二时昼夜分半疾可可莲漏无停声积日为月积月年又成及时行乐有其语诚如其语斯非取无返而晦旦明晹时晹时雨雨始得纾烦忧兮□□时赏之意实在兹□□珍禽奇卉罗庭宇

此诗作于乾隆三十一年（1766年）。从诗的大致意思看，应该是解释时赏斋是何意。从现场观察，青云片没有地方再可供镌刻。

3.1.4 青莲朵

该石置于西坛门外土山南麓。石高1.65米，宽2.2米，厚1.2米。此石外形似一朵盛开的芙蓉花，故曾名：芙蓉石。其为北京园林名石中之瑰宝，迤逦曲折，脉络纵横，玲珑剔透，百窍通达，更值雨后石润时，会呈现淡粉色，加之石纹中的点点白色，有如淡露残雪。此石南宋时曾置于临安（今杭州）高宗的德寿宫内，原名芙蓉石，石旁植有1株世所罕见的苔梅。

南宋自绍兴十一年（1141年）十一月和议达成，南北始定，至绍兴三十二年（1162年）的20年间，南北再

图10　庚寅乾隆三十五年（1770年）仲春中浣御笔

图11　己丑乾隆三十四年（1769年）仲春上浣御笔

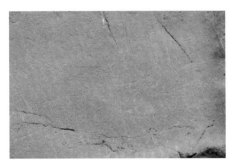

图12　丙戌乾隆三十一年（1766年）季夏下浣御题

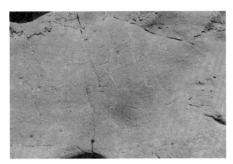

图 13　丙戌（乾隆三十一年，1766 年）新秋上浣御笔

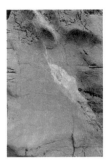

图 14　丁亥（乾隆三十二年，1767 年）仲春再题

图 15　丁亥（乾隆三十二年，1767 年）仲夏月（农历五月）上浣御笔

无大战，南渡的中原冠带及巧匠能工在江南发展兴盛，一时也有平乐之景。年近花甲的高宗渐起倦勤之意，于六月禅位于太子眘，是为孝宗。孝宗将原秦桧府旧第兴工改建为德寿宫以奉养太上皇，因处于凤凰山大内之北、望仙桥之东，此即为"北内"。高宗崩后，孝宗改建德寿宫为"慈福宫"以奉吴后。至淳熙十五年（1189 年），孝宗退位迁居于此，改德寿宫主体为"重华宫"。至度宗咸淳四年（1268 年），朝廷将渐趋荒废倾颓 60 年的德寿宫北半部改为宫廷道观"宗阳宫"，南半部改为民居，自此德寿宫泯然于历史之中。据《武林旧事》记载："德寿宫，孝宗奉亲之所。""高宗雅爱湖山之胜，恐数跸烦民，乃于宫内凿大池引水，以像西湖冷泉，叠石为山，作飞来峰。"《梦梁录》载："其宫中楼阁森然，扁曰聚远。屏风大书苏东坡诗'赖有高楼能聚远，一时收拾付闲人。'"德寿宫包括前部由多重递进式院落组成的宫殿区和后部由园林组成的后苑，为"雅爱湖山之胜"的高宗所喜爱，周回九里，面积不亚于凤凰山大内。据杭州市文物考古研究所历年的发掘成果及历史学专家的考证，可以确定德寿宫位于今杭州市吉祥巷、织造马弄一带，西临中河，

北靠梅花碑，南至望江路，总面积近 16 万平方米，目前已无任何地面建筑遗存。《武林旧事》中"效学西湖，与湖中一般""景物并如西湖""拟西湖冷泉、飞来峰"等语真实不虚。其中，位于苑中西南侧的飞来峰便是一处湖石叠山之作，芙蓉石（青莲朵）即放置于浣溪亭与飞来峰之间的区域，是高宗当年玩赏的爱物。《淳佑临安志辑逸》中言"巨石如芙蓉，天然匪雕饰。盘薄顶峰边，婵娟秋江侧……"。（图 17）

德寿宫荒废后，半为道观、半为民居；元、明间，又改为官署及民居，格局变动很大；至清代乾隆时期已没有宋代建筑遗存，只有部分遗迹尚存，其中就有芙蓉石。明代田汝成《西湖游览志》中有关于芙蓉石的记载："市舶司，本宋德寿宫后圃也。永乐中，命内臣掌海舶互市于此。内有芙蓉石，窦穴玲珑，苍润可爱。"至清代改为织造署、盐院署，芙蓉石倒卧衙署后园中，原座已失。

乾隆十六年（1751 年），乾隆皇帝首次南巡时，幸杭州吴山宗阳宫，无意间发现了此石及明代蓝瑛梅石碑，"抚摩良久"而作《题德寿宫梅石碑》诗一首（图 18）：

图 16　丁亥（乾隆三十二年，1767 年）新正中浣御笔

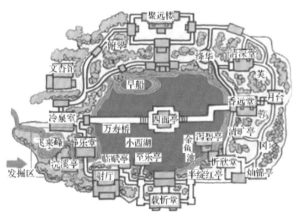

图 17　德寿宫御苑平面图（傅伯星绘原本并据考古发掘修订本）

临安半壁苟支撑，遗迹披寻感慨生。
梅石尚能传德寿，苔华又见说蓝瑛。
一拳雨后犹馀润，老干春来不冉荣。
五国风沙埋二帝，议和嬉乐独何情。

乾隆对芙蓉石的喜爱溢于言表，地方官员心领神会，次年即将芙蓉石送至京城，乾隆命置于新落成的圆明园三园长春园之蒨园，并赐名"青莲朵"，陈列于蒨园之迎门庭院正中。据《日下旧闻考》记载，"蒨园位于长春园正门迤西滨湖水石之间，门西向，园内有郎润斋、湛景楼、菱香片、别有天、标胜亭、委宛藏、韵天琴、青莲朵"八景。

蒨园已毁于战火，但其形制与圆明园中的其他景点一样，都是仿自江南名园，蒨园即仿照扬州"锦春园"而建。锦春园是扬州盐商吴光政的私园，父子两代悉心经营，历时三十余年始成。锦春园是集江南园林形式与技巧的佼佼者，乾隆初年在瘦西湖的众多名园中脱颖而出，成为南来北往仕宦显贵与骚人墨客的驻足流连之处。

乾隆皇帝六次南巡，途经瓜洲时均驻跸锦春园，可见其对该园的喜爱。同样，仿造锦春园的蒨园也得到了乾隆皇帝的青睐，前后命宫廷画师绘制了《蒨园八景图》并御题诗、自绘《御制青莲朵诗意图》及十余首关于蒨园景致的御制诗。其中吟咏名石"青莲朵"便有五首，辑录如下。

辛未春驻跸杭城，偶于宋德寿宫故址寻所谓蓝瑛梅石碑迹，碑尚杰竖，梅已槁仆。而其侧犹有崔嵬玲珑聿兀刻削者一峰存焉，抚摸良久，因题是诗。回銮后，地

方大吏竟以舟便致贡，念事已成，留置御园。既悔曩时未颁却贡之旨，转思此石之至，殆有宿因，名之曰"青莲朵"，更系以五绝，并写为图志之。

一
化石玲珑佛钵花，雅宜旁置绿蕉芽。
皇山峭透房山壮，兼美端堪傲米家。
二
傍峰不见旧梅英，石道无情亦怆情。
此日荒凉德寿月，只余碑版照蓝瑛。
三
梅亡石在石谁怜，碑迹长从梅石传。
石过江来碑独在，江梅春到总依然。
四
烟霞饱领西湖秀，风月新参七字吟。
一晌闲庭凭峭蒨，吴山重为寄遐心。
五
刻峭英英陆地莲，一拳提示色空禅。
飞来鹫岭分明在，幽赏翻因意慊然。

青莲朵原有石座及梅石碑现存于北京大学临湖轩旁（图19、图20）。经现场勘查，临湖轩的青莲朵须弥座为后配。移置中山公园后也另配须弥座一座，后一并移置中国园林博物馆展陈。

3.2 其他独峰石

中山公园除存有上述名石外，还有几块独峰石值得仔细观赏品味。

图18 梅石图

图19 现北京大学临湖轩旁青莲朵石座

图20 梅石碑

图21 中山公园独峰石"中山—5"

中山 -5：此石置放于松柏合抱东侧路边，与一棵古树相临。石高约 2.1 米，宽约 1.5 米，厚 0.67 米。石整体微微与柏树同向倾斜。石体颜色灰白色。石体上部从海棠路一侧观察似分为两块，下部融合为一体。从南侧路边观察石体有一处较大孔洞，贯穿石体。（图 21）

中山 -6：此石置放于习礼亭东北侧。石高 2.7 米，宽 1.5 米，厚 0.9 米。石体外形近似长方形，正面有一个大的空穴，其表面分布大小不等的孔洞，背部也布满孔洞。中部的部分岩石被溶解，致使整备相通。（图 22）

中山 -7：此石置放于牡丹圃内一株古柏旁，树石相依，趣味盎然。石高 2.45 米，宽 1.3 米，厚 1.08 米。石体外形呈长方形，中部稍宽，两端较窄，中部有一孔洞较大，孔内可见溶蚀后留下的石脊。从西向东观察，如一金蟾蜍俯卧在岸边。（图 23）

中山 -8：此石置放于唐花坞后路北侧。石高 2 米，宽 1.1 米，厚 0.8 米。石体上窄下宽，中部有两条较宽的纵沟壑，其中靠右侧与石体背部相通直达底部。沟壑两侧剩留 "S" 状石壁。（图 24）

中山 -9：此石置放于前石同一草坪，路北侧，掩映在牡丹丛中。石高 1.9 米，宽 1.2 米，厚 0.8 米。此石从远处观察近似一头坐着的熊，头部略向下低，前爪合在胸前。石体表面细小圆孔较多，背部平坦。（图 25）

从上述独峰石的设置不难看出，其或与树相依，或与竹相伴，突出的是中国园林的意境美，但植物需要浇水，长期离得过近的石头也很容易受到腐蚀。加之气候等多种因素的影响，石质文物的保护值得认真研究。从中山公园的做法来看，首先是坚持最小干预原则，所有措施都不得在石头本体上实施，把影响降到最低。其次是可逆、可读。所有措施，例如加装保护罩等都是可以拆除的。与此同时，保护的目的是延续其价值。通过手段让游客可以最直观地欣赏到这些自然界的灵石。然后逐步研究

图 24　中山公园独峰石 "中山—8"　　图 25　中山公园独峰石 "中山—9"

遵循 "心象自然" 的园林规划、管理理念。"心象自然" 的生态设计观就是秉持尊重自然、顺应自然、保护自然、最小干预的设计理念和方法，最大限度地通过设计的力量实现人与自然的和谐共生。公园人要逐步研究探讨像中山公园这样的景观场地固定、成型的园林，保持对原有植物、山水格局、建筑等各种要素的统一设计、管理、协调，使现有的自然景物相互交融。

石头有两次生命：一次是物质生命，万年沉积诞生于地球之表，苍古而悠久；另一次是艺术生命，被人拾取欣赏于心神之间。今天，游客徜徉在古老的中山公园，驻足于一座座美丽灵动的奇峰名石旁，那些岁月的痕迹清晰地展现在眼前。百年的战火兵燹、纷繁变迁，沉沉浮浮、起起落落，这些灵石从南至北，眼见仙楼玉殿、舞乐升平化作瓦砾枯草，不论是临安烟雨中的奉华陪德寿，还是圆明园中的青莲伴锦春，都已化作历史的沧桑，以供更多的后人品评和玩赏。

图 22　中山公园独峰石 "中山—6"　　图 23　中山公园独峰石 "中山—7"

参考文献

[1] 中山公园管理处.中央公园志[M].北京：中国林业出版社，2002.

[2] 黄成彦.北京的奇峰名石[M].北京：地质出版社，2014.

[3] 朱启钤，等.中央公园二十五周年纪念刊.北京特别市公署.

[4] 南熏，等.古石名品青莲朵.2008.5.10.

[5] 许维磊.北京房山石研究.天津：天津大学建筑学院，2008.6.

[6] 杨志坚.太湖石[J].火山地质与矿产，2000（21）.

[7] 王天赋.古代石谱与园林.天津：天津大学，2011.12.

[8] 魏菲宇.中国园林置石掇山设计理法论.北京：北京林业大学，2009.6.

[9] 贾珺.圆明三园之掇山置石探析.北京：清华大学，建筑史第37辑第117页.

The Famous Stone of Qifeng in Zhongshan Park of Beijing

Gai Jian-zhong

Abstract: Zhongshan Park in Beijing, formerly known as the state altar of Ming and Qing Dynasties, has been built as a park since 1914. It has gradually started to build a traditional Chinese garden by stacking mountains and managing water, and distributing Lake rocks. Mr. Zhu Qi-qian operated in many ways. He chose the lake stones with ornamental value from the Yuanmingyuan site and moved them into the park. It not only satisfies people's ideal of getting close to nature and expressing their feelings to the landscape, but also has profound historical and practical significance for its unique historical and cultural background.

Key words: Zhongshan Park; Moving Lake stone; Historical research

作者简介

盖建中 / 男 / 北京市人 / 现就职于北京市中山公园管理处 / 研究室主任 / 北京史学会理事 /《中国公园》杂志编委（北京　100031）

中国传统赏石意象探析

张　满

赏石，多在两端，或园林中千姿百态的石景，或文人案头把玩的清供，无论哪种形式，石在其中都给予观者以想象的空间，尽得真意。

当文人园林逐渐兴盛，伴随着文人园林兴起的还有造园所需的众多元素，吊诡的是，园林越来越倾心于自然野趣，而园林中自然性的获得却愈发依赖人工的参与。石头通常并不光滑的表面，处处散发着"天然去雕饰"的质朴，让其充满了自然的本来趣味，这也是其常常被置于庭园之内或案头之上的原因之一，用来调和人工与自然之间消长的张力。

中国古代文人对石头有偏爱，不乏一些奇石颇堪玩味，为历朝文人雅士所青睐。翻阅史料，可见中国传统文人心中，石头所蕴含的几种意象，每一种都可谓是中国古代文人澄怀观道、见微知著的内心写照。

1　庭园的陈设

在图1这幅18世纪的外国油画中，充满了对中国传统家居陈设的想象，尤其值得注意的是，画面几乎被盆景占满，而穿过画面中的厅堂，植物与叠石被安排在一处，室内室外浑然莫辨，内外空间的处理通过石头的区隔被巧妙地模糊掉了。这幅通过他人之手呈现的生活场景，看起来有些失真，但这又在某种程度上极为真实地反映了当时传统中国家庭陈设中置石的重要性。李渔在《闲情偶寄》中写道：石山离土，则草木不生，是童山矣。所以，假山要配置植物加以衬托，如果是单纯的石山，没有一丝绿意，则太过缺乏生气，失之真实。

《云林石谱》序曰："仁者乐山，好石乃乐山之意。居士好古雅，蕴千岩之秀，大可列于园馆，小者置于几案，如观嵩少，而面龟蒙，坐生清思。"从赏石的分类来讲，置于案头的小型赏石属于供石类，不同于园林山石的大型赏石。同时，在园林中还有造山叠山形成的大型赏石。这两类赏石共同构成了中国传统赏石的主要类型。《三辅黄图》中讲：构石为山，高十余丈，连延数里。《园冶》讲到叠石：峭壁山者，靠壁理也，藉以粉壁为纸，以石为绘也。理者，相石皴纹，仿古人笔意……宛然镜游也。置于园林之内的大型叠石，与置于案头之上的小型赏石，在唐宋两代开始繁盛，文人雅士在各自的庭园之内，装饰了大量赏石。

基本上在同一时间内，皇家苑囿的赏石也开始大量出现，从书面记载的较为公认的算起，宋代艮岳赏石集藏可谓后世数百年皇家御苑赏石行为的重要源流。张淏《艮岳记》中对艮岳的描述引用祖秀《华阳宫记》曰：政和初，天子命作寿山艮岳于禁城之东陬，诏阉人董其役。舟以载石，舆以辇土，驱散军万人，筑冈阜，高十余仞。增以太湖灵璧之石，雄拔峭峙，功夺天造。石皆激怒抵触，若碨若齿，牙角口鼻，首尾爪距，千态万状，殚奇尽怪。辅以磻木瘿藤，杂以黄杨，对青竹荫其上。又随其幹旋之势，斩石开径，凭险则设磴道，飞空则架栈阁，仍于绝顶，增高树以冠之，搜远方珍材，尽天下蠢工绝技而经始焉。

明代中后期经济复苏，奢侈之风盛行，开始大量兴建园林宅邸，在一定程度上打破了明初几近严苛的尚俭

图1　油画带有盆景和园林景色的厅堂　现藏于巴黎国家图书馆

戒律。明代《广寒殿记》描述明时琼华岛情景：北京之万岁山，在宫城之西北隅。周回数里，而崇倍之，皆奇石积叠以成。巍巍乎，蠹蠹乎，巉峭峻削，盘回起伏，或陡绝如壑，或嵌岩如屋。

清朝建都北京，京师宫苑制度清承明制。在昔日琼华岛万岁山，因清初毁掉山顶亭殿，立白塔建寺，乾隆帝《御制白塔山总记》和《御制塔山南面记》有"玲珑窈窕，刻峭摧晏，各极其致，盖即所谓移艮岳者也"。塔山即白塔山，亦即琼华岛。

2　怀古的风物

明人文震亨在其《长物志》一书中曾写道：石令人古，水令人远。"石令人古"是中国传统文人赏石的经典心境。厚古薄今的心理自古有之，从对祖先的崇敬，到对古风的向往、到对古物的雅癖，都成为文人寄托心志的所在，所以，造园择石莫不力求高古。

历代评鉴一方赏石的优劣，逐渐形成了趋同的审美标准，宋画家米芾曾道：曰瘦、曰皱、曰漏、曰透，可谓尽石之妙矣（图2）。清代李渔提出相似的品石标准：言山石之美者，俱在"透、漏、瘦"三字，此通于彼，彼通于此，若有道路可行，所谓"透"也；石上有眼，四面玲珑，所谓"漏"也；壁立当空，孤峙无依，所谓"瘦"也。然"透、瘦"二字，在在宜然，漏则不应太甚：若处处有眼，则似窑内烧成之瓦器，有尺寸限在其中，一隙不容偶闭者矣。塞极而通，偶然一见，始与石性相符。

李渔"始与石性相符"一语道破，赏石纵然有来自看客的不同审美标准，但要符合石之本性是一条潜藏在最底层的认同，而在李渔眼中，"塞"首先是石之性，

所谓顽石是也，不能太过随意变通，变通则不再是顽石，而石必顽，不能太过通透，在怀古的意愿上，并不讲灵性，而是讲呆板。

白居易是在中国赏石历史上无法跳过的人物。在日本见村松勇著的《中国庭园》一书中，他赞誉白居易是开辟中国庭园文化理论的先行者。白居易有很多评鉴太湖石的作品，除了著名的《太湖石记》外，他在"双石"一诗中，形容太湖石为"苍然两片石，厥状怪且丑"，"苍然"，二字一出，几乎颠覆惯常对太湖石的印象，无外乎是一派古韵。白居易将石人格化，以石比德，借石喻人。在"青石"一诗中，他说：青石出自蓝田山，兼车运载来长安，人工磨琢欲何用，石不能言我代言。

唐宋之际，盆景艺术逐渐兴起，伴随着花木盆栽技术发展而发展起来的还有赏石的成熟，除文人学士有"石玩"、"石供"之好外，民间亦有人将具有山形的山石，把底琢平，装入水盆之中，以领略山水之趣，称作"盆山"。比如，唐代画家阎立本创作的"职贡图"，图中就有将玲珑精巧，其状奇异的山石，置于一浅盆之中，作为贡品进贡的"盆山"，其与今天的山水盆景相类（图3）。应该说，中国古典园林赏石标准虽多，却也都是品石之肌理、鉴之结构，肌理粗胜过细，结构拙胜过巧。虽然画中充满了异域的风情，但是依然极为符合中国传统赏石的时代审美潮流"怪"且"丑"。

3　社交的媒介

《红楼梦》第一回开篇就讲到那一块补天留下的无用顽石，落在大荒山无稽崖等待那空空道人将它拾起；而《西游记》一书开篇也是女娲补天无用的顽石一块，吸

图2　以瘦、透、漏、皱著称的太湖石

图3　阎立本《职贡图》局部

收日月精气有了灵性；又有《小窗幽记》中说到墙内有松，松欲古，松底有石，石欲怪，又言要以怪石为友。早到唐代，就有好怪石之风，平泉别业李德裕酷爱怪石，后人有诗评价"怪怪奇奇石，谁能辨丑妍，莫教赞皇见，定辇入平泉。"这些作品，本是天真之语，言必称顽石，返璞归真。而作品无一例外地赋予了石头拟人化的意象，于是，石头有了世间的情感纠葛，此世来往世之债，石头有了顽劣本性需要历尽磨难方得正果，石头更是被当成良朋寄予厚望。这无疑是一种拟人化的比附，石头被赋予了品格，将一件自然界中的物品置于社会之内，赋予了最富社会化的面相，亦即人格化。

汉学家柯律格曾在《雅债》中以文征明的画作为例子，试图描绘一幅文人之间相互赠予的图景，这是人类学上莫斯"礼物"的交换理论框架下的探索，而不仅是古代文人之间的画作，诸多物品都纳入了礼物流通的范畴之内，而艺术则变成了一种风雅的商品。这种互赠礼物的关键，一方面在于"来而不往非礼也"的一个循环，更为重要的是更贵重的回礼行为。这种馈赠使得礼物本身得到了彰显，体现了互赠者之间的关系、地位，而礼物也反过来让这种社会关系成为现实。不仅是文人之间，当皇帝喜好奇石时，臣子更是投其所好。就像《水浒传》中智取生辰纲所展现的，这其实也是一种变相的商品，佞臣以其交易仕途高升的可能。赏石，因其天然形态所具有的特征，而成为文人之间互相赠送的礼物，成为上下级之间交换权力地位的媒介，其流动性十分明显。基于此种流动性，则有了历史性的标记，这种标记的累积，成为赏石的社会身份的重要构成。

这种馈赠在文人心中其实具有一定的道德负担。白居易爱石近痴，他离任杭州时带走两块石头，并作诗道："三年为刺史，饮冰复食檗。唯向天竺山，取得两片石，此抵有千金，无乃伤清白。"他以诗言志，先讲自己为刺史三年，任上十分清廉，但由于喜爱石头，于是向山中开采了两片石，虽然这两块石头价值千金，但不会有损于他的名节。诗人似乎在自我暗示一般，用笔写下无伤名节之句，感觉其心可慰。但事实上，石头，作为一种装饰性的陈设收藏，从它脱离原始自然环境开始，就天然带有了权力和品位的色彩，而且是特殊的权力与美的品位。文人开始通过这种"雅癖"来确定并巩固自身的地位。一方面，石头的所有者是十分清楚石头背后的阶级面相的，这种物品进而营"美"的造出一种幻象，

权力与品位进一步结合，于是这种"美的"品位被创造出来，并且通过文人群体的集体行为得到固化。而且由此会在不同阶级之间形成一种观感，即这些特权的获得，是天资与勤奋的结果，而这无疑又为这种情况提供了合法性。

所以，当白居易离任时带走两块石头，他要作诗来自证清白，这种道德上的忧虑，在很多文人的作品中都能够清晰地看见。再如，宋徽宗喜欢赏石，修建艮岳，将太湖石通过花石纲运往京城，曾有人要赠送晁说之两块艮岳的石头，遭到拒绝，晁还因此赋诗表明心志："泗滨浮石岂不好，怊怅上方承眷时。今日道傍谁着眼，女墙犹得掷胡儿。"这首诗说明了当时文人的心境，两块太湖石作为赏石的价值并未被否定，但是作者表现出一种深深的道德忧虑，那便是在当时的历史条件下，赏石的活动与亡国之痛的回忆之间的关联。

从唐宋肇始到明清繁盛，从私家到皇家，从私人的庭院，到皇家的园苑，都将赏石作为不可或缺的室内外陈设之一，越来越多地融入文人生活，也裹挟着传统文人丰富的私人情感与家国寄托。清代书画家郑板桥曾在诗中写道："顽然一块石，卧此苔阶碧。雨露亦不知，霜雪亦不识。园林几盛衰，花木几更易。但问石先生，先生俱记得。"透过诗句可以依稀看到作者对石寄予的情感与道德上的隐喻，这构成了中国古代传统文人心境的重要图像（图4）。

图4 明代 灵璧石盆景置石图墨饼 现藏于台北故宫博物院

参考文献

[1] 贾祥云．中国赏石的分类与鉴赏［J］．中国园林，2010（11）．

[2] 杨晓山．石癖及其形成的忧虑——唐宋诗歌中的太湖石［J］．风景园林，2009（05）．

[3] 韩光辉，陈喜波．皇家宫苑赏石文化流变研究［J］．北京大学学报（哲学社会科学版），2004（09）．

[4] ［美］乔迅．魅感的表面——明清的玩好之物［M］．北京：中央编译出版社，2017.

[5] ［英］柯律格．雅债——文征明的社交性艺术［M］．上海：生活·读书·新知三联书店，2012.

The Study on Chinese Traditional Stone's Metaphor

Zhang Man

Abstract: When the Literati Garden gradually prospered, along with the Literati Garden arose many elements, especially the traditional stone for the ancient Chinese literati favorite. In the Chinese traditional literati's view, every kind of meaning contained in the stone can be said to be the inner portrayal of the ancient Chinese Literati.

Key words: Traditional stone; Garden

作者简介

张满 /1988 年生 / 女 / 辽宁省沈阳市人 / 馆员 / 毕业于中央民族大学 / 硕士 / 现就职于中国园林博物馆北京筹备办公室 / 研究方向为文博与考古、历史（北京 100072）

中国盆景艺术与传统文化融合背景下的传承与发展研究

郑志勇

摘　要： 中国传统文化对中国盆景艺术有着极其深刻的影响，主要体现在中国传统的审美方式和人文思想等方面。中国盆景艺术必须在继承中创新，有选择性地保留传统文化中有价值的内容，创造性地将中国盆景艺术与传统文化相结合，追求自然和谐的效果，以推进中国盆景艺术的传承与创新。

关键词： 中国盆景艺术；传统文化；传承；创新；发展

中国是一个崇尚传统的国家，在几千年文化积淀的过程中，中国传统文化对我们生活的各个方面产生了极其深刻的影响。从不同时期的盆景作品中，我们可以清楚地看到在选材、形式和意境中隐匿着的中国传统文化烙印。这种影响不仅具有地域性特点，而且伴随着长期的文化积淀。秉承和发展优秀的传统文化，是中国盆景艺术传承与创新的前提。

1　盆景发展概述

中国盆景艺术历史文化积淀深厚，有着丰富的文化艺术价值。中国盆景艺术历史悠久，源远流长。在距今八九千年前的新石器时代，人们就已经知道将植物栽入盆器中来观赏了。在浙江省余姚县河姆渡新石器遗址中，曾发现了一片刻有盆栽植物的陶片，有人认为这可能是确定盆景起源的最早的证据[1]。

虽然盆景艺术起源于我国，但由于战乱连年，一直到南宋偏安时期，生活稳定，才扩延到民间。元朝演变出一些子景（即盆景），至明清时期，不但盆景技艺已经趋于成熟，而且还出现了许多盆景专著，对盆景的树种、石品、制作、摆置等做了理论上的系统论述。中国盆景艺术的理论在这一时期得到了飞跃和升华。明代屠隆在《考槃余事》一书中写道："盆景以几案可置者为佳，其次则列之庭榭中物也。"介绍了盆景的应用配置，同时他还提出应以古代画家笔下的古树为参照对象进行创作。对于树桩的蟠扎技艺，他主张师法自然，强调虽由人作，宛自天成[2]。

清末民初时期，由于战乱频生，军阀和民初富绅反由日本进口盆栽赏玩。

直到近二三十年，随着人们生活水平的提高，越来越多的人开始关注盆景艺术，现在的盆景艺术不再仅仅是达官贵人的玩赏物，而是飞入寻常百姓家。

中国盆景艺术在 2011 年入选第三批国家级非物质文化遗产名录。

2　中国盆景艺术与中国传统文化的关系

盆景是包含了深刻的思想内涵的艺术活动，它是一种文化，是人们世界观的艺术表达形式。中国盆景艺术深受宗教、哲学、绘画艺术、民族审美与民俗等的影响，尤其深受哲学的影响，在不同的朝代，形成了不同的哲学流派，这些哲学流派都有不同的哲学内涵，盆景艺术也呈现出不同的理念，形成不同艺术风格。这些风格各异的盆景又从侧面反映了哲学对盆景的影响。传统文化已经渗透到中国盆景艺术的方方面面，中国盆景艺术与中国传统文化一脉相承。

【基金项目】全国农业职业教育"十三五"研究课题"园艺疗法促进高等职业教育学生身心健康的研究"（项目编号：2016-135-Y-001）部分研究成果。

2.1　中国盆景艺术根植于传统文化之中

中国盆景艺术必须在一定的文化语境中展开和完成，反映出不同的价值观和审美观念，体现出某一时期文化的风貌。人们按照历史经验加工存在的一切印象，从这一意义上说，中国盆景艺术根植于传统文化。

中国盆景艺术博大精深，源远流长，因具备端庄典雅的造型、富有诗意的画面、形神兼备的意境、师法自然的手法等鲜明独特的艺术表现力，在世界盆景艺术界独树一帜，曾对世界特别是东方盆景艺术产生了巨大影响，是中国传统文化中最优美的古典艺术之一。传承与推广国家级非物质文化遗产，对提升中国盆景产业具有重要意义。

2.2　传统文化是中国盆景艺术的创作源泉

丰富的中华文化储备是中国盆景艺术创作的基础。中国盆景艺术集自然山川之灵秀，在悠久文化沉淀的基础上，形成了具有中国文化特色的中国盆景艺术，中国盆景艺术的产生与古代的"天人合一""君子比德"等文化思想关系十分密切，中国盆景艺术所用的植物、构图等顺其自然，"源于自然而高于自然"，并通过运用盆景造型原理创作出意境深远的作品。

2.3　传统文化是中国盆景艺术传统与创新的基础

随着中国风在全球的盛行，中国传统文化渗透到了现代生活的方方面面。中国传统文化之美，不仅仅在古书里、在唐诗宋词中，更应该在我们日出而作日落而息的生活里。从中国盆景艺术的特色入手，以盆器、植物、配件等彰显中国传统文化。将中国的传统文化体现在盆景作品中，让中国盆景艺术走进千家万户。以花为媒，以花传情，以花悟道，传承创新传统文化精髓，传播传统文化与生活美学，提升民族文化自豪感。

3　中国盆景艺术在与传统文化融合背景下的传承与创新对策

3.1　建立完善的可持续发展机制

我国盆景艺术虽然已处于发展前期的上升阶段，但中国盆景艺术未能引起足够的重视，虽已形成一定的特色和风格，但民族特色还不明显。"只有民族的才是世界的"这句话一直是民族艺术风格特色的衡量标准，民族的传承不仅是理念上的，还必须是传统与创新结合。受我国盆景商业体制的影响，其民族特色传承发展落实艰难，需建立可持续发展机制。

3.2　大力开展科研与教育工作

中国盆景艺术的传承与创新，人才的培养是关键，而人才的培养离不开科研与教育。开展中国盆景的

科研与教育，可使国人深入了解中国盆景艺术与传统文化。

一是要开展科研工作。要熟读我国盆景艺术的有关著作。包括中国盆景艺术理论基础的研究、继承与完善；中国盆景技艺的研究；盆器的研究与开发；植物的可持续开发利用等。通过科研，培养一支高素质的中国盆景技艺研究中坚力量，主导中国盆景发展的方向，甚至开创中国盆景的流派。

二是要重视培养中国盆景艺术师资队伍。要普及中国盆景艺术教育，首先必须有师资队伍。目前，我国的盆景艺术师资队伍力量还比较薄弱。有些是经过自学和短期培训后从事盆景艺术教育工作的，有些甚至没有经过培训，只靠自己的摸索，就开始从事盆景艺术的教育、教学工作，盆景教师的水平参差不齐。为改变这种状况，培养高素质的盆景师资队伍，有必要从高等教育着手。建议高等院校开设"盆景艺术"必修课程，或者作为选修课开设；逐步完善盆景教师资格审定制度。

三是在中小学普及中国盆景艺术教育。首先，在中小学普及中国传统文化教育。中国传统文化包含中国的花文化、中国传统节日的来历、中国的茶文化、礼仪文化、饮食文化等内容。使孩子们从小了解中国的传统文化艺术，培养民族感情，这也是一种极好的爱国主义教育方式。人们对中国传统文化、花文化等有了深刻了解，就为欣赏、品评中国盆景艺术储备了知识，奠定了基础。其次，把盆景艺术和绘画、书法、音乐等课程一样，作为中小学的单独课程，开展教学。并且重视对中国盆景艺术的宣传与普及。

四是在民众中宣传和普及中国盆景艺术，有目的、有计划地向大众宣传中国盆景艺术。

3.3　建立完整的传承体系

我国盆景艺术事业的发展，应做到继承和发扬、学习和借鉴、普及和提高，这样才能弘扬民族和区域特色，创立中国盆景艺术从业者的特色和风格。这种特色和风格的形成、保持和发展的过程，实质上是创新的过程。这种创新，不仅有技艺上的创新，更重要的是观念和理论上的创新。

3.4　引起政府的重视与宣传

中国盆景艺术的传承与发展离不开政府的高度重视与大力提倡。2008年，奥运会在北京举行，政府又以此为契机，将中国盆景艺术作为中国文化的重要代表积极向世界展示推广，因此进一步扩大了中国盆景艺术的影响。此后，中国盆景艺术又在政府的倡导下先后进入大、中、小学课堂，成为提高学生文化素养和道德修养的重要方式。

3.5 "以花传情、以花悟道、以花会友"——花文化与中国盆景艺术的传承与创新

中华民族在漫长的历史发展长河中孕育了优秀的中华传统文化，具有广泛群众基础的全国名花评选所认定的中国传统名花，既是长期以来广大人民群众生活智慧的结晶和心愿所向，也是中国传统花文化发展的必然结果。中国传统名花是中国的，也是世界的，传统名花与国家级非物质文化遗产——中国盆景技艺的有机融合，必将会加快中国盆景艺术走向世界、名扬海外的步伐，也必定会使中国的传统名花在世界绽放异彩。

3.6 以盆景技艺大赛为契机，培训高技能中国盆景艺术人才

盆景技能大赛给中国盆景艺术的传承与发展带来了机遇和挑战，培养出能顺应时代要求的高水平技能人才是职责所在。中国盆景艺术要适应市场行业的发展要求，与时俱进，才能培养出优秀的盆景技能人才。以技能大赛为契机，与市场接轨，积极进行中国盆景艺术传承与发展的改革探索与实践是必要的，更是迫切的。

4 结语

中国传统文化博大精深、历史悠久，如何使我们的

盆景艺术在全球化发展进程中，既能避免僵化死板，又能体现出深厚的民族文化底蕴和鲜明的时代特色。这就要求我们在提高盆景技艺的同时深挖传统，对本土文化中的精髓能够自发地传承。

要使中国传统文化得到继承弘扬，一方面要加紧对中国盆景艺术的科研投入，另一方面要注重对中国盆景艺术文化的教育投入，通过全面学习、实践，培养大量中国盆景艺术设计师，使中国盆景艺术走上全面快速发展的轨道。

在对传统文化的继承上，我们应该侧重于对其内在精神的理解，而不是形式上的生搬硬套。中国盆景艺术必须在继承中创新，以适应现代化发展的需要。有选择地保留传统文化中有价值的内容，创造性地把中国盆景艺术与传统文化结合起来，做到自然和谐。这种创新，既不是"传统"的现代翻版，也不是"历史"的割裂和移植，而是站在现代社会和文化的角度，对传统的重新审视。这绝不是简单地套用传统符号、装饰元素所能解决的。西方人重模仿、重形体；而中国人重物感、重内心，着意于空间"境界"或"意境"的渲染。

在全球化发展背景下的今天，我们在学习先进的科学技术，创造全球性优秀文化的同时，要责无旁贷地传承和发展本国优秀的传统文化，建立起中国盆景艺术与传统文化之间的纽带，只有这样，中国盆景艺术的传承与发展才能走得更远。

参考文献

[1] 彭春生.盆景学 [M] .北京：中国林业出版社，2017.

[2] 李树华.中国盆景文化史 [M] .北京：中国林业出版社，2015.

Study on the Inheritance and Development of Chinese Bonsai Art in the Background of the Integration of Traditional Culture

Zheng Zhi-yong

Abstract: Chinese traditional culture has a profound influence design on Chinese Bonsai Art, such as traditional layout and humanity thought. Chinese Bonsai Art should carry out the innovation based on inheritance, preserve valuable elements in traditional culture, creatively integrate the Chinese Bonsai Art and traditional culture for the natural and harmonious effect so as to promote cultural relics protection.

Key words: Chinese Bonsai Art；Traditional culture；Integration；Development

作者简介

郑志勇 / 男 / 北京市人 /1975 年生 / 副教授 / 硕士 / 现就职于北京农业职业学院 / 园艺系园艺技术专业主任 / 研究方向：观赏植物应用、花艺设计与制作、盆景艺术等（北京 102442）

徽派园林艺术传承及其现代发展

尤传楷

摘　要： 徽派园林始于唐宋，兴盛于明清，以弘扬徽文化为内容，以徽派建筑风格为主要外型，造就了自身园林的五大特点，在中国园林中占有重要位置。通过延续中国古典园林师法自然造园理念，而形成以山水为主的徽派园林，已成为中国江南园林中的一个派生体系，尤其是徽州村落中的水口园林，已成为中国农业社会中的公共园林并享誉中外。今天，以古鉴今、传承发展，通过归纳总结徽派园林的特征和类型，将徽派园林智慧应用于省会合肥现代城市建设之中，曾于20世纪80年代，在环城公园建设中得以体现，为合肥成为国家首批园林城市起到一定作用。当前，合肥已从环城时代迈向环巢湖时代，选择地处滨湖的老机场建设中央公园，进一步发扬徽派园林智慧，建设现代化大城市的新水口，成为现代化公园城市建设的新龙头。

关键词： 徽派园林；水口；传承发展

园林是在一定地域运用工程技术和艺术手段，通过改造地形，筑山、理水、叠石和种植树木花草，以及营造建筑与铺设园路等手法，形成美的人造自然环境和游憩境域。中国园林作为文化和思想的载体，是中国古典园林不同时期思想和文化的立体表现，留给后代人的文化瑰宝。安徽的徽派园林则是以徽州园林为代表，中国江南园林中的一个派生体系，始于南宋，兴盛于明清，延续着中国古典园林师法自然的造园理念，晓山水之趣味，得自然之真谛，突出以山水园林为主。它包括徽州本土的园林，又包括存在徽州之外，以徽文化理念为指导，具有徽派建筑风格的园林，在中国园林中占有重要位置，尤其是村落的水口园林，作为中国农业社会中的公共园林而享誉中外。

1　徽派古典园林的主要类型

古徽州辖一府六县，号称有古村五千，遍及山水间，灿若繁星，沉淀了深厚的文化底蕴。加之徽商有充足的资金，使徽派古典园林与生态和文化完美结合，呈现出具有地方特色风格的寺院园林、宅第园林和水口园林。

1.1　寺院园林

寺院园林包括寺庙、祠堂、社稷、书院等以建筑为主体的园林，因为徽州较大的村落均建有祠堂、寺庙、书院。"祠堂"是同一姓氏子孙供奉本支始祖的庙堂，也是制定族规教育子孙和决定重大事宜的场所，更是男人死后理想归宿之地，有的还附属女祠。一般祠堂多置于村镇两端，其平面规整，呈中轴对称，由两个或两个以上的三合院组成，形成天井或庭园。祠堂前后有广场、后院，通常以牌坊等作为入口建筑。大多数祠堂顺山度势，位于溪清林茂的显要处，其布局特色明显，往往是村镇中的主体建筑。如：列为全国重点文物保护单位的歙县呈坎罗东舒祠和绩溪县胡氏宗祠，最具代表性。

1.2　宅第园林

宅第园林俗称花园，通常与私宅后院菜园结合，主要是一个生活的场所。徽州园林大量是以宅第庭园的形态出现，园林规模较小，是自然空间与室内空间的过渡。这种以建筑为主的庭园，除了借大自然景色之外，一般内部没有很多的山水花木布置，大多是借一个天井、一个小庭院，对于生命之源、财富之源的水采用"肥水不流外人田"，居家讲究"四水归堂"，并往往点缀若干花木假山，象征性地与自然连接。因此，园林的建造最为重要的是选址而不是营建，首先要考虑建在哪里，其次才考虑怎样建造，追求的是一种"随机美"。创造的是具有一定寓意和情趣，适合人生活起居的园林空间。

由于园林是建筑空间向自然空间的延伸，扩大和丰富了居住环境，因此依据规模的差异而区分为中型和小型两种，以小型为主。

中型庭院，相对来说规模稍大，布局较为完整。庭院内植树种花，堆砌假山或点缀景石，一般有较完整的道路系统，甚至有的还划分景区来体现不同的意境。庭园中的建筑小品，或凿有水池围以石栏，或在周围布置书房、绣楼、庙榭等不同功能的建筑，形成景观。在使用功能上，往往与住宅分开，或基本分开，使庭院具有较独立的园林功能。黟县的培筼园与胡宅花园（西递村口）、休宁的曹家花园等属这一类型。

小型庭院，分布较普遍，规模较小，大者一二百平方米，小者数十平方米。庭院内多种有花木，或摆放盆栽植物，或置山水盆景，或散置景石，或垒有花台，或砌有小水池，有的还喜种攀缘植物，可供人从不同角度欣赏，使人产生小中见大、回归自然的感受。这种小型庭院，一般景物布置紧凑而活泼、尺度合宜，往往还借助矮墙、漏窗、门洞将院外的自然山水收入园内，达到扩大园林空间、丰富景观层次的效果。

此外，在古道驿站的荒野路边多建有路亭茶亭，仅绩溪一县记录在案的就有近百座。今虽原始功能丧失，但遗存充满乡愁，成为稀缺景点。

1.3 水口园林（村落园林）

徽州万山环绕，川谷崎岖，峰峦掩映，山多而地少。徽商富贾往往利用水流与地形形成独树一帜的水口园林特色。在山区一般多选择在山脉的转折或两山夹峙，溪流左环右绕之地，距村庄近者数十米，远者千米，有一层水口或多层水口。"水口者，一方众水所总出处也"，即聚落水流之出口处。水口园林则是基于风水学的空间营造艺术，依照风水学"水出处不可散漫无关锁"要求，介于人居环境与自然环境的交接处，按照中国古典园林师法自然的造园理念，在水口处建造桥台楼塔等物，增加锁钥气势，握住关口。同时，基于风水"障空补缺"理论，种植许多树木花草，形成"绿树村边合，青山郭外斜"的敞开式村落公共园林，不仅是聚族而居的村落风水的咽喉，更是村落外部空间的重要标志，村落整体建筑格局中的"门户"，是村落的"脸面"，起到村落客厅的作用，供当地人迎亲送友，短暂停留和游赏憩息。这种村落水口由于采用了"延山引水"手法，又广植树木，形成了以村落水口为中心的生态体系，既有山林野趣，又富有园林意境，被称为水口园林。例如：歙县唐模村的水口园林、黟县宏村的"南湖"等。

平原处虽无山可依，但多选流经村落的河流下游，"郊野择地"建成水口园林，成为村庄与外部空间的界定，也可以说是不确定的村界。

2 徽派古典园林的主要特色

徽派古典园林寓情于景，达到了高度情景交融的境界，是自然与人工完美结合的作品，把徽州这块古老大地装点成一座大园林，使得生活其中的人"在城如在野""山水引入家""人在画中居"，通过师法自然的营建，为人们提供了优越的园林环境景观。

2.1 徽派园林是以聚落村庄景观为本底的园林

自古以来，徽州每一村落聚族而居，多不杂他姓，村庄星罗棋布，凡五里、十里，粉墙矗矗，鸳瓦鳞鳞，棹楔峥嵘，鸱吻耸拔，宛如城郭。古徽州重视徽俗民情，荟萃生活情趣，使山水和谐，情理相通，形神合拍，充满无穷的魅力。一代宗师朱熹作为徽州人，集唐宋以来儒家思想之大成，重整伦理纲常、重铸道德规范和思辨色彩的理论框架，形成了比较完善的哲学体系，被世人称"朱子学"，让徽州人建立起一套宗法祠堂的自治体系，确保了农耕社会对封建制度文化的传承和徽州地域文化即徽学的兴起。正因它以利于宗族发展为出发点和终极追求，从而与游憩功能为主的园林不完全相同。它主要是村落聚居景观生态环境的园林，更注重人与自然、人与社会、人与人、人自身的和谐。在确保游乐休憩、美化环境、改善生态这三个主要功能基础上，注意与地域文化紧密结合，创造出一个生态平衡的生活境域和生态良好的可居可游的空间。

在表现形式、表现手法上，可概括为把社会引入自然，将自然风景与园林建筑咬合在一起，使建筑就像从地上长出来的，自然天成。借景不仅仅是园林之间互借景色，更多的是借大自然之景。这种园林规模一般较大，造园艺术水平较高，又能突出木雕、砖雕、石雕等工艺，属于文人山水写意园林。尤其是水口园林，其功能除满足园主的需要外，主要供村民们共同享用。通过榭、亭、牌坊等最基本园林元素和广植树木，形成村落的"脸面"，被喻为人丁兴旺、财富实力的象征，故选址远重于建造，成为徽派园林鲜明的主要内涵特征。

2.2 徽派园林是尊重自然保护自然的生态园林

徽派古园林正因为与传统的封建宗法思想有关，徽州人长期重视宗族和乡土利益，借助徽商的兴盛，雄厚的经济实力，自幼必受过良好教育，形成儒释道互补的文化心理结构，十分注重人与自然的和谐，尊重自然、顺应自然、保护自然，重视人伦道德，较自觉形成保护自然的生态意识和生态伦理观，以及改造自然的生态选址观、天成自然的生态审美观、自然生态的生活观。徽州人认为自然是创造生命的本原，人类必须尊重天地万物，尊重每种有生命的生物，必须与生存的自然环境和谐相处。在徽州大地上，由于宗族社会崇文重教和行善尚义的影响，捐资建筑亭阁、路亭、水榭楼阁、水口亭和文昌阁、魁星楼等。尤其古道多建有凉亭茶亭，供行人休憩，到处充满着浓浓乡愁。在营建理念中高度重视节约土地、爱惜山林、爱惜水体。尤其是对庭院中的天井，注意接受自然阳光、保持空气新鲜，与日月星辰、云霞雾霭相通相亲。体现着古代环境工程的朴素科学原理，注意自然通风、形成相邻空间的气体交换，促进冷热空气流动。再则，利用天井四水归堂和肥水不流外人田的理念，进行雨水收集，让天井地下蓄水池调节气温，产生冬暖夏凉效果，成为农业文明时期，处理人与自然生态的一种价值观。园主人既是造园者，更是享用园林的主人，其生活方式对园林有着较大影响。人们的生活资料在一定程度上满足后，很自然地会转向道德修身和教化阶段，不鼓励过分拓展财富，而以乡规民约方式要求加强山林和各式园林的维护与管理，体现了徽派园林尊重和保护自然生态的特色。

2.3　徽派园林是坐落在真山真水中的乡村园林

徽派园林是以徽州文化为内涵、徽州地理山水为背景，以众乐乐的基本设计思想，营建天人合一、幽静怡人的共享环境空间。不同于一般传统园林，徽派园林是坐落在真山真水大自然中的乡村园林。它受益于得天独厚的徽州大好河山，集自然风光与人文景观于一体，使村庄被相对地封闭和隐蔽起来，令人产生"山重水复疑无路，柳暗花明又一村"的"豁然开朗"感。徽州园林以水口关锁缠绕、变化多端的真山真水为基础，因地制宜，就地取材，建筑质朴，山水天然。多应用青松翠竹、花木山石，融远山近水、绿树亭阁、田园建筑于一体，成为大自然与人居环境的天然绿色屏障和过渡带。

水口园林作为我国农耕文明时代特有的村落公共园林，具有自然性、生态性、公共性三大现代特征，其中以追求生态效益为首要目标。它融远山近水、绿树亭阁、田园建筑于一体，在美化村落景观、为村民创造游憩交往空间环境的同时，为村庄筑起了一道天然的绿色屏障。

2.4　徽派园林是集中体现徽派建筑风格的园林

徽州山区的地理环境、建筑材料、经济状况、社会形态、精神意识和文化氛围是徽派建筑形成的主要条件。由此延伸，产生了对徽派园林奇思妙想的设计与创作空间。园林建筑往往以其独有韵味和美感而融于绿水青山环境中，成为园林的中心。通过粉墙黛瓦，飞檐天井，鳞次栉比的兽脊斗拱，高低错落层层昂首的马头墙等徽派建筑作基调，在远山近水的大背景下，散落着水口园林，点缀着祠堂、牌坊、亭阁、古桥、水街，甚至庭院住宅，达到人工与自然和谐的高度境界。同时，在建筑装饰上采用青砖门罩、石雕漏窗、木雕楹柱，特别是重视砖雕、木雕和石雕工艺，让三雕融入建筑之中，达到最佳艺术

效果，彰显出鲜明的建筑风格和园林特色。

2.5　徽州园林是体现中国人居环境理想的园林

古代聚落人居环境营造的核心就是在自然山水中构筑一个理想的聚居场所，正如老子所言："安其居，乐其业。"创造良好的人居环境，既是社会理想，也是人类生产生活的基本需要，更是人们的根本追求。

徽州人从村庄择址到建造整个人居环境过程中，遵循"负阴抱阳、背山面水"的风水理念，要求枕山、环水、面屏堂居。在营造中，水口即相当于人居村庄（堂居）通往外界的隘口，充分体现了中国古代先民"逐水而居"的择居理念。因此，以水口、水园、水街为独特景观形态而形成的古徽州园林，不仅有环境美学价值，更深刻地反映了中国人居环境营建的科学和实用价值。

徽州园林通过与建筑、绿化、文学艺术、诗词书画、书法等各种艺术的触类旁通，与园林艺术相结合，熔铸于徽州自然山水，使徽州成为饱含着浓浓的诗情画意和深厚文化底蕴的人居环境的园林，满足了中国古人崇尚自然，认为人是自然的一部分，追求安定祥和、充满田园诗意的生存环境。呈现出：

（1）构图完整，布局紧凑。既可建大尺度的园林，又能够在咫尺之幅上构建园林，手法简练、布局紧凑，达到最佳的艺术效果。

（2）布置灵活，空间开敞。通常根据地理环境、气候特点和园主的经济状况，在有限的空间范围内，进行非常灵活的布置，再现自然山水之美，达到"虽由人作，宛自天开"的艺术效果。

（3）静谧、幽雅的艺术风格。园林建筑也和民居一样，轻盈的造型、淡雅的色彩、朴素的点缀、精巧的装修，给人以静谧的艺术感受。

（4）鲜明的地方特色。源于徽州园林的形成与发展，除了受社会经济文化影响之外，还受到自然地理条件和传统习俗、文化、审美观念的影响，形成鲜明的地方特色。

徽州园林正是强调把村落内部的构成元素和村外的山川流水看为一个有机整体，依据天然山水地形，加以改造利用，以求能收纳远近景观，充分体现出文人化、艺术化的人居环境理念。使村落环境的形式和布局正适应了当今城市发展与追求良好人居环境的愿望。

3　让徽派园林智慧为今所用

今天，习近平总书记倡导的公园城市建设，就是要坚持以人民为中心。2018年4月，习近平总书记在北京义务植树时提出"一个城市的预期就是整个城市是一个大公园，老百姓走出来就像在自己家里的花园一样"，为新时代园林事业的发展指明了方向。遵照习近平总书记这一重要指示，合肥作为安徽省的省会，又是首批国

家园林城市，必须做好表率。现以合肥为例，追溯其传承徽派古园林智慧、为今所用的现实意义。

3.1 合肥环城公园吸纳了徽派园林的智慧

合肥早在 20 世纪改革开放之初，通过敞开式环城公园建设，打造公园大门广场和敞开式公园布局，在一定程度上践行了徽派园林中的水口园林智慧和手法，形成"翡翠项链"公园系统。在此基础上倡导的楔形加环状城市绿地系统，又曾让合肥尚在 20 世纪中等城市规模时，形成"园在城中、城在园中、园城相融、城园一体"的城市格局，成为国家首批园林城市。世纪之交时，合肥的环状加楔形绿地系统，又作为代表"21 世纪生态城市发展方向"，而成为现代城市的范例，载入高中地理教科书本。这在一定程度上体现了其吸纳徽派园林中的智慧，尤其是选址、布局和敞开式手法的运用。

合肥环城公园，是在老城墙基础上建设的公园，它所围合的合肥老城，近千年来始终北靠江淮分水岭，即风水学上的玄武；城市东西两侧的乡野分别有肥东、肥西绵延数十公里的山脉，风水学上称为左青龙、右白虎；而城市母亲河的南淝河，由北向南经老城东侧流入城市以南的巢湖，即风水学上的朱雀。此外，合肥作为北半球城市，夏季受东南季风影响，可将巢湖湿润的空气，通过沿南淝河两侧低洼地带的通风道引入城市，让城市中污浊的空气通过东北、西北的风口散去，保证了城市有新鲜空气和生态良好的工作、生活环境。此外，老城区还有环绕城市一圈的护城河水系和流经老城区的二里河等从老城东门口汇入南淝河，使这里处于城区众水出口处。因此，实施中很自然地应用了水口园林元素，把东门广场作为公园大门，与河滨游园首尾相接，将原国务院常务副总理万里题写的"环城公园"四个金光大字的园碑石和具有合肥文化底蕴的九狮雕塑，安放在大门广场上，让公园景物呈现街头，使古老的水口园林智慧，成功地体现在现代城市公园建设中。

同时，环城公园从规划设计入手，在环形带状公园中，很自然地融入老城"三国故地、包拯家乡"的历史文脉，并联结起老城四角的逍遥津、包公园、杏花等块状绿地，以及具有徽派建筑符号的琥珀山庄现代居住区和稻香楼国宾馆，形成公园抱老城于怀，融新城之中，而以"翡翠项链"城市特色享誉全国园林界。特别是水口园林敞开式的布局，很自然地应用到长 8.7 公里的环城公园一圈，由城区交通道路分隔成特色各异的 6 个景区和通过植物造景，在城市四角形成不同色彩的季相景色，打破了城园相互分离的旧格局。此外，公园在南半环上建成的 10 组园林建筑又自然成为各景段的中心，特色各异。环绕城市的城墙基，由于承担着老城区的防洪功能，当年拆除城墙后建设环城路，没有大动土方，仅保持两车道宽度，两侧高低起伏的土地上普遍植树造林，形成环城

林带，为公园大规模建设奠定了基础。

改革开放之初，国家在不富裕的情况下，建园本着"人民城市人民建"的理念，动员全市人民本着有力出力、有钱出钱的精神，分段包干给省市各系统单位，栽植景观树、筑园林步道、水体清淤和岩石驳岸。尤其在新老城区近十处出入口，让公园景物呈现街头、与城市相融，让居民就近入园，充分体现"天人合一""以人为本"的哲学理念，实现了人与自然的和谐。

3.2 让徽派园林智慧在合肥市进一步发扬光大

园林绿化不仅是提高城市品位和档次的重要举措，更是建设美丽中国的重要抓手。2011 年，随着国务院批准的区划调整，合肥市新增巢湖和庐江两县，面积从 7776 平方公里扩大到 11433 平方公里；城市从濒临巢湖发展到环抱整个巢湖。因此，2016 年，经国务院批复的第三轮城市总体规划，明确 2014—2020 年《合肥市城市绿地系统规划》的空间结构：既能传承"环城公园形成的环状和绿楔嵌入"的经典模式，又能结合市区不断扩大的用地布局，为合肥更快发展提供了难得机遇。

今天，合肥已成为长三角世界级城市群的副中心，早从环城时代迈向了环巢湖时代。新建的环巢湖大道，串联起 12 个特色乡镇和 10 座湿地公园，与被誉为"翡翠项链"的环城公园，正好处于合肥母亲河——南淝河的上下游两端。打造好南淝河景观带，可以更好展现今天大合肥的生态绿地系统和环境的新特色，承载着合肥两千多年历史文脉和乡愁的延续。现位于城市南侧、巢湖北岸的滨湖新区已承载合肥科创新城的功能，加之合肥西郊又正在开挖江淮运河，将巢湖与北侧江淮分水岭上的潜山干渠连通，这样干渠在城市北侧可联结上南淝河的源头董铺水库，又能形成环抱近千平方公里的现代大合肥的环状水系。若所有水系两侧通过绿化与景观建设，必将构建起城市特色鲜明的生态廊道。滨湖新区的科技新城作为高新科技的集中区，将名副其实的成为城市众水总出处、财富的集聚之地。因此，打造好这座城市新水口更显重要，必将成为带动全市甚至全省经济和科技文化事业大发展的龙头。

合肥建设新时代的公园城市，在城市水口选择新地标和形成城市新客厅，必然离不开徽派水口园林的智慧。园林作为诗意栖居的第二自然，选准建设公园城市的突破口十分重要。近期安徽省省委书记李锦斌在充分调研的基础上，果断提出利用巢湖附近原机场的土地建设中央公园，明确建园宗旨："使之成为充分体现生态优先绿色发展理念的代表之作，成为留给子孙后代一块'幸福绿肺'的情怀之作，要面向现代化，突出生态、科技、人文，把合肥中央公园打造成对标世界一流城市公园的生态工程，建设绿色美丽长三角的示范工程、顺应人民对美好生活向往的民心工程"。同时，他以身作则、亲

自在园内栽下了第一棵树。省委书记李锦斌这一目光长远的决策，正是从合肥的实情出发，抓住了合肥甚至全省新时代发展的牛鼻子。

合肥科技新区领导班子坚决贯彻执行省委省政府的决策，主动作为，诚邀国内外多家知名设计团队，对老机场这块数平方公里土地，提出多个规划方案。总的原则是打造好创新和生态的公园城市这一门户形象，让公园融入城市、辐射到整个城市。希望通过中央公园的建设，为合肥承接未来国际峰会和举办国际国内园博会创造条件。同时，又能成为集聚高新技术企业总部和科技中心的平台，形成集商务、休闲、航空、文创等多功能为一体的城市中心枢纽和旅游目的地。还可通过保留长2公里、宽60米的飞机跑道，打造成世界最长的大地艺术景观和网红的新地标，为构建"一城花园半城湖"的公园城市注入新内容、新特色。使中央公园成为人、园、城、景高度和谐统一，引领未来合肥发展的新形象和公园城市建设的新龙头，全面落实省委省政府对合肥寄托的希望，更好地为合肥人民造福。

3.3 普及徽派园林智慧利于提升园林技艺水平

徽派园林智慧曾长期藏在深山中，从20世纪90年代初开始，通过国内外各种展会和建设安徽园，让徽派园林艺术逐步传播开来，为世人逐渐认知。尤其，在北京结束的世界园博会上，由安徽经典集团按照"让园艺融入自然、让自然感动心灵"的办会理念，承建的室外园区"安徽园"，通过建造"南湖诗境""徽韵流芳""百丈飞瀑""画廊倚翠""菊英佳色"五大景区，形成安徽水口园林景观，重点突出了徽州古村落这一特有的园林形式，荣获本届室外景点金奖，使"徽风皖韵"享誉国内外。

为了适应新时代建设公园城市的要求，传承好徽派园林智慧，必须从总体规划抓起，按照住房城乡建设部三百米见绿、五百米入园的要求，无论城市建园或住宅小区建园，首先都应吸收徽派园林的智慧进行选址；其次按照"天人合一"和"以人为本"的哲学理念做好规划；接着按照技术和美学要求，抓好具体设计；最后在施工中发挥徽匠精神，创造更多的园林精品，营造清新、优美、舒适的城市环境，确保城市的可持续发展。当然，有关企业还要通过诚信制度建设、优质工程业绩的积累，尽快形成相对稳定的品牌队伍。尤其项目经理必须加强责任心和提高技艺。行业主管部门需制定完备的技术等级标准、各项技术规范和质量要求，以及建立严格的督查与监理体系。只有做到有章可循、有法可依，才利于把好质量关，提升园林技艺水平。

4　结语

园林源于自然，是人类智慧与自然的结晶，承载着人类对自然的向往和寄托。而今人类从认识自然、改造自然走向尊重自然、融入自然，建设绿色城市、追求美好生活，成为人类内心升华和感悟生命的最佳途径。因此，充分发挥中国悠久历史文化优势，古为今用、改革创新才能事半功倍，服务好社会主义现代化建设事业，促进园林事业的大发展。

Characteristics and Types of Hui-style Garden and its Development

You Chuan-kai

Abstract: This paper summarizes the characteristics and types of Huizhou gardens, and it has become a derived system of gardens in the south of the Yangtze river in China to continue the natural gardening concept of Chinese classical gardeners, and to form a landscape based Huizhou garden. It started in the Tang and Song dynasties and flourished in the Ming and Qing dynasties. With the promotion of the Hui culture as its content and the Huizhou architectural style as its main form, it has created five characteristics of its own gardens and occupies an important position in Chinese gardens. Especially, Shuikou garden in villages has become a public garden in China's agricultural society and is well known at home and abroad.Today, by learning from the past, inheriting and developing the present, Hui style garden wisdom has been applied to the modern urban construction of the provincial capital Hefei. In the 1980s, it was embodied in the construction of the city park, playing a certain role in making Hefei one of the first national garden cities. At present, Hefei has moved from the era of encircle the city to the era of encircle Chaohu lake. It has chosen the old airport located by the lake to build the central park, and further developed the wisdom of Hui style gardens.The construction of a new water port in a modern big city will certainly do more with less and become a new leader in the construction of a modern park city.

Key words: Hui style garden；Water gap；Inheritance and Development

作者简介

尤传楷/男/1945年生/江苏扬州人/高级工程师/合肥市园林管理局前任局长/《安徽园林》主编/研究方向为现代园林（合肥　230051）

北京园林植物个体叶片生态效益的研究进展

何兴佳　郭利娜　谢军飞

摘　要： 基于国内外相关研究文献，对北京地区常见园林植物个体叶片 CO_2 吸收和 O_2 释放、增湿降温、滞尘能力进行了系统的归纳比较，发现旱柳、国槐、油松等植物的 CO_2 吸收和 O_2 释放能力较强；在增湿降温方面，大叶黄杨、白蜡、榆叶梅等植物蒸腾速率则相对较强。另外，各植物一周时间的单位叶面积滞留总悬浮颗粒物或 $PM_{2.5}$ 的能力存在显著差异，变化范围分别为 $0.06 \sim 6.71g/m^2$ 和 $0.02 \sim 0.45g/m^2$，叶片表皮的细纹结构越密集、分泌的液态状物质越多，对大气颗粒物的阻滞作用越明显，立地环境也会影响滞尘能力，行道树叶片滞尘量要明显高于空气相对清洁的公园植物叶片。需要注意的是，部分园林植物的生态功能的变异系数较大，这可能与植物的规格、叶龄、立地环境 3 个方面的影响有关。由于目前园林植物个体叶片生态效益的研究主要集中在夏季进行，缺乏春季、秋季的测定数据，很难准确反映出其年度生态效益能力。

关键词： 园林植物；CO_2 吸收；增湿降温；滞尘；北京

1　前言

近年来，在气候变化和城市化大背景下，北京生态环境问题日益突出，城市园林绿化作为城市生态环境建设的重要组成部分，虽然是以植物生态为基础，以提供景观、休闲娱乐和城市开敞空间为主要目的，但实质上，城市园林植物还有重要的生态功能，是城市生态系统的重要载体。进一步了解植物个体生态功能［主要涉及园林植物吸收二氧化碳（CO_2）和氧气（O_2）释放、增湿降温、滞尘］，优化城市绿地植物配置，在有限的区域内，充分发挥绿地的生态功能非常必要。

本文基于国内外相关研究文献，对北京地区园林植物 CO_2 吸收和 O_2 释放、增湿降温、滞尘能力进行了系统的归纳比较。从提高生态功能的角度，为北京地区园林绿地植物配置提供数据支撑。在此基础上，对目前北京园林植物个体生态效益研究的问题进行了初步探讨。

2　北京地区园林植物个体叶片的生态效益研究进展

2.1　园林植物个体叶片的 CO_2 吸收和 O_2 释放

从 20 世纪 90 年代开始，相关研究者开始关注北京城市园林植物个体的固碳释氧功能，陈自新等（1998）利用 Li-6200 光合测定仪测定了 65 种分布在各种绿地类型中的北京常见园林植物单位叶面积（m^2）的春、夏、秋三季 CO_2 吸收和 O_2 释放量，并根据年吸收 CO_2 量高于 2000g、$1000 \sim 2000g$、低于 1000g 进行了分类（限于篇幅，具体数据未列出）。陈辉（2002）还分别测定鹅掌楸和女贞在生长初期、盛期、末期的净光合速率，发现女贞吸收 CO_2 和释放 O_2 的能力均大于鹅掌楸。

刘健（2006）于 2006 年 7—8 月测定了位于北京市四元桥附近的 8 种常用园林植物的叶片 CO_2 吸收能力（$g·m^2/d$），发现从高到低依次为紫丁香（24.49）、国槐（16.70）、白蜡（14.69）、金叶女贞（11.21）、胶东卫茅（12.0）、银杏（6.75）、棣棠（5.20）、紫叶小檗（4.31）。

另外，陈崇（2008）发现在 2006 年 5—10 月的植物生长季中，北京植物园内银杏、绦柳和碧桃的净光合速率日变化主要呈双峰曲线，即具有"光合午休"现象，5 个影响树种光合速率动态变化的主要因子为光合有效辐射、空气温度、空气相对湿度、气孔导度及气孔限制值。另外，由光响应曲线可以看出，碧桃的最大净光合速率最高，属于强阳性植物，这说明其潜在最大光合生产力大，但还缺乏单位叶面积的日均 CO_2 吸收和 O_2 释放分析。

史晓丽（2010）运用美国 Li-Cor 公司的 LI-6400 光

合测定仪，在 2009 年春、夏、秋三季的晴朗无风天气中，对北京市学清路上行道树叶片 CO_2 吸收和 O_2 释放进行了初步研究，结果表明，在同一季节，不同园林植物的单位叶面积日均 CO_2 吸收和 O_2 释放能力存在较大差异，同一树种在不同季节也存在不同，峰值均出现在夏季，谷值出现在秋季（图 1）。

熊向艳等（2014）在 2010 年 7 月运用 LI-6400 光合测定仪，对北京朝阳区城乡结合部的 17 种常用园林植物的 CO_2 吸收和 O_2 释放能力进行了测定分析。结果表明：自然条件下，17 种常用园林植物单位叶面积日均 CO_2 吸收值在 2.92 ~ 13.81g·m²/d。

为了解北京市引进树种或乡土树种的光合特性，胡耀升等（2014）同样利用 LI-6400 光合测定仪，在 7—9 月的晴朗无风天气中，对北京市海淀区 8 种引进或乡土绿化树种的叶片光合特性进行了比较。结果发现：8 个树种中，叶片 CO_2 吸收能力（g·m²/d）较高的是臭椿（19.36）、火炬树（16.99）、刺槐（15.12）、珙桐（13.73），

较低的是水曲柳（11.89）、侧柏（10.72）、七叶树（10.58）、油松（5.97）。

为更详细地了解叶片不同月份的 CO_2 吸收和 O_2 释放能力，李永杰（2007）在 2006 年 5—9 月，选择晴朗无风天气，采用 LI-6400 光合仪对北京市区主要街道上的 10 种常见园林植物的叶片进行了逐月测定分析，发现单位叶面积的日均 CO_2 吸收和 O_2 释放能力由高到低依次为：碧桃、榆叶梅、白蜡、连翘、紫藤、杜仲、大叶黄杨、元宝枫、白玉兰、国槐，并且同一园林植物在不同月份中存在明显差异（图 2）。

另外，草坪地被植物因其具有适应性强、景观效果好、管理粗放等特点，在园林绿化中同样得到了广泛的应用。李辉（1998）通过美国 CID 公司 CI-301PS 光合测定仪，在春、夏、秋季的自然光照条件下，对北京地区 5 种常用草坪地被植物活体叶片的单位叶面积日均 CO_2 吸收和 O_2 释放进行了测定，相对而言，野牛草日均 CO_2 吸收能力较强（表 3）。赵雪乔（2015）利用 LI-6400 光合测定仪，

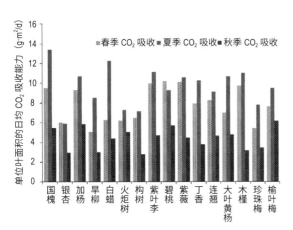

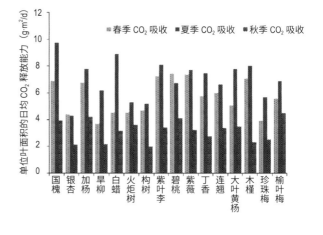

图 1　单位叶面积的日均 CO_2 吸收和 O_2 释放能力

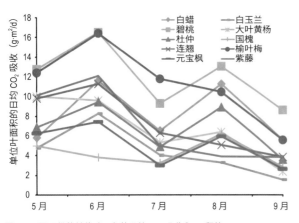

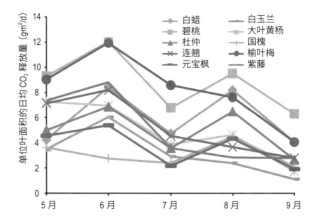

图 2　不同月份的单位叶面积的日均 CO_2 吸收和 O_2 释放

在 2014 年 8—11 月对北京丰台地区苗圃内的 12 种地被植物应用进行了评价，结果发现夏季百日草、硫华菊和蓝赖草的单位叶面积日均 CO_2 吸收能力较强（表 1）。

需要补充说明的是，基于植物光合作用的化学公式，CO_2 吸收值和 O_2 释放量存在固定的比例关系，将 CO_2 吸收值除以 1.37，即可得到 O_2 释放量。

2.2　园林植物个体叶片的增湿降温效益

植物通过叶片水分蒸腾散发可以吸收大量的热量，进而起到增加周围湿度，降低空气温度的生态作用（李嘉乐等，1989）。李辉（1998）通过美国 CID 公司 CI-301PS 光合测定仪，在春、夏、秋季的自然光照条件下，对北京地区 2 年生的 5 种常用草坪地被植物活体叶片的蒸腾速率进行了测定，发现野牛草在春、夏、秋季的日蒸腾速率均较高（表 2）。

刘健（2006）在 2006 年 7—8 月发现位于北京市四元桥附近的 8 种常用园林植物的单位叶面积日平均释水量（$g \cdot m^2/d$）由高到低依次为紫丁香（1707）、国槐（1421）、白蜡（1253）、胶东卫茅（1143）、金叶女贞（951）、银杏（631）、棣棠（620）、紫叶小檗（602）。

陈崇（2008）于 2006 年 5—10 月运用 LI-6400 光合测定仪，发现北京植物园内 5 种城市绿化树种蒸腾速率

日变化与净光合速率一致，且平均单位叶面积瞬时蒸腾速率（$\mu mol\ H_2O \cdot m^2 \cdot s$）由高到低依次为碧桃（4.38）、银杏（3.20）、金银木（2.74）、雪松（2.57）、绦柳（2.24）。

赵斌（2013）同样运用美国 Li-Cor 公司的 LI-6400 光合测定仪，在 2012 年春、夏、秋季三个时间段，分别选择晴朗无风、光照充足的天气，对北京密云区内京承三期高速公路人工边坡榆树、臭椿、刺槐等 7 种优势植物的叶片蒸腾能力进行测定与聚类分析，其中沙打旺与苜蓿属于高耗水植物；榆树与紫穗槐属于中等耗水植物；而臭椿、胡枝子、刺槐则属于低耗水植物（表 2）。

另外，李永杰（2007）通过 2006 年 5—9 月的逐月测定分析，发现北京市区主要街道的 10 种园林植物中，蒸腾速率与日释水量由高到低的排列顺序为：碧桃、榆叶梅、白蜡、连翘、杜仲、紫藤、大叶黄杨、元宝枫、国槐、白玉兰，并且同一园林植物在不同月份中存在明显差异（图 3）。

2.3　园林植物个体叶片的滞尘效益

大气颗粒物污染是当前城市主要环境问题，在目前尚不能完全依赖污染源治理以解决环境问题的情况下，借助自然界（如城市绿化）的清除机制是缓解城市大气污染的有效途径（王赞红等，2006），因此对植物滞尘

表 1　草坪地被的单位叶面积的日均 CO_2 吸收和 O_2 释放

数据来源	植物名称	株高（cm）	春季（$g \cdot m^2/d$）		夏季（$g \cdot m^2/d$）		秋季（$g \cdot m^2/d$）	
			CO_2 吸收	O_2 释放	CO_2 吸收	O_2 释放	CO_2 吸收	O_2 释放
李辉（1998）	草地早熟禾	2 年生	8.07	5.87	5.32	3.87	13.64	9.92
	野牛草	2 年生	9.33	6.78	11.86	8.63	4.84	3.52
	麦冬	2 年生	6.89	5.01	−0.46	—	16.53	12.02
	崂峪苔草	2 年生	3.94	2.87	0.79	0.57	2.43	1.77
	结缕草	2 年生	7.30	5.31	5.66	4.13	22.39	6.28
赵雪乔（2015）	玉带草（狼尾草）	一年生扦插苗			3.47	2.52		
	"小兔子"狼尾草	一年生扦插苗			3.48	2.53		
	狼尾草	一年生扦插苗			2.75	2		
	斑叶芒	一年生扦插苗			4.45	3.24		
	蓝赖草	一年生扦插苗			4.44	3.23		
	拂子茅	一年生扦插苗			2.55	1.85		
	细叶芒	一年生扦插苗			2.06	1.5		
	青绿苔草	1 年生实生苗			1.71	1.25		
	披针叶苔草	1 年生实生苗			2.06	1.5		
	百日草	1 年生实生苗			6.61	4.81		
	硫华菊	1 年生实生苗			4.41	3.2		
	玉簪	一年生扦插苗			4.79	3.48		

表 2　园林植物单位叶面积平均日蒸腾速率及释水量

数据来源	园林植物名称	胸径/地径/株高*（cm）	春季		夏季		秋季	
			蒸腾速率（mmol·m²/d）	释水量（g·m²/d）	蒸腾速率（mmol·m²/d）	释水量（g·m²/d）	蒸腾速率（mmol·m²/d）	释水量（g·m²/d）
李辉（1998）	草地早熟禾	2年生		1613.52		4145.76		1376.46
	野牛草	2年生		1917.90		4871.34		2289.24
	麦冬	2年生		994.68		1855.98		1212.48
	崂峪苔草	2年生		478.08		1139.40		562.50
	结缕草	2年生		1751.22		3264.84		1287.00
赵斌（2013）	臭椿	—	1.40		1.47		1.22	
	榆树	—	1.25		2.10		1.62	
	刺槐	—	1.09		1.05		1.23	
	胡枝子	105	1.18		1.47		1.28	
	紫穗槐	160	1.69		2.02		1.25	
	苜蓿	55	2.31		2.42		2.23	
	沙打旺	96	2.14		2.20		1.97	

* 乔木的规格值指胸径，灌木与草本的规格值指株高。

能力的测定研究是十分必要的，可为城市含尘量高的区域（城市主干道、商业集中区、部分厂区）绿化树种的选择、配置提供科学依据（禹海群，2007）。

陈自新（1998）初步研究发现，园林植物个体之间的单位叶面积滞留总悬浮颗粒物（Total Suspended Particulate, TSP）能力有很大差异，如四周后的丁香（5.78g/m²）是紫叶小檗（0.94g/m²）的6倍多；落叶乔木毛白杨（3.82g/m²）为垂柳（1.05g/m²）的3倍多。

李永杰（2007）在2006年5～9月利用"干洗法"对北京市区主要街道上常见的20种园林绿化树种的单位叶面积TSP滞留能力进行了研究。按滞尘能力的大小归类，花灌木中较强的有丁香、紫薇、锦带花、天目琼花；

一般的有榆叶梅、棣棠、月季、金银木、紫荆；较弱的有小叶黄杨、紫叶小檗。乔木中较强的有桧柏、毛白杨、元宝枫、银杏、国槐；一般的有臭椿、栾树；较弱的有白蜡、油松、垂柳。并从叶片结构上对滞尘能力进行了微观上的探讨（表3）。

王蕾等（2007）在2005年3月、7月对北京市6种针叶树叶面附着颗粒物的理化特征进行了研究。结果表明：同一树种叶面颗粒物附着密度随大气颗粒物浓度增加而增大；同一地点不同树种叶面颗粒物附着密度存在很大差异，圆柏、侧柏颗粒物附着密度最高，其次为雪松、白皮松，油松、云杉；受地面扬尘影响，低矮叶片较高处叶片颗粒物附着密度大；受降雨和新生叶片稀释影响，夏季颗粒物附着密度小于冬季。叶表面粗糙程度越大，颗粒物附着密度越高。

史晓丽（2010）在2009年夏季对北京市学清路上16种行道树的滞尘效益研究发现，树木的TSP滞留量随着时间的增加而增加，但达到饱和后滞尘量便不再增加或增加幅度较小，直到下次大雨过后叶片再重新滞尘。三周时间的大叶黄杨单位叶面积滞留的TSP滞留能力最强，达10.28g/m²，加杨滞尘能力最弱（图4）。

为了解单位或居住区内部的植物滞尘能力，么旭阳等（2014）在2012年9—10月、2013年4—5月分别对北京市林业大学8种常见绿化植物进行了一周滞尘效应的研究，发现大叶黄杨的单位叶面积TSP滞留能力（g/m²）最高为0.78，余下依次为碧桃（0.65）、紫叶李（0.56）、杜仲（0.38）、银杏（0.37）、洋白蜡（0.29）、毛白杨（0.27）、国槐（0.23）。

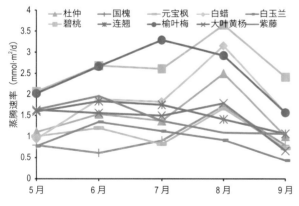

图3　不同月份的单位叶面积平均蒸腾速率及日释水总量

表3 20 种园林树种的单位叶面积总滞尘量

植物名称	单位叶面积总滞尘量（g/m²）				植物名称	单位叶面积总滞尘量（g/m²）			
	第一周	第二周	第三周	第四周		第一周	第二周	第三周	第四周
白蜡	0.3	0.5	0.9	1.4	毛白杨	0.6	1.8	2.2	3.7
垂柳	0.1	0.2	0.6	0.7	天目琼花	1.4	2.8	3.0	3.9
臭椿	0.2	0.5	0.9	2.0	小叶黄杨	0.3	0.6	0.9	1.1
棣棠	1.9	2.3	2.8	2.8	银杏	2.2	3.1	3.1	3.1
丁香	1.1	4.1	4.9	5.4	油松	0.1	0.2	0.5	1.2
桧柏	0.4	0.6	2.5	4.0	榆叶梅	1.6	2.5	3.2	3.7
国槐	2.1	2.2	2.6	3.1	元宝枫	1.4	1.5	2.7	3.3
金银木	0.3	1.2	1.8	1.9	紫荆	0.2	1.1	1.4	1.6
锦带花	2.1	2.8	3.6	4.0	紫薇	1.1	2.8	3.6	4.0
栾树	0.5	1.2	1.4	2.2	紫叶小檗	0.2	0.5	0.8	0.7

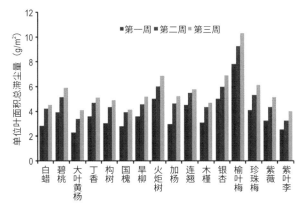

图4 16 种行道树的单位叶面积总滞尘量

范舒欣等（2015）在 2013 年 6—8 月对北京市海淀区东王庄小区附近的 26 种落叶阔叶绿化树种的滞尘能力进行了研究，植物滞尘能力与其叶表特征、滞尘方式、株型结构、整株叶量及所处环境含尘量等密切相关，评价树种滞尘能力时应进行综合考虑（限于篇幅，具体数据未列出）。

范舒欣等（2017）于 2014 年冬春季节对林大北路附近的东王庄小区的 8 种植物一周时间内滞留 TSP 的能力进行了研究，发现冬青卫矛、早园竹、胶东卫矛、箬竹、小叶女贞、小叶黄杨、金叶女贞、黄槽竹的单位叶面积总滞尘量（g/m²）分别为 1.36、0.99、0.71、0.69、0.69、0.62、0.60、0.56，其中冬青卫矛具有最大的单位叶面积滞尘量。

虽然园林树木是城市的骨干，但灌木与地被的应用也非常普遍，池秀莲等（2010）研究发现 2009 年 5—6 月公园苗圃内 4 种彩叶植物一周时间的单位叶面积 TSP 滞留能力（g/m²）大小依次为：金叶莸（2.22）、紫叶矮樱（1.72）、金叶女贞（1.37）、紫叶小檗（1.22），累计三周后，TSP 滞留量均约有 10% 的增加。

赵雪乔（2015）在 2014 年 8—11 月利用差量计算法研究发现，北京丰台地区苗圃内 12 种地被植物两周时间的单位叶面积 TSP 滞留能力（g/m²）大小排序为青绿苔（5.07）、披针叶苔草（4.17）、"小兔子"狼尾草（4.00）、百日草（3.83）、玉簪（3.64）、细叶芒（3.30）、拂子茅（3.13）、蓝赖草（3.13）、狼尾草（2.92）、斑叶芒（2.89）、玉带草（2.81）、硫华菊（2.19）。

程雨萌等（2016）在 2014 年 7—9 月定量比较了北京林大北路 5 种典型植物叶片滞留颗粒物的能力差异，结果表明：一周时间的叶片滞留 TSP 的能力（μg/cm²）从大至小顺序依次为：五叶地锦（42.93）、紫薇（34.74）、榆叶梅（20.10）、月季（11.93）、大叶黄杨（11.44）。

不仅限于总悬浮颗粒物（TSP）的研究，谢滨泽等（2014）在北京市海淀区香山路和北五环之间的绿化带内，用洗脱法测定了 20 种常见阔叶园林植物在 2013 年 8 月一周的 TSP 及 PM$_{2.5}$（指小于等于 10μm 的可吸入空气悬浮颗粒物）的质量，并利用扫描电子显微镜观察了叶表面的微结构，分析比较了 20 种道路绿化植物叶片去除 TSP 与 PM$_{2.5}$ 的能力，不同植物单位叶面积滞留 TSP 和 PM$_{2.5}$ 的量均存在显著差异，变化范围分别为 0.4 ~ 3.44 g/m² 和 0.04 ~ 0.39 g/m²（表4）。

表4　阔叶植物一周时间的单位叶面积的滞尘能力

植物名称	树高（m）	TSP滞尘量（g/m²）	PM2.5滞尘量（g/m²）	植物名称	树高（m）	TSP滞尘量（g/m²）	PM2.5滞尘量（g/m²）
毛白杨	11.2±3.3	0.7	0.13	榆树	10.2±1.1	0.45	0.13
国槐	7.3±0.5	0.7	0.06	大叶黄杨	0.9	2.70	0.30
银杏	6.7±1.1	0.45	0.11	紫叶小檗	0.8	0.65	0.06
悬铃木	10.8±1.7	2.49	0.24	紫叶李	2.6±0.5	1.35	0.12
元宝枫	7.9±0.5	1.05	0.12	紫薇	1.2±0.3	1.55	0.17
垂柳	11.3±0.7	0.7	0.17	美人梅	1.8±0.2	0.95	0.14
构树	5.1±0.9	1.45	0.12	木槿	2.0±0.2	3.25	0.39
白蜡	7.0±0.9	0.55	0.45	小叶黄杨	0.9	0.65	0.15
玉兰	6.9±1.1	1.95	0.13	小叶女贞	0.9	0.95	0.16
栾树	10.7±1.0	0.54	0.095	五叶地锦	—	2.95	0.18

Song et al（2015）分别在2013年5、9、11月、2014年5月，通过洗脱法测定了北京中国科学院生态环境中心内的5种常绿园林植物一周时间单位叶面积滞留不同粒径范围的颗粒物质量，并分别利用扫描电子显微镜与能量色散X射线光谱仪，观察分析了叶表面的微结构与颗粒物的元素组成（图5）。

杨佳等（2015）在2013年10月利用水洗滤膜法分别在北京国贸桥和植物园2个地点测定了9个常见绿化树种的单位叶面积滞尘量及其粒径组成，并观测了各树种叶面微形态结构。结果表明，一周时间的国贸桥和北京植物园9个树种的PM、PM>10、PM2.5~10和PM2.5平

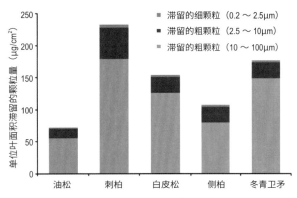

图5　常绿植物一周时间的单位叶面积滞留的颗粒质量

均滞留量之比分别为1.64、1.60、1.89和2.50，该比值随PM粒径减小呈增大的趋势。环境污染会改变树木叶片表面结构与性质，从而改变其滞尘能力，并且同一树种滞尘量随环境不同有一定差异（图6）。

赵松婷等（2015）夏季通过对北京中心城区29种园林植物的叶片采样、电镜分析、图像处理和统计分析，进而对园林植物滞留颗粒物尤其是细颗粒物PM2.5的能力进行了系统分析。结果表明，29种园林植物叶片表面大部分为PM10，PM2.5次之，粗颗粒物最少。通过对乔灌木一周时间的单位叶面积PM2.5滞留量进行比较发现，雪松是绦柳的43倍，小叶黄杨是紫荆的28倍。并发现沟槽越密集、深浅差别越大，越有利于滞留大气颗粒物，且叶表面有蜡质、腺毛等结构及叶片能分泌黏性的油脂和汁液也有利于大气颗粒物的滞留（表5）。

程雨萌等（2016）定量比较发现2014年夏季一周时间的叶片滞留PM5~10的能力从大至小顺序依次为（μg/cm²）：月季（6.20）、榆叶梅（5.36）、紫薇（2.52）、大叶黄杨（2.07）、五叶地锦（1.52）。滞留PM5的能力从大至小依次为（μg/cm²）：大叶黄杨（5.20）、月季（4.50）、紫薇（2.31）、榆叶梅（1.48）、五叶地锦（1.00）。

Xu et al（2018）在2014年5~10月测定北京林业大学校园内北京17种（涉及4种灌木与13种树）城市园林植物滞留不同粒径范围的颗粒物质量，研究发现各树种滞留各类颗粒物的能力存在显著差异（图7），并且与PM2.5与PM10之间的相关系数0.724在0.01水平上显著相关。

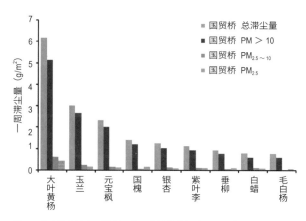
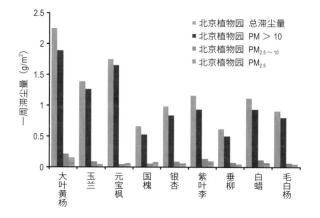

图6　北京植物园和国贸桥9个园林树种单位叶面积滞尘量对比

表5　一周时间的29种园林植物的单位叶面积滞尘量

植物名称	TSP 滞留量 （g/m²）	PM₂.₅ 滞尘量 （g/m²）	植物名称	TSP 滞留量 （g/m²）	PM₂.₅ 滞留量 （g/m²）	植物名称	TSP 滞留量 （g/m²）	PM₂.₅ 滞尘量 （g/m²）
雪松	3.405	0.140	旱柳	0.493	0.120	钻石海棠	0.836	0.145
圆柏	2.179	0.175	栾树	0.492	0.048	木槿	0.806	0.100
银杏	1.619	0.225	白蜡	0.325	0.030	沙地柏	0.738	0.040
臭椿	1.140	0.135	绦柳	0.079	0.017	紫丁香	0.595	0.120
国槐	0.777	0.145	小叶黄杨	6.102	1.168	月季	0.571	0.065
紫叶李	0.772	0.070	大叶黄杨	2.662	0.388	金银木	0.455	0.090
杜仲	0.750	0.171	榆叶梅	1.612	0.175	连翘	0.389	0.087
毛白杨	0.671	0.090	金叶女贞	1.203	0.180	紫叶小檗	0.312	0.075
油松	0.663	0.075	迎春	0.990	0.250	紫荆	0.213	0.050
北京丁香	0.533	0.068	紫藤	0.850	0.155			

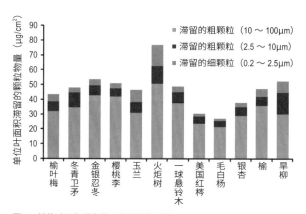

图7　单位叶面积滞留的3类颗粒物质量

3　结果与讨论

（1）通过相关研究文献中夏季（或7月）的数据归纳可以得知（表6），基于平均值，各园林植物单位叶面积日均 CO_2 吸收和 O_2 释放能力存在较大差异，按平均值大小的排序依次为：旱柳、国槐、油松等；而变异系数（%）由大到小排序则为国槐、白玉兰、白蜡等。其中，需要注意的是，虽然某些树种如国槐的平均 CO_2 吸收和 O_2 释放能力较强，但变异系数较大，这可能与该树种的规格、叶龄、立地环境3个方面的影响有关。

需要补充的是，相关文献经常将固碳等同于 CO_2 吸收，但其实固碳与 CO_2 吸收的定义存在区别，通常植物固碳仅指植物光合作用吸收 CO_2 与呼吸消耗之间

表6　各园林植物单位叶面积日 CO_2 吸收释氧能力的比较

植物名称	单位叶面积日 CO_2 吸收（ g/m^2 ）					单位叶面积日释氧量（ g/m^2 ）				
	样地数（个）	变化范围	平均值	标准偏差	变异系数(%)	样地数（个）	变化范围	平均值	标准偏差	变异系数（%）
白蜡	4	3.97～14.69	9.37	4.29	46	4	2.89～10.69	6.82	3.13	46
白玉兰	2	4.05～10.92	7.49	3.44	46	2	2.94～7.94	5.44	2.50	46
碧桃	3	5.72～9.34	8.12	1.70	21	3	4.16～6.8	5.91	1.24	21
大叶黄杨	4	3.83～10.73	7.31	2.81	38	4	2.79～7.8	5.32	2.04	38
国槐	4	3.29～16.70	9.60	5.60	58	4	2.4～12.15	6.98	4.07	58
旱柳	2	8.56～13.81	11.19	2.63	23	2	6.22～10.05	8.14	1.92	24
金叶女贞	3	4.57～11.21	8.26	2.76	33	3	3.32～8.15	6.00	2.01	33
连翘	4	4.27～9.16	6.05	1.96	32	4	3.11～6.66	4.40	1.43	32
银杏	4	1.93～7.81	5.60	2.22	40	4	1.4～5.68	4.07	1.62	40
油松	2	5.97～12.69	9.30	3.36	36	2	4.34～9.23	6.79	2.45	36
榆叶梅	3	3.65～11.81	8.32	3.44	41	3	2.66～8.59	6.05	2.50	41
紫叶李	3	5.54～11.15	8.63	2.33	27	3	4.03～8.11	6.28	1.69	27

注：国槐的数据来自史晓丽（2010）、刘健（2006）、李永杰（2007）、陈自新（1998）；白蜡数据来自李永杰（2007）、史晓丽（2010）、刘健（2006）、陈自新（1998）；白玉兰数据来自李永杰（2007）、熊向艳（2014）；大叶黄杨数据来自李永杰（2007）、熊向艳（2014）、史晓丽（2010）、陈自新（1998）；碧桃数据来自李永杰（2007）、史晓丽（2010）、陈自新（1998）；连翘数据来自李永杰（2007）、熊向艳（2014）、史晓丽（2010）、陈自新（1998）；榆叶梅数据来自李永杰（2007）、史晓丽（2010）、陈自新（1998）；旱柳数据来自史晓丽（2010）、熊向艳（2014）；银杏数据来自熊向艳（2014）、史晓丽（2010）、刘健（2006）、陈自新（1998）；紫叶李数据来自熊向艳（2014）、史晓丽（2010）、陈自新（1998）；金叶女贞数据来自熊向艳（2014）、刘健（2006）、陈自新（1998）；油松数据来自熊向艳（2014）、胡耀升（2014）。

的碳元素差值。由于试验时间的局限，目前还缺乏园林植物的夜间暗呼吸速率的测定，因而还不能计算固碳量。

另外，大多数研究仅在夏季进行，缺乏春季、秋季的测定数据（熊向艳等，2014；胡耀升等，2014；刘健，2006），目前还很难准确反映出园林植物以年为时间尺度的 CO_2 吸收与释氧能力，建议下一步加强长期的测定。

（2）通过比较可以发现，大叶黄杨、白蜡、榆叶梅等树种单位叶面积的蒸腾吸热能力较强，但由于样地数量少于3个，目前还无法归纳园林植物的标准偏差与变异系数。

（3）通过平均值的比较发现（表7），一周时间内单位叶面积总滞尘量由大到小排序依次为大叶黄杨（ $2.44g/m^2$ ）、木槿（ $2.14g/m^2$ ）、玉兰（ $1.71g/m^2$ ）等；而变异系数（%）由大到小排序则为小叶黄杨、白蜡、臭椿等。

在 $PM_{2.5}$ 滞留量方面，由大到小排序则为大叶黄杨（ $0.32g/m^2$ ）、白蜡（ $0.16g/m^2$ ）、元宝枫（ $0.11g/m^2$ ）等，变异系数（%）由大到小排序则为白蜡、垂柳、国槐等（表8）。很显然，各树种滞留 TSP 或 $PM_{2.5}$ 颗粒物的能力存在显著差异，一方面与叶片结构有关，叶片上下表皮的微结构差异影响其对颗粒物的滞留能力，叶片表皮的细纹结构越密集、细胞之间的间隔越小、气孔密度越大，对大气颗粒物的阻滞作用越明显，植物叶片分泌的液态状物质也能够有助于黏滞颗粒物。另一方面与立地环境有关，行道树叶片的 TSP、 $PM_{2.5}$ 滞尘量均要明显高于公园（杨佳等，2015）。

需要补充的是，国内外相关研究文献中的滞尘能力测定时间通常不超过一个月，推算年度的滞尘量会存在较大误差。

表 7　一周时间内各园林植物单位叶面积总滞尘量与变异系数

植物名称	单位叶面积总滞尘量（g/m²）					植物名称	单位叶面积总滞尘量（g/m²）				
	样地数	变化范围	平均值	标准偏差	变异系数（%）		样地数	变化范围	平均值	标准偏差	变异系数（%）
白蜡	8	0.3 ~ 3.04	0.86	0.93	108	小叶黄杨	5	0.3 ~ 6.10	1.61	2.51	156
臭椿	4	0.14 ~ 0.14	0.48	0.45	94	银杏	10	0.37 ~ 3.92	1.36	1.09	80
垂柳	5	0.1 ~ 0.91	0.70	0.40	58	油松	4	0.06 ~ 0.66	0.37	0.34	91
大叶黄杨	6	0.11 ~ 6.17	2.44	2.11	86	榆叶梅	7	0.20 ~ 2.55	1.27	0.81	64
丁香	5	0.53 ~ 3.08	1.28	1.03	81	玉兰	4	0.47 ~ 3.02	1.71	1.07	63
国槐	10	0.27 ~ 2.83	1.05	0.85	81	元宝枫	5	1.05 ~ 2.32	1.60	0.47	29
金银木	5	0.3 ~ 0.95	0.54	0.25	46	紫薇	6	0.35 ~ 4.49	1.62	1.46	90
栾树	5	0.45 ~ 0.54	0.49	0.03	6	紫叶李	7	0.56 ~ 5.03	1.64	1.53	93
毛白杨	8	0.26 ~ 0.90	0.60	0.23	37	紫叶小檗	6	0.25 ~ 1.22	0.52	0.37	71
木槿	4	0.39 ~ 4.10	2.14	1.82	85						

注：丁香数据来自李永杰（2007）、史晓丽（2010）、范舒欣（2015）、陈自新（1998）；毛白杨数据来自李永杰（2007）、陈自新（1998）、么旭阳（2014）、谢滨泽（2014）、杨佳（2015）、Xu（2018）；元宝枫数据来自李永杰（2007）、陈自新（1998）、谢滨泽（2014）、杨佳（2015）；银杏数据来自李永杰（2007）、史晓丽（2010）、范舒欣（2015）、陈自新（1998）、么旭阳（2014）、谢滨泽（2014）、杨佳（2015）、Xu（2018）；国槐数据来自李永杰（2007）、史晓丽（2010）、范舒欣（2015）、陈自新（1998）、么旭阳（2014）、谢滨泽（2014）、杨佳（2015）、Xu（2018）；栾树数据来自李永杰（2007）、范舒欣（2015）、陈自新（1998）、谢滨泽（2014）、张鹏骞（2017）；白蜡数据来自李永杰（2007）、史晓丽（2010）、范舒欣（2015）、陈自新（1998）、谢滨泽（2014）、杨佳（2015）；油松数据来自李永杰（2007）、陈自新（1998）、Xu（2018）；垂柳数据来自李永杰（2007）、陈自新（1998）、谢滨泽（2014）、杨佳（2015）、张鹏骞（2017）；紫薇数据来自李永杰（2007）、史晓丽（2010）、范舒欣（2015）、陈自新（1998）、谢滨泽（2014）、程雨萌（2016）；榆叶梅数据来自李永杰（2007）、史晓丽（2010）、范舒欣（2015）、Xu（2018）、程雨萌（2016）；金银木数据来自范舒欣（2015）、陈自新（1998）、Xu（2018）；小叶黄杨数据来自李永杰（2007）、陈自新（1998）、谢滨泽（2014）、范舒欣（2017）；紫叶小檗数据来自李永杰（2007）、范舒欣（2015）、陈自新（1998）、谢滨泽（2014）、池秀莲（2010）；紫叶李数据来自史晓丽（2010）、范舒欣（2015）、么旭阳（2014）、谢滨泽（2014）、杨佳（2015）、张鹏骞（2017）；玉兰数据来自谢滨泽（2014）、杨佳（2015）、Xu（2018）；大叶黄杨数据来自么旭阳（2014）、谢滨泽（2014）、杨佳（2015）、程雨萌（2016）；木槿数据来自史晓丽（2010）、范舒欣（2015）、谢滨泽（2014）；冬青卫矛数据来自 Xu（2018）、张鹏骞（2017）、范舒欣（2017）；臭椿数据来自范舒欣（2015）、陈自新（1998）、Xu（2018）、张鹏骞（2017）。

表 8　一周时间内各植物单位叶面积 PM₂.₅ 滞留量与变异系数

植物名称	单位叶面积 PM$_{2.5}$ 滞留量（g/m²）					植物名称	单位叶面积 PM$_{2.5}$ 滞留量（g/m²）				
	样地数	变化范围	平均值	标准偏差	变异系数（%）		样地数	变化范围	平均值	标准偏差	变异系数（%）
白蜡	4	0.03 ~ 0.45	0.16	0.19	122	银杏	5	0.03 ~ 0.225	0.10	0.07	72
垂柳	3	0.04 ~ 0.17	0.10	0.07	63	油松	3	0.02 ~ 0.075	0.07	0	5
大叶黄杨	4	0.15 ~ 0.43	0.32	0.12	39	玉兰	4	0.04 ~ 0.15	0.10	0.05	49
国槐	5	0.03 ~ 0.16	0.09	0.06	61	元宝枫	3	0.06 ~ 0.14	0.11	0.04	39
毛白杨	5	0.02 ~ 0.13	0.07	0.05	7	紫叶李	4	0.07 ~ 0.12	0.10	0.02	22

注：毛白杨数据来自赵松婷（2015）、谢滨泽（2014）、杨佳（2015）、Xu（2018）；元宝枫数据来自谢滨泽（2014）、杨佳（2015）；银杏数据来自谢滨泽（2014）、杨佳（2015）、Xu（2018）、赵松婷（2015）；国槐数据来自赵松婷（2015）、谢滨泽（2014）、杨佳（2015）、Xu（2018）；白蜡数据来自赵松婷（2015）、谢滨泽（2014）、杨佳（2015）；油松数据来自赵松婷（2015）、Xu（2018）、Song（2015）；垂柳数据来自谢滨泽（2014）、杨佳（2015）；紫叶李数据来自赵松婷（2015）、谢滨泽（2014）、杨佳（2015）；玉兰数据来自谢滨泽（2014）、杨佳（2015）、Xu（2018）；大叶黄杨数据来自赵松婷（2015）、谢滨泽（2014）、杨佳（2015）。

参考文献

[1] 陈崇.北京几个城市绿化树种生理生态特性的研究［D］.北京：北京林业大学硕士学位论文，2008.

[2] 陈辉，阮宏华，叶镜中.鹅掌楸和女贞同化CO_2和释放O_2能力的比较［J］.城市环境与城市生态，2002，15（03）：17-18.

[3] 陈自新，苏雪痕，刘少宗，等.北京城市园林绿化生态效益的研究［J］.中国园林，1998，14（56）：51-54.

[4] 程雨萌，王云琦，王玉杰，等.北京市5种典型植物滞尘特征及影响因素［J］.环境化学，2016（08）：1690-1697.

[5] 池秀莲，张彦雷，刘艳红，等.北京市引进的4种彩叶灌木的生态效应研究［J］.北京林业大学学报，2010（S1）：90-94.

[6] 董宇岐.植物在防止环境污染中的作用及主要抗污染植物［J］.南方农业，2015，9（06）：65-67.

[7] 范舒欣，蔡妤，董丽.北京市8种常绿阔叶树种滞尘能力［J］.应用生态学报，2017（02）：408-414.

[8] 范舒欣，晏海，齐石茗月，等.北京市26种落叶阔叶绿化树种的滞尘能力［J］.植物生态学报，2015（07）：736-745.

[9] 胡耀升，么旭阳，刘艳红.北京市几种绿化树种的光合特性及生态效益比较［J］.西北农林科技大学学报，2014，42（10）：119-125.

[10] 李辉，赵卫智，古润泽，等.居住区不同类型绿地释氧固碳及降温增湿作用［J］.环境科学，1999，20（06）：41-44.

[11] 李永杰.北京市常见绿化树种生态效益研究［D］.保定：河北农业大学硕士学位论文，2007.

[12] 李嘉乐，刘梦飞.绿化改善城市气候的效益［J］.北京园林，1989，50-62.

[13] 李延明，郭佳，冯久莹.城市绿色空间及对城市热岛效应的影响［J］.城市环境与城市生态，2004，17（01）：1-4.

[14] 刘健.常用园林植物蒸腾耗水特性及生态效应研究［D］.保定：河北农业大学硕士学位论文，2007.

[15] 刘娇妹，于顺利.城市工业区绿地植物配置［J］.绿色科技，2017（17）：76-78.

[16] 刘梦飞.北京夏季城市热岛特点与绿化覆盖率的关系［J］.北京园林，1989，6-9.

[17] 马洁，韩烈保，江涛.北京地区抗旱野生草本地被植物引种生态效益评价［J］.北京林业大学学报，2006，28（01）：51-54.

[18] 么旭阳，胡耀升，刘艳红.北京市8种常见绿化树种滞尘效应［J］.西北林学院学报，2014，29（3）：92-95.

[19] 史晓丽.北京市行道树固碳释氧滞尘效益的初步研究［D］.北京：北京林业大学硕士学位论文，2010.

[20] 王慧霞，石辉，李秧秧.城市绿化植物叶片表面特征对滞尘能力的影响［J］.应用生态学报，2010，21（12）：3077-3082.

[21] 王蕾，哈斯，刘连友，等.北京市六种针叶树叶面附着颗粒物的理化特征［J］.应用生态学报，2007（03）：487-492.

[22] 王献溥，于顺利.城市绿地类型的划分及其在生态城市建设中的意义和作用［J］.植物资源与环境学报，2008，17（04）：61-66.

[23] 王颖.北京地区常见城市绿化树种蒸腾耗水特性的研究［D］.北京：北京林业大学硕士学位论文，2004.

[24] 王赞红，李纪标.城市街道常绿灌木植物叶片滞尘能力及滞尘颗粒物形态［J］.生物环境，2006，15（02）：327-330.

[25] 熊向艳，韩永伟，高馨婷，等.北京市城乡结合部17种常用绿化植物固碳释氧功能研究［J］.环境工程技术学报，2014，4（03）：248-255.

[26] 杨佳，王会霞，谢滨泽，等.北京9个树种叶片滞尘量及叶面微形态解释［J］.环境科学研究，2015，28（03）：384-392.

[27] 张鹏骞，朱明淏，刘艳菊，等.北京路边9种植物叶片表面微结构及其滞尘潜力研究［J］.生态环境学报，2017，（12）：2126-2133.

[28] 赵斌.高速公路人工边坡优势植物蒸腾好水特性研究［D］.北京：北京林业大学硕士学位论文，2013.

[29] 赵松婷，李新宇，李延明.北京市29种园林植物滞留大气细颗粒物能力研究［J］.生态环境学报，2015，（06）：1004-1012.

[30] 赵卫智，李辉.北京五种草坪地被植物生态效益的研究［J］.中国园林，1998，14（04）：36-38.

[31] 赵雪乔.北京地区12种地被植物应用评价［D］.北京：中国林业科学研究院硕士学位论文，2015.

[32] 谢滨泽，王会霞，杨佳，等.北京常见阔叶绿化植物滞留$PM_{2.5}$能力与叶面微结构的关系［J］.西北植物学报，2014，34（12）：2432-2438：

[33] Song Yingshi, Barbara A. Maher, Li Feng, et al.. Particulate matter deposited on leaf of five evergreen species in Beijing, China source identification and size distribution［J］. Atmospheric Environment, 2015, 105：53-60.

[34] Xu Yansen, Xu Wen, Mo Li, et al.. Quantifying particulate matter accumulated on leaves by 17 species of urban trees in Beijing, China［J］. Environmental Science and Pollution Research, 2018, 25（13）：12545-12556.

Research Progress on Individual Ecological Benefits of Landscape Plants in Beijing

He Xing-jia, Guo Li-na, Xie Jun-fei

Abstract: Based on the relevant research at domestic and foreign, the CO_2 absorption and O_2 release, humidification and cooling, and particulate matter retention ability on leaves of common landscape plants in Beijing were systematically compared. Some plants have strong ability on CO_2 absorption and O_2 release, which include *Salix matsudana, Sophora japonica* and *Pinus tabulaeformis*. in terms of humidification and cooling, plants such as *Euonymus japonicus, Fraxinus chinensis* and *Prunus triloba* are relatively strong.

In addition, there are significant differences in particulate matter retention, the mass concentration of total suspended particulate matter were from 0.06 to 6.71 g/m^2 by leaves-deposited of plants within one week; the accumation mass of $PM_{2.5}$ were from 0.02 to 0.45 by leaves-deposited of plants within one week. Higher particulate matter retention rate was associated with higher density of leaf surface microgroove structures, cells and stoma. The leaf epidermal hair also played a role in catching particulate matter, whilst the liquid exudation on it had an adhesive effect. Air pollution conditions in different regions also affect particulate matter retention, the dust detention on leaves of plants along main road was significantly higher than park leaves with clear air.

It should be noted that the coefficient of variation on ecological functions of landscape plants are relatively large, which may be related to the plant specifications, leaf age and environment.

Because the relative research are mainly concentrated in the summer, lacking the data of spring and autumn, it is difficult to obtain the annual individual ecological benefit of landscape plants .

Key words: Landscape plants；CO_2 Absorption；Humidification and cooling；Particulate matter retention；Beijing

作者简介

何兴佳 /1992 年生 / 男 / 内蒙古 / 博士研究生在读 / 东北农业大学 / 研究方向为农业生态（长春　150030）

郭利娜 /1995 年生 / 女 / 山西太原市人 / 硕士研究生在读 / 北京农学院 / 研究方向为绿地生态功能评价（北京　102206）

谢军飞 /1976 年生 / 男 / 湖南长沙人 / 教授级高工 / 现就职于北京市园林科学研究院 / 研究方向为园林生态（北京　100102）

北京老城区微花园景观微更新探索

侯晓蕾

摘　要： 在存量城市更新的背景下，以公众参与为基础、微小社区空间和公共空间设施为改造对象的局部更新方式，成为城市更新的趋势。城市微更新关注空间重构和社区激活、公众参与和社会治理，北京老城区的微花园研究实践，是一种城市景观微更新的有效途径。本文首先探讨了基于整体保护意识下的微花园研究背景，结合当前老城区绿色景观建设中存在的现状问题，论述了微花园对于北京老城区整体环境提升的重要意义；然后，对微花园的概念、特点和生成类型进行了诠释。通过开展社区营造，使生活美学和景观艺术进入寻常百姓家。接下来介绍了团队在北京老城区开展实践性的微花园的公众参与式设计的四个阶段；最后，进行了微花园共治模式和维护机制的相关思考，对微花园的可持续途径进行了探讨。

关键词： 微花园；绿色微更新；社区营造；生活美学；公众参与；共治模式

1　基于整体保护意识下的微花园研究背景

《北京城市总体规划（2016年—2035年）》中明确提出，对老城区要进行"恢复性修建"和"整体保护"。所谓恢复性修建和整体保护，意味着对老城区的人、物、空间、构筑、绿植以及生活方式进行多维度的综合保护。新总规中还提出，"开展留白增绿、补齐短板、改善环境、提升品质的城市修补工作"。以往，对于老城区，人们更多关注的是对古建筑和院落的保护，而街巷中和院落中渗透的很多居民种植的绿色景观也是多元而丰富的生活历史，能够有效提升居民生活空间宜居度。对于老城区而言，由于空间和面积有限，要做到"留白增绿"和"见缝插绿"，首先要做到"保绿"。所谓"保绿"，就是首先要保护老城中所特有的绿色景观，而不是代之以新的整齐划一的城市化景观[1]。胡同有着积淀已久的绿色空间和多元化的胡同生态，有着特有的历史和人文资源空间，这些各具特色的空间往往充满了人情味，我们应该思考如何通过社区营造的途径使这些空间得到更

新提升的同时又能够保持住原有的味道和特色，老城区的整体保护需要我们对这些各具特色的绿色景观进行真实性的保护和提升。我们将老城区这些小而微的绿色景观称为"微花园"[2]。

"微花园"意为小而美的景观。区别于大尺度的统一规划设计的城市景观。老城区街巷里的景观往往尺度不大，多呈现微小空间的形式分布在多个角隅。例如，在北京老城区的胡同街巷里，居民自发地在胡同里或者自家门前窗边经常采用回收的器物和废弃的材料，种植特色植物和瓜果蔬菜，少则几盆花，多则形成一个"花园"。这一类的微花园往往尺度很小，土生土长，由居民独立建造和维护。这些胡同自发花园多种植月季、蔷薇等当地灌木以及葡萄、葫芦、丝瓜等具有食用功能的蔬菜瓜果，兼具美观和实用的功能。出于各家不同的审美和需求，胡同里每一个微花园都不同，具有各自鲜明的特点，同时又在整体上具有一致性。微花园体现居民对生活品质的美好追求，展现了特有的生活方式。（图1、图2）

【基金项目】基于社区营造的传统人居环境景观更新途径研究，中央美术学院2019年度自主科研项目，立项编号：19KYZD009

图1、图2　北京老城区随处可见的自发微花园

2　当前老城区绿色景观的现状问题和现象分析

我国自古就有种植的传统，与其相关的描述和赞美多出现在古典园林和现代的风景园林设计中，但是很少有人去关注平民的景观，关注老城区里百姓自发种植的绿色景观。然而正是这些看似"非正式"的日常种植现象，用多元丰富的方式整体影响并且美化了老城区的胡同街巷和院落景观，以其丰富的个性集体展现了老城生活景观的整体性和真实性[3]。

2.1　绿色景观的丰富度和在地特色不足

随着胡同街巷的改造，很多胡同景观代之以整齐划一的花箱，用加法的方式进行"胡同环境提升"。（图3）这些花箱不能做到有效透水，多种植观赏品种，尤其种植大量的一二年生的植物，不但冬季景观无法保持，花卉等植物的采买费和维护费用也非常高，不能可持续地维持并且与老城区的整体气质不相符合。同时，这一类

图3　统一改造后的胡同花箱景观

做法属于典型的城市化景观的做法，虽然整齐，但是单一，缺少了老城区特有的市井气息和多元面貌，无法彰显胡同街巷在地特色和丰富景观。

2.2　绿色景观的认知度和审美意识不足

老城区的环境整治尤其是绿色景观不可能一蹴而就，应该是一个相对长期的过程，需要从一点一滴做起。微小环境的提升，当达到一定数量之后，便会以点带面，不但有利于提升居民的宜居环境，更有利于提升整体环境和可持续发展。老城区的绿色景观主体应该是居民，如新加坡等城市从鼓励家庭植绿做起，点滴做起，积水成渊，才逐步形成"花园城市"的美誉。世界上那些所谓的花园城市正是因为其角角落落都能够展现出充满生命力的绿意。应该建立老城区绿色景观的"审美认知标准"，以"生活美学"和"平民景观艺术"的理念培养景观审美意识。

2.3　绿色景观的维护机制不健全

近年来，随着北京老城区的街巷环境改造提升，在一些拆除违建之后的区域，以街道为单位的基层政府建设了一些"留白增绿"的绿地空间，这些绿色空间在一定程度上提升了片区的整体环境品质，但也随之带来一些后期维护问题。不同于归属园林局管理维护的城市景观和园林，这些小微绿地由于分布在社区中，多数还是由社区来分配管理，而社区工作人员少，相关维护机制并未建立，其维护和管理给社区和街道都带来了很大的压力。老城区绿色景观不同于城市园林，其维护机制应该向居民共治共管的方向去推进。

3　微花园对老城区整体环境提升的意义

微花园是保护和提升老城区环境品质的重要方式和

有效途径。微花园研究根本上探讨的是在当下社会和时代背景下老城区景观的保护与发展问题。微花园保护提升的一个重要前提，便是要原汁原味地保留并提升胡同的生活状态，尊重老城区居民的生活方式，在居民习以为常的胡同生活的基础上，去见缝插针地微改造。是一种在"保留"和"尊重"基础上的"在地微更新"。

3.1 能够促进老城区的整体环境品质并保留特色

微花园保护和提升，表面上看是一个小而微的事情，但是能够起到以点带线、以线带面的作用。通过艺术和设计介入的微更新途径，每个片区的微花园示范点被建立起来，以这些示范点为参照，带动更多居民参与，逐步实现片区的整体渐进式绿色微更新。微花园的以点带面的提升能够将城市中的失落空间进行有效的积极化微更新[6]。

3.2 能够提升居民的生活情趣和生活品质

微花园不仅仅是一个空间环境，更是一种美化生活的精神和动力，是一种对美好生活的向往，也是对生活品质的提升，以及对心灵的美化与涤荡。例如，史家胡同44号的居民一直积极参加微花园的各项社区营造活动和微花园改造提升设计，他的老伴多年卧床，需要他进行照料。微花园成为他生活的调节剂，能够使他更加热爱生活、感受美好的寄托，看到微花园并且进行种植的过程也会使自己心里更加愉悦。

3.3 能够有效拆除和置换违建和杂物堆积

老城区属于高密度低高度的城市建成区，室内和室外空间都非常拥挤有限，目前很多空间都被杂物或者其他方式侵占，有很多空间有潜力被挖掘出来作为微花园和公共空间。微花园是一种有效的空间置换方式。在微花园的改造提升过程中，我们已经先后置换出多处违建房空间、杂物堆积空间，代之以宜人的微花园景观。老城区杂物堆积和空间侵占现象较为普遍，微花园的绿色微更新可以使这些问题在一定程度上得到解决。（图4）

3.4 能够增进邻里交流和社区关系

山崎亮在《社区设计》一书中说，"比设计空间更重要的是，连接人与人的关系"。设计应该是一种"人性互动"的过程[4]。微花园作为一种公共交往空间，是邻里之间交流的桥梁。我们在与居民的参与式设计改造的过程中发现，史家胡同54号的居民宗阿姨多年热爱种植，"微花园虽小，但街坊邻居一开门就看见花花草草，心情特别好，经常过来坐坐、聊聊，我的生活也有意思多了，天天都很乐和，他们都说我不像80多岁的人。"（图5）史家胡同5号居民的微花园改造之后，有很多街坊邻居过来聊天交流。（图6）

图4　拆除煤棚后置换的微花园改造前后对比

图5　微改造后的微花园（一）

图6　微改造后的微花园（二）

4　北京老城区微花园的概念、特点和生成类型

4.1 微花园的概念

微花园，顾名思义，意为小而美的绿色景观。行走在胡同中，那些依附于这里的空间、事物和生活的植物

随处可见，它们可以是一片藤架上的葫芦，也可以是房前屋后窗檐下的一株盆景，见缝插针地有机分布在胡同街巷的各个角落，形成了胡同中特有的绿色景观，我们称之为"微花园"。微花园中的"微"具有两层含义，一方面，指的是尺度和规模上的"微小"，另一方面指的是更新模式中的"微更新"，也就是渐进式更新的意思。我们很难将微花园用尺度直接去下定义，因为很多微花园非常微小，甚至"占天不占地"，构成了胡同街巷中的多维空间。

4.2 微花园的特点

4.2.1 多样性

微花园的多样性由植物多样性、容器多样性和空间多样性构成，相互组合、相互穿插，形成微花园的整体多样性。微花园的建造材料包括硬质的和软质的材料。硬质材料包括容器、结构单元等构成材料，软质材料主要指植物。

4.2.2 低造价和低维护

微花园的低造价主要体现在植物材料价格低、多采用播种种植、维护技术要求低和种植容器多是旧物回收利用等因素构成。（图7）

4.2.3 实用性和食用性

微花园中的植物往往种植非常实用、皮实的种类，能够食用的蔬菜和瓜果类植物非常常见，也有一部分兼具观赏性的药草植物。体现了微花园所具有的"二实（食）"特点。微花园的植物从种植到采摘再到食用的过程形成了微花园特有的微循环系统，形成了小型生态链。国内外的社区花园往往都具有类似的特点[5]。

4.3 微花园的生成和类型

微花园的生成过程并不是一蹴而就的，往往是一个"螺旋式"发展的过程。从对微花园种植的意愿，到选择微花园种植的空间和容器，再到微花园材料和空间的生成，其经历了交替变化和逐步更新的过程。微花园的生成不仅是物质空间层面的事件，更多的是一种社会和生活状态的反映。依据不同的分类标准，微花园可以分为不同的类型。由于微花园尺度规模普遍都比较微小，因此不建议将微花园按照尺度等级进行划分。依据其空间形态可以更加清晰地区分微花园不同类型的特征。当然，更多的微花园往往是兼具几种类型特征的综合型。依据微花园的空间形态，可以将微花园划分为以下几种类型。（图8）

图7　微花园的容器，李博、崔琼绘制

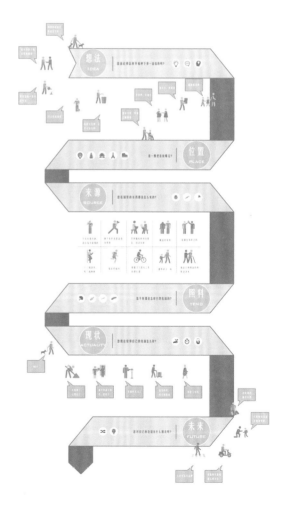

图8　微花园的生成与类型，李师成、王若飞绘制

4.3.1　堆叠型

堆叠型主要指整个微花园或局部是由植物容器堆积而成的。这种类型多出现在用地狭小的地方，通过堆叠的方式来节省空间。

4.3.2　悬挂型

悬挂式多零散分布，难以形成有规模的花园。悬挂型多与防盗窗相结合，用于没有出入口的后窗附近，使植物保持在视线范围之内。

4.3.3　条带型

条带型往往也是植物堆积放置的方式，多放置在胡同墙根的线性区域内，不影响交通的情况下形成带状的植栽摆放。

4.3.4　爬藤型

爬藤型微花园主要指的是由藤蔓植物和攀援架相互组合的空间，有些植物也直接爬藤在墙体上。这种类型的微花园在北京老城区分布最为广泛，种植的藤蔓植物多为可食用的瓜果蔬菜类植物，也有一些是观赏类藤本植物。

5　生活美学和景观艺术进入寻常百姓家——微花园的公众参与式设计

微花园是北京老城区一种典型的绿色空间类型和模式，微花园研究和实践的核心思想是关注平民的景观，百姓的生活。长期以来，北京市城市规划设计研究院和中央美术学院十七工作室的联合团队与在地居民一起进行参与式设计，运用专业知识对这些微花园和微空间进行设计和艺术提升。希望通过设计和艺术的介入，能够真正帮助老城胡同的居民生活品质得到改善，通过充满艺术思维和设计巧思的方案，微介入地使这些"平民的花园"得到提升和再生，同时保留其原有的味道，让园林艺术真正进入寻常百姓家，探索老城的景观复兴之路。希望通过各界的力量，让人们认识到老城区景观特有的价值和应有的面貌。

5.1　第一阶段：老城区微花园的记录和观察

2014年起，我们开始关注到老城区的街道和公共空间，发现老城区多元化的丰富生活空间。进而关注到了胡同里的空间，发现了胡同里居民自发种植的绿色景观。2015年开始，我们开始对这些胡同里的绿色自发景观进行记录和观察，用画笔、绘图、测绘、影像、摄影等多种方式记录这些生命力旺盛的"微花园"，在此基础上对这些微花园进行分析解读，分析其材料和空间构成，分析其背后生成的原因，分析其特点和类型。直到今天，我们一直在坚持记录着这些微花园（图9、10）

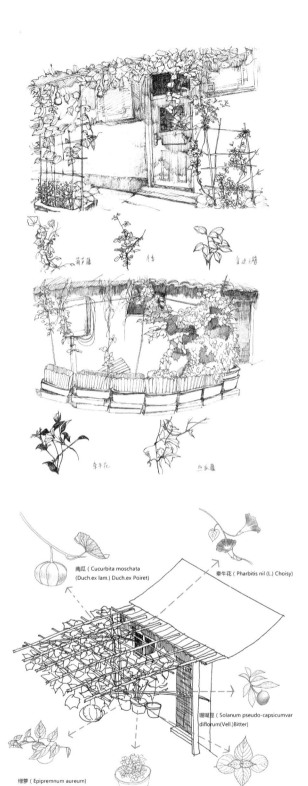

图9、10　我们记录观察和 mapping 的微花园，李师成、孙昆仑绘制

5.2 第二阶段：互动展览和社区营造

在发现和记录以及分析解读这些微花园的同时，我们也探访了很多微花园背后的居民。这些居民都具有共同的特点，就是热爱种植，热爱生活。但是一谈到他们自己的花园，他们往往非常不好意思地称之为花园，因为普遍采用旧物种植的方式，他们觉得非常随意。但在我们看来，这是一种近乎艺术装置的做法，而且非常环保。艺术实际上是一种生活方式，来源于生活的艺术才是真正的艺术。艺术美学与原生态生活相结合，将生活美学渗透到居民的日常生活中，这是我们希望带给居民的理念。自2014年至今，我们在每年的设计周和其他时间联合北京市城市规划设计研究院和朝阳门街道办事处一起持续举办了一系列与微花园主题相关的展览，提升居民对于微花园的认识和兴趣，在展览中融入参与性调研和互动，举办了"旧物改造盆栽"活动（图11、12），与居民一起一对一地进行旧物改造盆栽，进行艺术再造提升。通过社区营造提升居民的美学意识和对绿色景观的热爱。通过这些持续的社区培育孵化和社区营造活动，居民和设计师一起相互了解，共同促进了微花园的改造需求。

图11、12　旧物改造盆栽社区营造活动场景

5.3 第三阶段：公众参与式设计工作坊

在进行持续展览和社区营造活动的基础上，居民对微花园有了新的认识，同时也开始理解旧物改造种植的价值所在，以及开始爱护自己的微花园。由互动展览和社区营造活动引发了居民进行微花园提升的兴趣。从2017年开始，联合团队开始对史家胡同及周边的几处微花园进行了公众参与式的设计工作坊。通过自愿报名的方式，居民提出了对微花园进行改造提升的意愿。与居民共同讨论改造提升的可能性，并进行不断修正和改进，与居民一起探讨微花园的改造设计方案。在设计工作坊的过程中，设计团队为居民提供了艺术审美和景观设计等方面的美学和空间营造指导，从空间造型、植物配置、雨水利用和节约能源等方面与居民一起探讨出了专业方案，能够帮助居民低造价地、简单而实用地对微花园进行有效提升。（图13）所有的微花园改造提升方案都本着原汁原味、低造价、旧物利用的"减法"原则，鼓励居民采用之前的旧物利用的生活习惯，运用自己留下来的旧物改造盆栽，将堆积在各个空间中的旧砖瓦、旧盆罐等变废为宝，重新利用在微花园的营造中，在美化环境的同时，置换出很多被侵占的空间。

5.4 第四阶段：微花园的参与式共建

在整个过程中，设计师和居民参与式共同探讨、共同设计，得出设计方案。同时，还一同深度参与到花园的改造工作中。每一个花园都凝结着居民、设计师的汗水和智慧，花园改造完成后，居民也格外珍惜。通过充分的公众参与，我们希望能够催生居民自发长期维护微花园环境的积极性，能够长久地进行下去，而不仅仅是一次性改造。这样的微花园会有很强的示范性，也同时宣扬出一种环保理念，能够推广到家家户户，但一定不是简单的复制推广，而是尊重多元化的推广。例如，在史家胡同15号院的微花园改造提升中，居民家中原来堆积的旧马桶、老砖老瓦、用过的腌制咸菜的罐子、旧鸟笼、废弃的玻璃等元素都被运用到花园设计中，这些经过岁月洗礼、蕴含着丰富故事的旧物不但使老城百姓的生活被原汁原味地保留下来，而且艺术性和审美得到极大提升，同时彰显了花园的老时光味道。（图14、15）

6　微花园共治模式和维护机制的探索研究

微花园虽小，但是其数量达到一定程度之后，其整体起到的作用不但不微，而且能够起到意想不到的作用，形成"规模效应"。如果能够在老城区进行整体推广，将能够起到较强的整体绿效的作用。微花园的保护和提升，不但涉及设计和艺术，还涉及社会、民生以及公共治理、维护制度和推广机制建设等一系列问题[7]。

图 13 改造后的微花园，刘欣、苏春婷绘制

图 14、15 微花园对于旧物的再利用和生活艺术的提升

6.1 微花园创新机制的建立

建立前期策划分析、参与设计、方案互动、实施监督、建设与实施各阶段联动的保障机制，居民对全过程进行充分了解、签署各阶段同意书，设置微花园实施效果的评比环节，从而激发居民的兴趣和自主性，以及促进老城区绿色景观的长效提升。在这个过程中，以街道和社区为单位的基层政府推动了项目的发展并提供了启动资金，对实践推动起到了监管与支持作用。

6.2 微花园公共治理和共同营造制度的建立

由于微花园的营建过程涉及的主体众多，需要多方密切配合，探讨微花园的公共治理和共同营造的制度如何建立。在这个过程中，应特别重视"沟通"，需要了解设计实施过程中居民的主动性、知情权和满意度。在项目的前期、设计过程和实施过程中与结束后，以访谈方式不断收集居民各个阶段的诉求和建议，持续传递"社区是我家，治理靠大家"的理念[8]。

6.3 微花园共治模式和维护机制的建立

在项目培育过程中，主动挖掘社区能人并建立"花友会"等社群组织，探索微花园的认领和认养制度，由社区组织牵头建立微花园绿色景观的维护机制，进行辅助监督和推进，逐步确立微花园的共治模式和维护机制。

"微花园"提升的最终目的不只是通过一个花园的设计让这个地方变美，而是为人们带来一种美化生活的精神与动力，使人们产生一种对美好生活的向往，从而提升生活品质，美化与涤荡心灵。有了这些花园，能让居民提升自己对生活环境的爱，产生动手美化花园的积极性，从而群策群力，共同提升我们生活环境的质量，营造一种积极乐观向上的社会氛围。事实上，城市中有很多微空间，处处都可以成为微花园。在当前存量时代的城市更新进程中，如何通过社会治理和空间营造，鼓励和激发社会与社区主体的主观能动性，是基于社区营造的规划实践的重要内容[9]。北京老城区的微花园研究实践即致力于探索一种源于生活、顺应民意、回归美学的微花园绿色景观微更新途径。

参考文献

[1] 中国共产党北京市委员会 . 北京城市总体规划（2016 年—2035 年）[M] . 北京：中国建筑工业出版社，2019：20-30.

[2] 冯斐菲 . 北京历史街区微更新实践探讨 [J] . 城市遗产保护，2016（5）：26-30.

[3] 汪原 . 日常公共空间：公共空间的终结与重生 [J] . 新建筑，2014（6）：32-35.

[4] 山崎亮 . 社区设计 [M] . 胡珊，译 . 北京：北京科学技术出版社，2019：8-10.

[5] 单瑞琦 . 社区微更新视角下的公共空间挖潜：以德国柏林社区菜园的实施为例 [J] . 上海城市规划，2017（5）：77-82.

[6] 特兰西克 . 寻找失落空间：城市设计的理论 [M] . 朱子瑜，张播，陆琴，等，译 . 北京：中国建筑工业出版社，2008：5-23.

[7] 徐磊青，宋海娜，黄舒晴，等 . 创新社会治理背景下的社区微更新实践与思考 [J] . 城乡规划，2017（4）：43-51.

[8] 卓健，孙源铎 . 社区共治视角下公共空间更新的现实困境与路径 [J] . 规划师，2019，35（3）：5-10+50.

[9] 侯晓蕾，郭巍 . 社区微更新：北京老城公共空间的设计介入途径探讨 [J] . 风景园林，2018，25（4）：41-47.

Research on Landscape Renewal of Micro-Garden in Beijing Old City

Hou Xiao-lei

Abstract: As urban construction has entered the stage from increment to stock, gradual micro-renewal has become the main mode of urban renewal and transformation. Local renewal based on public participation, with micro-community space and public space facilities as the object of renovation, has become the trend of urban renewal. Urban micro-renewal focuses on spatial reconstruction and community activation, public participation and social governance. The research and practice of micro-gardens in old urban areas of Beijing is an effective way of green micro-renewal. Firstly, this paper discusses the research background of micro-gardens based on the sense of overall protection, and discusses the significance of micro-gardens for the improvement of the overall environment of the old urban area of Beijing, combining with the existing problems in the construction of green landscape in the old urban area. Then, the concept, characteristics and generation types of micro-gardens are interpreted. Through exhibition community building, living aesthetics and landscape art are introduced into the ordinary people's life. Next, four stages of the team's public participation design of practical micro-gardens in the old urban areas of Beijing are introduced. Finally, it makes some reflections on the co-governance model and maintenance mechanism of micro-gardens, and probes into the sustainable ways of micro-gardens.

Key words: Micro-Garden; Green micro-renewal; Community building; Living aesthetics; Public participation; Co-Governance model

作者简介

侯晓蕾 / 女 /1981 年生 / 山东德州人 / 博士 / 副教授 / 任教于中央美术学院建筑学院 / 研究方向为城市公共空间设计、社区营造和乡土景观（北京 100102）

注：本文原已在《北京规划建设》发表，有修改。

野牛草分株形成方式和规律

牛建忠　周　禾

摘　要：研究野牛草分蘖植株的形成规律，结果表明：研究物质转导的材料不能直接使用野牛草草塞，应使用越年生、单一分蘖节植株；野牛草是进行母株、子株、孙株间和生殖与营养分株间物质转导研究的理想材料。

关键词：野牛草；克隆植物；分株生长；生活周期

植物科学的各项研究，都离不开对植物发育过程的了解。在植物发育的研究过程中，缺乏围绕生活周期完成这一植物发育的核心过程，对不同类群植物的多细胞形态建成过程作出认真的比较研究。对植物多细胞形态建成过程的研究着眼点多是对人类重要的性状，如种子萌发、开花等，而那些对植物发育本身而言是基本的关键性状则缺乏明确的认识。在植物发育现象的研究中，从一开始人们就将注意的焦点放在环境因子对植物形态建成事件的影响上。对植物发育而言，所谓"个体发育"，即由受精卵分裂开始的结构与功能从简单到复杂的变化过程的主体却至今不明确。对于一年生种子植物而言，可以说一株植物的结构与功能从简单到复杂的变化过程就是植物发育研究的基本对象。对于多年生植物而言，"一株"植物在种子萌发后将不断地生长，其时间可持续几百年甚至几千年，如果以"一株"植物的形成过程为发育研究的基本对象，则以人类目前几十年的寿限是无法对这样的对象加以研究的。尽管一株松树或其他裸子植物，包括被子植物，可以长得很高大，持续生长几百上千年，它实际上是通过分枝的方式在重复生活周期过程中所出现的有限的器官类型，并重复其生活周期中相应的阶段。从生活周期完成的角度看，裸子植物、被子植物都是由"分枝"所造成的许多等价的生活周期特定阶段的单元所构成的聚合休。分枝起到了自我扩张的作用，分枝在植物中有两种方式，一种是分枝具有与母体分离而独立生存的潜力，这种植物称为克隆植物；另一种分

枝在身体上和生理上始终与母体整合在一起，这种植物称作非克隆植物。无论是克隆植物还是非克隆植物，分枝重复着生活周期的有限器官和特定阶段。只有通过对分枝机制的深入了解，才能够将生活周期完成与植物体形态建成之间有机地协调起来，为植物发育主体的确立提供更为广泛的基础[1]。繁殖是进化过程的核心，也是研究任何生物进化问题的关键，植物繁殖分种子繁殖和营养繁殖，营养繁殖就是分枝。植物发育的关键性状——分株的形成机制的研究对植物发育生物学、植物生活史进化、植物种群生态学的发展和融合非常重要。野牛草 [*Buchloe dactyloides*（Nutt.）Engelm] 是匍匐茎型克隆植物，其分株的形成方式和规律是研究其种群生态学的基础[1-6]，为此研究年龄结构、分株的连接形式、芽与根的产生时间与位置、开花分株等内容，对进一步研究其物质转导准备材料至关重要[7]。

1　材料与方法

1.1　供试物种

野牛草是北美洲特有种，自然群落主要分布在美国、加拿大、墨西哥中部干旱地带。我国于 20 世纪 40 年代引入野牛草作为水土保持植物，先后引种甘肃、北京、天津、大连、成都、宁夏、乌鲁木齐等地。在 20 世纪 50～80 年代，野牛草成为北京乃至"三北"地区的主要草坪草，它是耐寒能越冬、抗旱终年不需浇水的多年生

城市绿化草种。野牛草是禾本科虎尾草亚科野牛草属植物，多年生，具有匍匐茎的矮草，雌雄异株或雌雄同株。野牛草的分株有两种形成方式，有性繁殖和营养繁殖，有性繁殖的幼苗称为实生苗分株，营养繁殖的幼苗称为分蘖苗分株。以京引野牛草 [Buchloë dactyloides（Nutt.）Engelm. cv. Jingyin] 作为试验材料，其为纯雌株[8]；只有种子苗使用的是美国进口的野牛草 Bison 品种 [Buchloë dactyloides（Nutt.）Engelm. cv. Bison]。

1.2　实验设计

以盆播种子苗、盆栽分蘖节苗、田间植株、水培匍匐茎 4 种设计方式研究野牛草分株形成规律。

1.2.1　种子盆播法

种植野牛草种子观测芽、枝条发育情况。试验当年 3 月 12 日于温室内播下野牛草 Bison 品种 50 盆，单粒种子 25 粒于 25 盆、球状花序 25 粒于 25 盆。直到 4 月 6 日才陆续发芽，并移到室外培育。采用固定小苗法。从 4 月 10 日开始观察单粒 3 盆、球状花序 3 盆的分蘖情况，直到 10 月 11 日结束。

1.2.2　分蘖节盆栽法

采用盆栽法和小苗固定记录顺序法研究分枝比例。在野牛草未发芽（试验当年 3 月 11 日）时挖取同一基因型（纯雌株）地块（2m²）上的植株，用水泡洗，不伤及枝、芽、根，挑选大小基本一致的分蘖节，并将分蘖节分二组，分别为分蘖节长 1.0～1.2cm、1.5～2.0cm，基质是草炭土＋花圃土 1∶1，将每一个分蘖节栽入一个花盆（直径 10cm），长 1.0～1.2cm 和 1.5～2.0cm 的各 6 盆，放置背风向阳处培育生长。

1.2.3　田间挖掘观察法

采用挖掘植株和田间观察法研究年龄结构。从试验前一年 9 月开始观察，用绘图法并文字描述把它记录下来，确定植物新枝、新芽出现的顺序；尤其是试验当年 1 月开始不间断挖出田间植株直到 5 月下旬，对它进行详细的分析，观察每株植物枝条发育的过程。

1.2.4　匍匐茎水培法

观察匍匐茎分株情况。试验当年 4 月 15 日选取 3 条匍匐茎，将其根端部泡在水中，分别于 5 月 21 日、5 月 29 日、6 月 19 日、7 月 5 日观察其节数、蘖数、叶数、着生位置等。

1.3　取样测量

采取枝条的序统计量法、标记法、枝条套环法、照相法、分析枝条形成并绘制图示的方法来测量芽、分枝发育情况[9]。

年龄结构是指在春季植物返青时观察冬性枯枝、冬性活枝、冬性芽、春性芽的种类和数量。

分枝方式是指单轴分枝和合轴分枝二种。母株产生茎，当茎与潮湿的土壤接触时，在茎的节形成许多的不定根并形成分株，但顶芽继续向前扩展，为单轴分枝型；母株产生茎，当茎的顶芽向上形成节间极度缩短的直立茎，当与潮湿的土壤接触时，直立茎的基部形成许多的不定根，从而形成分株，此过程不断重复，形成合轴分枝型的茎系统。

测定蘖数（大蘖、中蘖、小蘖）、生殖枝数、营养枝数，匍匐茎分株排列形式、节数、节间数、新根位置。

2　结果与分析

2.1　野牛草分株形成方式

如图 1～图 6 所示。

2.1.1　野牛草芽的种类

产生芽的位置有两种：一种是分蘖节芽，它有两个生长方向，向上生长形成新一代分蘖株，横向生长形成匍匐茎；另一种是匍匐茎芽，也有两个生长方向，向上生长为分蘖株，横向生长为匍匐茎。

分蘖节产生芽的时间也有两种：一种是冬性芽，另一种是春性芽，就分蘖而言有冬性枯枝、冬性活枝、冬性芽、春性芽四种。

2.1.2　野牛草分枝方式

分蘖节是重要的繁殖场所，呈合轴分枝型，属密集型生长型；匍匐茎同样是重要的繁殖器官，属单轴分枝型、游击型生长型[10]。

2.1.3　野牛草分枝种类

分枝有营养枝和生殖枝两种。返青分蘖节顶端的枝是绿色活枝、中部是较长的枯枝、尾部是残留着枯枝短茬。

2.1.4　野牛草分蘖节根的种类

返青分蘖节根有越年根和新根两种。越年根可分为活根和固着根，活根粗长黑、位于分蘖节顶部，固着根干瘦、位于后部；返青分蘖节新根产生位于分蘖节顶端，新根白嫩。

2.1.5　野牛草新根产生位置及时间

返青分蘖节新根产生位于分蘖节顶端。

2.1.6　野牛草叶、蘖、根产生的时间顺序

野牛草构件产生的顺序是叶、蘖、根。

2.1.7　野牛草分蘖节的特征

春季挖掘的一块 5cm×5cm 的野牛草草塞就由数十个分蘖节组成，大的分蘖节是由棕色干瘦的分蘖茎相连，草塞经水泡清洗后就自然分成大小基本一致的、由单一分蘖节形成的植株，分蘖节长度多为 1.0～2.0cm。由此得到一个重要观察结果：一个外观密集的野牛草草塞，是由多个单一分蘖节形成的植株所组成，而每个单一分蘖节的植株之间不相连、不会有营养物质的交流。这一

图 1　分蘖节芽

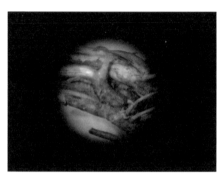

图 2　解剖镜下的分蘖节芽

图 3　解剖镜下的分蘖节新芽

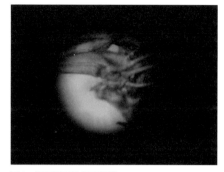

图 4　小分蘖节

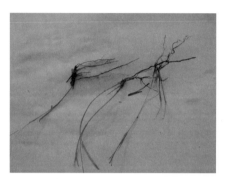

图 5　草塞水泡后的分蘖节

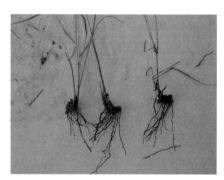

图 6　大分蘖节

结果提示我们，在进行野牛草植株间物质转导研究时，对材料的选取十分重要。如果不能十分清晰地知晓母株与子株的关系，其结果将毫无意义。研究物质转导材料要由草塞变成分蘖节，否则母株间、母子间物质转导出现误差[7]。

2.2　野牛草分株发育规律

2.2.1　野牛草种子苗的分蘖变化规律

观察发现：每个蘖保持 3 ~ 4 片鲜叶，这符合叶组织转化理论[11]。当母蘖产生 4 ~ 5 叶 1 芯时其产生了蘖。当母蘖产生 7 片叶 1 芯时就产生孙蘖。种苗当年无花蕾，但能形成匍匐茎。

2.2.2　野牛草分蘖节苗的分蘖变化规律

采用小苗固定记录顺序法进行观测发现，分蘖节苗有第一次开花、匍匐茎产生、第二次开花、产生种子。图 7 示意母株、子株和孙株。

2.2.3　野牛草田间苗的分蘖变化规律

4 月 3 日，挖掘的草塞水泡后分蘖节就自然分开，有 0.5 ~ 2.5cm 不等，稍加外力就形成大小基本一致的由单一分蘖节形成的植株。4 月 16 日，挖掘草塞水洗后的分蘖节较 4 月 3 日肥大，连接紧密，有 2 ~ 3 个绿叶，有新芽、白色，但无新根。4 月 25 日处于孕穗 - 初花期的野牛草分蘖节，在 4 叶期的营养蘖或孕穗蘖会产生新根，即冬性苗、冬性芽产生新根，此时还未见到春性芽；处于 3

叶营养期的分蘖节，未产生雌花、未见新根。在野牛草初花期出现了母株雌蘖、母株营养蘖、匍匐茎上的子株，但子株的蘖较小，1.8cm 高、2～3 片叶，孙株还未产生。可以预测到，研究野牛草不同构件的物质转导机制是有可能的，但最佳试验应在开花盛期进行，这样就可以进行母株营养蘖、母株生殖蘖、子株、孙株构件间的物质转导研究。4月30日，处于孕穗期的野牛草，产生了新根，也出现新芽，属春性芽。5月6日，返青早的野牛草处于开花—结籽期，此时将 5cm×5cm 的野牛草草塞泡水后，可分成 12 个分蘖，2 个大蘖（含有雌蘖、营养蘖）、5 个中蘖（雌蘖、营养蘖兼有）、5 个小蘖（有的仅有雌蘖）。所以研究物质转导的材料要用中蘖、大蘖（3～8 枝）。野牛草在春季是持续开花的。

2.2.4 野牛草水培苗的分蘖变化规律

匍匐茎节间长度从根部到匍匐茎尖逐渐缩短、节间长度范围 4～9cm，但同一条匍匐茎的节间长不会随时间增长或缩短；同一条匍匐茎粗基本一致、匍匐茎粗度的范围为 0.7～1.0mm，但同一条匍匐茎的粗度不会随时间增粗或变细。

匍匐茎尖存在时，通常每节 2 蘖、1～3 蘖也多见，有的第 1 节着生 5 个蘖（3 个营养蘖、2 个雌蘖）（图7）。若匍匐茎尖断了，靠尖的节上蘖数增多、每节 3～5 个蘖，次靠尖的节上蘖数也增多、每节 3～4 个蘖。

叶在匍匐茎上始终是互生的，节上通常 2 叶对生，节间着生 1 叶或 2 叶；匍匐茎尖的节着生 4 片叶和 1 个茎尖，3 片叶和 1 个茎尖或 2 片叶和 1 个茎尖。

匍匐茎上的叶片与分蘖是有相关性的，如图7所示。叶鞘内着生分蘖，分蘖随叶片的产生而顺序产生，因而同一节上就有大小分蘖之分，当节间着生 1 片叶、大的分蘖就是互生，当节间着生 2 片叶、大的分蘖就是同侧着生（图8）。

匍匐茎水培时不着地，不产生根，但在节上有根痕凸起。

3　结语

（1）所有分蘖都集中分布在分蘖节顶端的 0.5cm 部分，春季草塞中的分蘖节不相连。研究物质转导材料用单一分蘖节植株，不得直接采用草塞，否则母株间、母子株间物质转导发生不流转现象。

（2）分蘖节上的分蘖只能保持 3～4 片鲜叶；母蘖发育到 4～5 片叶，1 芯时产生其子蘖，母蘖发育到 7 片叶，1 芯时产生孙蘖。

（3）处在 3 叶营养期的分蘖节，未产生雌花、未见新根；处在 4 叶期的营养蘖或孕穗蘖产生新根，即冬性苗、冬性芽发生新根。

（4）处于孕穗期的野牛草，分蘖节出现新根，也出现新芽，属春性芽。

（5）野牛草初花期出现了母株雌蘖、母株营养蘖、匍匐茎子株，但子株较小，1.8cm 长、2～3 片叶，孙株未产生。可以预测到，研究野牛草不同构件的物质转导机制是可能的。

（6）叶片在匍匐茎上始终是互生的，节上通常 2 片叶对生，节间 1 片叶或 2 片叶附着；匍匐茎尖的节是由 4 片叶 +1 个茎尖，3 片叶 +1 个茎尖或 2 片叶 +1 个茎尖构成；匍匐茎上的叶片与分蘖是相关的，叶鞘内产生分蘖，分蘖随叶的产生而顺序产生，同一节上就有大小分蘖之分，当节间着生 1 片叶、大分蘖就互生，当节间着生 2 片叶、大分蘖就同侧着生。

（7）研究物质转导材料要用分蘖节长 1.5～2.0cm、5～7 枝条的大分蘖节。研究生殖蘖之间、营养蘖之间、生殖与营养蘖之间、母株与子株和孙株间物质转导要用越年苗。

（8）研究一种植物生态适应性或是气候适宜性，都需了解这种植物的生活周期，至少观测一年的生长发育情况，使得试验设计更加精准有效。

细线表示叶，粗线表示分蘖、长粗线表示大蘖、短粗线表示小蘖，箭头表示匍匐茎尖

图8　野牛草匍匐茎上叶片和分蘖等构件的关系

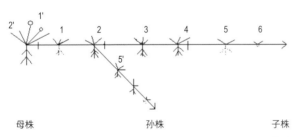

| 匍匐茎间　→匍匐茎伸展方向　…未扎入土的根 1～6 子株 1′母株雌蘖 2′母株营养蘖 5′孙株分蘖

图7　分株布局示意图

参考文献

[1] 白书农 . 植物发育生物学 [M] . 北京：北京大学出版社，2003.

[2] 黎云祥，刘玉成，钟章成 . 植物种群生态学中的构件理论 [J] . 生态学，1995，14（6）：35-41.

[3] 杨允菲，郑慧英 . 不同生态条件下羊草无性系种群分蘖植株年龄结构的比较研究 [J] . 生态学报，1998，18（3）：125-130.

[4] 张大勇 . 植物生活史进化与繁殖生态学 [M] . 北京：科学出版社，2004.

[5] 祝廷成 . 羊草生物生态学 [M] . 长春：吉林科学技术出版社，2004.

[6] Alpert P & Stuefer J F. Division of labour in clonal plants[A]. In: de Kroon, H & van Groenendael, J. The ecology and evolution of clonal plants[C]. Leiden: Backbuys Publishers, 1997, 137-154.

[7] 牛建忠，周禾，王显国，等 . 去蘖和切断及遮荫对野牛草克隆分株碳同化的影响 [J] . 中国草地学报，2008，30（6）：37-41.

[8] 牛建忠，周禾，王晓荣，等 . 草坪草新品种京引野牛草的选育 [J] . 四川草原，2004（增刊）：240-241.

[9] 云锦凤，李畅游 . 草地资源研究——章祖同文集 [M] . 呼和浩特：内蒙古大学出版社，2004.

[10] 陈劲松，董鸣，于丹，等 . 资源交互斑块性生境中两种不同分枝型匍匐茎植物的克隆内分工 [J] . 生态学报，2004，24（5）：920-924.

[11] （新西兰）J. 霍德逊 . 放牧管理——科学研究在实践中的应用 [M]，弓耀明，夏景新，李向林，译 . 北京：科学出版社，1993.

Study on the Clonal Growth of Buffalo Grass

Niu Jian-zhong, Zhou He

Abstract: The study was conducted to thoroughly research on clonal growth course of buffalograss. The results included that the material for resources translocation among parent, daughter, granddaughter, reproduction, vegetation plants should be single tillering node produced last year and not plug of buffalograss.

Key words: Buffalo grass [*Buchloë dactyloides*] clonal; Plant; Clonal growth; Life cycle

作者简介

牛建忠 /1963 年生 / 男 / 内蒙古乌兰察布市 / 教授级高工 / 现就职于中国园林博物馆北京筹备办公室 / 研究方向为园林绿化（北京　100072）

周禾 /1955 年生 / 男 / 内蒙古锡林郭勒盟人 / 教授 / 中国农业大学 / 博士 / 草业科学 / 通讯作者（北京　100083）

内蒙古中西部综合公园历史变迁和景观分析

冯玉兰

摘　要：综合公园作为城市大型绿色空间，是满足居民户外休闲娱乐活动功能的重要场地，也是城市绿地系统的重要组成部分。呼和浩特、包头、鄂尔多斯、乌兰察布城市群是内蒙古自治区中西部重要的核心区。通过分析该区域综合公园发展历史和现状，并从修建年代、位置、设计理念、功能等方面进行景观分析，初步梳理了该区域园林发展体系。本研究为开展内蒙古自治区园林发展体系研究工作提供了参考，为深入挖掘蒙元文化和草原文化生态理念进行了初步探索。

关键词：综合公园；历史发展；景观分析；文化；生态

呼和浩特、包头、鄂尔多斯、乌兰察布城市群位于内蒙古自治区中西部核心区，是内蒙古最重要的经济圈和城市带，该区域历史文化悠久，人口以蒙古族为主体，汉族占多数，多个少数民族聚居，以蒙元文化、草原文化著称，并在人口迁移过程中形成了特有的走西口文化。

综合公园是指内容丰富，适合开展各类户外活动，具有完善的游憩和配套管理服务设施的绿地，规模宜大于 10hm²。[1] 综合公园适合于各种年龄和职业的城市居民进行半日以上游赏活动，对城市居民生活[2]、城市生态系统[3]、城市植物多样性[4] 都具有重要意义。本文选取呼和浩特、包头、乌兰察布市的丰镇和集宁、鄂尔多斯的代表性综合公园进行历史和现状调研分析，以期为该区域及相关城市综合公园发展提供参考。

1　历史发展脉络

通过调研发现，该区域公园发展较早，据《归绥县志》记载，现呼和浩特市青城公园（图1）建于 1931 年，始称龙泉公园。当时的社会舆论一致认为：归化、绥远两城的官员、市民，公务生活闲暇之余，缺少游娱调和身心之场所，政府应当引起重视。于是，时任绥远省政府主席的李培基遂召集属员议定，建设一公共园林，以应两城官民闲暇临观之需[5]。当时绥远省政府建设厅厅长冯曦刻石立碑，碑文如下：“风景园林，乃物植建设之一。

不仅润色城市，且可争人健康……惟兹绥远，地处边荒，风沙满目，欲藉天然景物，建筑幽雅园林，不亦夏呼其难；而卧龙冈之风景，则独有可取。殆所谓十步之内，必有芳草，不信然欤！冈在归绥市东，集土而成，高阔数丈，下涌流泉，细水淙淙，清洁可爱。即此基础，辟建森林公园……”从中可以看出，当时民众与官员已经意识到公园的重要作用，并积极有效地推动园林建设发展，而且从选址和营建上因地制宜，章法有度，合理营建。

图1　呼和浩特青城公园

1949 年后，在全国各地积极恢复城市公园绿地浪潮中，该区域先后修建了包头人民公园（图 2）、包头劳动公园、集宁老虎山生态公园（图 3）、集宁人民公园（图 4）、呼和浩特满都海公园、包头赛汗塔拉草原（图 5）和丰镇鱼儿湾公园等。值得注意的是，在二十世纪五十至七十年代，包头和集宁对城市中心的草原和山，均采取了适当的保护措施，并结合场地和历史文化规划设计，凸显城市特色，成为城市的标志性景点。据李敏在《中国现代公园——发展与评价》一书中提到 [6]："据1982 年年底的资料统计，全国城市有 1/10 的公园是用'人民公园'命名的。"代表这些公园的性质是为广大人民群众服务的，呼和浩特原"龙泉公园"，也更名为"人民公园"。包头人民公园和集宁人民公园也在 1953 年和1972 年先后修建。

此阶段修建的人民公园一般选在城市中心位置，根据游客需求和公共园林尺度进行设计建设。目前，这些园林绿树成荫，游客数量众多，并在后期不断改造升级以满足新的需求。

21 世纪以来，随着社会和城市化发展，对公园建设重视提高，资金充足，结合城市规划先后修建了一些规模较大的综合公园，如呼和浩特成吉思汗公园（图 6）、集宁乌兰察布公园（图 7）、包头奥林匹克公园、呼和浩特草原丝绸之路文化公园（图 8），这些公园进一步完善了城市绿化空间布局。其中，前三者均结合新城区规划建设，场地部分采用废弃用地、垃圾场等环境治理项目用地进行改造建设；呼和浩特草原丝绸之路文化公园则是在城市东二环高压线埋入地下管廊系统产生的项目用地。这些新建公园多数采用现代的造园手法，尺度大，多与城市历史文化相结合，同时注重生态效益，将新的生态理念运用于这些园林项目中。但是，部分公园也存

图 2　包头人民公园

图 3　集宁老虎山生态公园

图 4　集宁人民公园

图 5　包头赛汗塔拉草原

图6　呼和浩特成吉思汗公园

图7　集宁乌兰察布公园

图8　呼和浩特草原丝绸之路文化公园

在广场空间尺度过大，生态设计和施工不到位等现象。

2　综合公园景观分析

2.1　公园选址

综合公园（表1）选址基本可分为三个阶段，最初选择风景绝佳，适宜建设园林之地。第二阶段，城市自然资源条件仍然较优越，因此，各城市依据自然条件，以保护城市重要植被为出发点，打造以公园为特色的城市名片。同时，根据居民需求不断修建规模不一、交通便捷、方便市民游览的综合公园。现阶段，多数综合公园结合新城区规划建设，针对不适宜植物生长环境的城市废弃场地、宗地进行生态治理的场地景改造。

2.2　设计理念

该区域公园建设注重挖掘区域特色文化，如成吉思汗广场、成吉思汗公园、草原丝绸之路文化公园、满都海公园、赛罕塔拉草原等都很好地结合蒙元文化和草原文化进行规划设计。同时，设计理念也不断更新，从最初的中国古典北方园林设计理念，逐步向主题多样化、设计现代化、生态优先化方向发展。近年来，很多大型综合公园深入挖掘城市历史与民族文化，采用现代风格设计手法，打造融入蒙元、草原、走西口文化特色的公园，并将生态理念融入其中，在雨水利用、土壤改良、丰富生物多样性等方面取得成效。

但是，目前多数设计仍主要通过建筑、雕塑、小品、文字等方式去体现蒙元文化和草原文化[7]，而且受风景园林设计风潮影响，很多大型项目也是由国内外知名景观设计公司参与设计，这些设计力争去挖掘当地文化，为文化的传承做贡献，但是，切实探索草原文化孕育的生态理念，深度挖掘蒙元文化特色是根本，本土设计和多样化设计语言表达是可以尝试和探索的重要方向。同时，从居民构成角度考虑，该地区蒙古族为主体，汉族占多数，多少数民族聚居，因此，在今后园林设计中，凸显蒙元文化的同时，可适当融入汉族及其他少数民族特有的历史和城市生活记忆。

2.3　功能分区

公园设计以其在城市中的功能为出发点，从发展趋势上看，功能分区越来越多样化，从基础的城市绿化、观赏、游览，到生态恢复、历史教学、科普教育、体育健身、应急避险等，综合公园的功能越来越丰富，与周边地块联系也越来越紧密。分布在城市各区的综合公园

表 1　综合公园景观分析

综合公园名称	始建年份	规模(hm²)	位置	设计理念
呼和浩特青城公园	1931 年	46.5	市中心	以北方传统造园手法为基础，自然式和规划式相结合，纵横轴线成为全园的构图基础，在此基础上组成了以直线为骨架，以曲线为脉络的道路系统，灵活分布各个园林空间
包头人民公园	1953 年	11.29	城区	北方传统造园手法，以人为本，满足居民日常休闲、游览等功能，各园林空间自然分布于环形河周边
包头劳动公园	1958 年	53.8	市中心	维护生态可持续利用的前提下，以多类型的园林空间为游人提供了更方便更多样的活动场所，同时更加注重公益性和服务性
集宁老虎山生态公园	1967 年	43.67	市中心	总体规划凸显老虎山生态公园的功能定位。北方园林风格，以人民英雄纪念碑为中轴线，两边均匀对称分布景点。结合历史和遗址，突出红色文化
集宁人民公园	1972 年	8	旧区中心	根据游客需求设计多样广场供人们使用，采用中轴两侧布置活动场地，外环一园路，结合场地设计活动空间
呼和浩特满都海公园	1973 年	18.14	市区	采用传统造园手法，形成"一池三山"格局，利用水面和山体分隔景观，创造丰富的景观格局
丰镇鱼儿湾公园	1987 年	18	市南郊	传统园林造园手法，结合湖面创造丰富多样的园林空间，供人们休闲娱乐。结合发电厂特色，亭子采用铁质
包头赛罕塔拉草原	1994 年	770	市中心	利用原有的自然景观，以唯一国家"城中草原"为指导思想，经人工适当的发展和转变，树立民族风格和草原风格的特色景观
丰镇人民公园	2005 年	95.67	新城区	传统造园手法。利用原有黑河，挖土成湖。通过仿照丰镇原有著名景点设计建造园林
呼和浩特成吉思汗公园	2008 年	56	新城区	北方山水园林，因地制宜，以成吉思汗历史故事和蒙元文化为特色建园
集宁乌兰察布公园	2012 年	102	新区	公园以一条中轴线贯穿南北，西有丁香大道，东有人工湖蜿蜒迂回，构成了一轴两线的总体布局
包头奥林匹克公园	2014 年	244.7	新区	南湖北山、一瀑横贯、两带串联、十区联动。以群众文体活动、市民休闲健身为主题的大型综合性体育公园
呼和浩特草原丝绸之路文化公园	2016 年	150	东临东二环	以草原丝绸之路文化发展为脉络，结合实际立地条件，巧妙运用园林造景手法，再现草原丝绸之路发展过程，呈现呼和浩特历代盛景

逐步成为城市的新名片，方便市民日常游览休闲，活化城市肌理，为区域发展注入新动力。由于公园的可达性不同，各个公园功能使用差异较大，老旧公园存在一定游客量过大，相对拥挤、游客舒适度降低等问题[8]，而一些目前位置较为偏远或周边居住区还在发展的公园则出现人流稀少，广场过大，活动较少，使用率不高等现象。

2.4　施工维护

在施工维护方面，各个公园水平高低不一，有待进一步完善。老旧公园后期不断改造以满足新的需求，例如为满足广大居民公园内运动的需求，很多公园经过改造建设合适场地，满足人们需求；增加健身等配套设施满足居民需求[9]。公园经过多年经营，已绿树成荫，生态效益良好[10]。但是，仍存在一些维护问题，部分公园土壤裸露严重；有的公园植物飞毛现象严重，有的南方引种植物，存在越冬难问题，有的乔灌木树种被高密度种植，修剪成绿篱。新建公园注重生态设计，但也存在着生态措施落实不到位现象。例如，由于设计和施工质量问题导致雨水在道路和广场汇集现象频现，并不能很好地利用雨水，实现预期生态效益；在溪流景观区铺设

防水布，保证了景观效果，却阻止雨水下渗；部分新建公园内广场尺度过大，绿地率低，出现暴晒、生态效益差等问题；在植物配置方面，部分公园植物种植密度过大，不利于植物生长，并与节约型园林相悖。

3　结语

内蒙古中西部地区综合公园建设较早，并伴随城市建设持续发展，发挥着越来越多样的功能，满足居民对综合公园的各方面需求。公园设计关注地域文化和生态效益，特别是蒙元文化、草原文化在公园中得到良好展示和科普。但是，在以人为本的空间尺度设计[11]、地域文化深度挖掘[12]、生态措施落实到位、后期维护等方面可以进一步提高。

本文初步梳理了该区域园林发展体系，研究认为内蒙古园林具有特有的研究价值，深度挖掘蒙元文化和草原文化特有生态理念是当前该区域园林研究的重要课题[13]，通过不断探索不同民族因其文化不同产生的人与自然和谐相处的文化和精神内涵[14]，可以丰富生态理念，产生由内而生的设计源泉，激发设计创新，更好地推动园林事业发展。

参考文献

[1] 中华人民共和国住房和城乡建设部. 城市绿地分类标准 CJJ/T 85—2017 [S]. 北京：中国建筑工业出版社，2017.

[2] 刘琦，王雨晴，李爽. 城市公园与城市居民休闲生活的半耦合关系——以北京市为例 [J]. 现代园艺，2017（10）：125-125.

[3] 古新仁，刘苑秋，丁新权. 基于生态恢复的城市生态公园建设探讨 [J]. 江西农业大学学报（社会科学版），2008，7（4）：122-125.

[4] 吕硕，王美仙，李擎，等. 山西太原市综合公园植物多样性研究 [J]. 风景园林，2019，26（8）：106-110.

[5] 刘蒙林. 归绥龙泉公园与碑记 [J]. 实践（思想理论版），2013（10）：64.

[6] 李敏. 中国现代公园——发展与评价 [M]. 北京：北京科学技术出版社，1987.06.

[7] 王爱霞，任光淳. 蒙古族生态文化在城市园林中的表达研究 [J]. 贵州民族研究，2016，37（185）：64-67.

[8] 张建新，闫晓云. 呼和浩特市公园绿地人性化边界空间调查研究 [J]. 中国园艺文摘，2016（11）：105-107.

[9] 安然. 城市老旧公园与广场提档升级改造探究与实践——以包头市八一公园、劳动公园为例 [J]. 现代园艺，2018（1）：120-122.

[10] 杨宗波等. 生态园林设计中的植物配置研究——以满都海公园为例 [J]. 中国园艺文摘，2016（6）：120-121.

[11] 特日格乐. 浅析内蒙古园林景观与生态发展 [J]. 现代园艺，2017（3）：108.

[12] 满良，张新时，苏日古嘎. 鄂尔多斯蒙古族敖包文化和植物崇拜文化对保育生物多样性的贡献 [J]. 云南植物研究，2008，30（3）：360-370.

[13] 马桂英. 蒙古族游牧文化中的生态意识 [J]. 理论研究，2008（4）：27-30.

[14] 苏日嘎拉图，闫晓云. 蒙古族特色园林景观中人与自然和谐的场所精神探析 [J]. 绿色科技，2013（5）：107-108.

Historical Changes and Landscape Analysis of Inner Mongolia Midwest Comprehensive Parks

Feng Yu-lan

Abstract: As a large-scale green space in the city, the comprehensive park is an important place to meet the functions of residents' outdoor recreational activities and an important part of the urban green space system. Hohhot, Baotou, Ordos, and Ulanqab urban agglomerations are important core areas in the central and western of the Inner Mongolia Autonomous Region. This article analyzes the development history and current situation of the comprehensive parks in this area, and analyzes the landscape from the aspects of construction age, location, design concept, function, etc., and sorts out the development system of gardens in this area. This study provides a reference for carrying out further research on the landscape development system of the Inner Mongolia Autonomous Region, and conducts a preliminary exploration for further exploration of Mongolian Yuan culture and grassland culture ecological concepts.
Key words: Comprehensive park；Historical development；Landscape analysis；Culture；Ecology

作者简介

冯玉兰 /1984 年生 / 山东日照人 / 女 / 硕士 / 现就职于中国园林博物馆北京筹备办公室 / 工程师 / 研究方向为园林设计、园林历史（北京 100072）

蒙元文化在内蒙古园林中的应用探究

吕　洁

摘　要：蒙元文化是我国少数民族发展历史上独具特色的一部分，随着元朝蒙古族逐步统治中原，草原文化与中原农耕文化逐步融合，形成了兼容并蓄的地域文化体系，其影响力在蒙元时期达到鼎盛进而影响到中东欧地区。内蒙古地区作为蒙元文化的发源地，当地的历史文物遗迹、城市公园、城市绿地中都深受蒙元文化的影响，也十分注重蒙元文化在其中的传承与应用。本文以蒙元文化的核心内涵为出发点，通过对内蒙古地区园林中体现蒙元文化的典型实例为研究对象，分析其中特有的文化内涵与象征意义，分析其在城市园林发展建设中的指导作用与重要意义。

关键词：蒙元文化；城市公园；表现形式

文化是一个城市的灵魂，是一个地区长久传承积淀下来的精神内涵。在人类发展史上，蒙古族创立了雄霸一方的帝国，其疆域面积达三千多万平方公里，不仅在中国的历史发展进程中留下了浓墨重彩的一笔，也对世界历史的发展产生了深远的影响。

1 蒙元文化的内涵

元朝是由少数民族建立的大一统王朝。蒙古族视马为神灵，这个在马背上征战四方的民族就是蒙古族。蒙古族卓越的领袖成吉思汗、忽必烈等人被人们视为蒙古族英雄，在他们的指挥统率下，蒙古族不仅实现了北方草原文化和中原农耕文化的融合统一，也开启了中西方交流互通的渠道，在人类发展史上留下了浓墨重彩的一笔，极富传奇色彩。

蒙元文化是以展现成吉思汗在统一蒙古各部落过程、建立蒙古帝国的过程中留下的历史足迹。蒙元文化是草原文化、中原文化相互融合的产物，也是农耕文化、游牧文化以及边塞文化交流、融合、传承积淀下来的产物，因此具有鲜明的地域特征、民族特色及文化特征，形成了兼容并蓄的地域文化体系。德国学者威尔斯说过："在历史的进程中，蒙古人依仗力量和智慧可能改造过自身的生存环境即创造文化价值景观。"的确，蒙古人用自己的智慧开拓出广阔的疆土，不仅如此，还创造出自己

的语言、文字及特有的文化内涵，这些都是蒙古族对中华民族乃至人类文明的特殊贡献。

蒙元文化的内涵深厚，表现形式多种多样，具有鲜明的世界性、包容性、开放性等特点。蒙元文化跨越千年传承至今，早已渗透融入人们生活中的方方面面，蒙古族的传统服饰、民俗文化、传统手工艺品、传统建筑、图案、祭祀甚至饮食文化，都有着深厚的文化印记。

2 蒙元文化的精神内涵

每个民族都有自身独特的精神文化内涵，蒙元文化在形成发展的过程中不断吸收包容，注重对多元文化的汲取接纳，也不断丰富着蒙元文化的内涵。

2.1 敬畏自然精神

蒙古族被喻为"马背上的民族"，以游牧民族逐水草而居的特点，蒙古族和大自然的关系再密切不过了，也正因为如此，他们对自然的崇敬和敬畏也非同一般。蒙古族游牧的生产生活方式需要对草原和大自然有着高度的依赖性，因此只有与自然和谐相处，尊重保护自然，才能生生不息地繁衍下去，才能世代永生。

2.2 英雄精神

蒙古族的英雄精神，是在原始蒙昧状态时产生的能

够抵抗自然灾害的各种伟大力量，或是对杰出人物的由衷崇拜心理活动的集中展示。在遭遇困难和苦难时，需要人民拥有伟大的英雄气概去战胜困难，而成吉思汗就是这种英雄气概的集中体现。成吉思汗凭借雄韬伟略建立起来的蒙古帝国，深化了民众对他的崇拜敬仰之情。在蒙古族人民的心中，成吉思汗是团结和力量的象征，是勇气和智慧的化身。在动荡的年代里，人们需要这样的精神领袖，也把他看作能给蒙古族人民带来吉祥和幸福的保护神。

2.3 开放包容精神

北方农耕文化和草原游牧文化本是两种完全不同的文化类型。北方农耕文化的核心是自给自足。农耕文化可以自给、无事外求，因此较为静定保守。农耕文化所崇尚的是天人相应、物我一体的观念。而草原游牧文化是一种粗犷而富于冒险的生活方式，恶劣的自然条件培养了蒙古族极强的与自然搏斗抗争的能力，只有这样他们才能生存下去。看上去虽然是两种截然不同的文化形式，但蒙元文化对于中原农耕文化乃至异域文化都秉持着开放包容的姿态，而不是一味地否定和抹杀。因此，蒙元文化开放包容的精神突破了各种文化形式间人为屏蔽的障碍，成为多种文化形式不断融合交流的产物。

2.4 务实开拓精神

蒙古族特有的以游牧为主的生活方式，使得他们在选择地域时受到很大程度的限制，他们必须根据当地生存条件的优劣不断迁徙，选择最适宜的环境定居。这种特殊的生活方式在潜移默化中形成了他们务实的生活态度，他们必须对现实的生存环境和生存需要作出最适合定居的判断，以最佳的方式处理好人和草原与自然的关系，进而永续地在这片土地上繁衍生息。

骁勇善战的蒙古族人民从来都是在不断开拓、冒险敢于挑战未知的领域，这样勇敢无畏的性格特点也是开拓精神的完美体现。当现有的地区资源不能满足当下的生产发展时，开发新的疆域、征服新的领地才是一个国家能够不断发展壮大的前提基础。因此，开拓精神才使得蒙古族更具有长久性和传承性。

3 蒙元文化的表现形式

3.1 蒙元文化色彩

由于受到地理环境、民族习俗的影响，不同民族对色彩的偏好也不尽相同。蒙古族喜爱蓝、白、红三种颜色。白色在蒙元文化中被赋予圣洁、富裕、平安吉祥的寓意。部落首领向成吉思汗进贡的物品都是白色，由此可见其对白色的崇尚和喜爱之情。在蓝天下草原上生活的蒙古族人民对蓝色也尤为喜爱，蓝色被认为是代表蒙古族的

色彩，象征着永恒和忠诚。蒙古族崇拜火，红色给人以温暖光明的感觉，蒙古族服饰、生活用品中很多也运用到了红色。

3.2 蒙元文化图案

图案不仅是蒙元文化的重要表现形式，同时也是人们对美的不断追求的体现。在文化不断发展的过程中，蒙古族传统图案纹饰已经遍布在生活的方方面面。蒙古族的图案大致可以分为两类：一类是几何形态的图案，主要以点、线、面、曲、直等基本要素构成，如盘肠纹、卷草纹、云纹等；另一类是自然形态的纹饰，形式丰富多样，灵感多来自自然界，如花卉纹、蝴蝶纹、蝙蝠纹等。这些图案都与人们在生产生活中的体验感受有关。

3.3 蒙元文化建筑特点

蒙古包是蒙古族为了适应游牧生活方式而建造的独特的具有典型民族风格的建筑，是蒙古族特有的居住形式。蒙古包又被称为"毡房""穹庐"等。通常呈圆形尖顶，顶上和四周以一至两层厚毡覆盖。普通蒙古包顶高约十五尺，围墙高约五十尺，包门朝南或东南开。包内四大结构分为陶脑（天窗）、乌乃、哈那（围墙支架）、毡墙和门。外形看起来虽小但包内使用面积很大，且室内空气流通采光条件好，冬暖夏凉，再加上不怕风吹雨打，非常适合于经常转场，方便放牧民族居住和使用。如今，蒙古包这种居住形式虽然使用范围有所缩减，多出现在草原旅游景区，但它早已经成为蒙古族草原文化的典型代表，扎根于人们的心中。

4 蒙元文化在内蒙古地区园林中的应用

4.1 呼和浩特市丝绸之路文化主题公园

呼和浩特市丝绸之路文化主题公园是近年来新建的以丝绸之路为主题概念的休闲公园，公园巧妙地运用园林造景手法，结合实际立地条件，再现草原丝绸之路发展过程中呼和浩特历代盛景，是一座集生态恢复、城市绿化美化、游览观光、娱乐游憩为一体的综合性主题公园。公园中将丝绸之路的文化主题与蒙元文化紧密地结合在一起，公园广场中运用盘肠纹来表现飘动的哈达（图1），空地中还设有蒙古包，包内绘制了反映蒙古族人民出征战场场景精美的内饰画（图2）。蒙古包外及广场中心处摆放有反映牧民生活场景的雕塑群及建筑模型，生动地再现了蒙古族人民的生产生活场景（图3、图4）。公园步道上还绘有体现浓郁蒙古族风格的图案（图5），这些都充分体现出蒙元文化的内涵和精神价值。

4.2 乌兰浩特市成吉思汗庙

成吉思汗庙位于乌兰浩特市罕山之巅，始建于1940

图 1 公园内广场雕塑

图 4 公园广场边生活场景雕塑

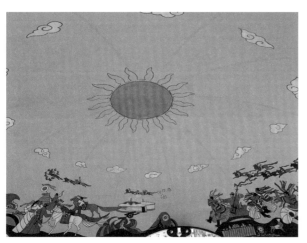

图 2 蒙古包内绘画

图 5 蒙古族风格图案纹饰

图 3 蒙古包及雕塑

年，竣工于 1944 年，是当时伪满洲境内的蒙古族民众为抵制日本奴化教育及其大兴"神社"之风而自发募捐建成的。成吉思汗庙由正殿和东西两侧殿构成，正殿高 28 米，偏殿高 16 米，庙宇坐北朝南，用绿色琉璃瓦镶嵌，正面呈"山"字形，主体底部为方形，顶部有三个大圆尖顶和六个小圆尖顶，呈一组蒙古包状（图 6）。

庙殿由一个正殿、两个偏殿和东西长廊构成，融入汉、蒙、藏三种民族建筑风格，采取古代汉族建筑中惯用的中轴对称布局手法，成吉思汗庙主体圆顶方身绿顶白墙。正殿中央为 2.8 米高的成吉思汗铜像，各殿天花板上绘有蒙古古代图案，地上覆花地毯。

成吉思汗庙的主体建筑融合了蒙、汉、藏三种建筑风格，蒙元文化中的建筑风格尤为突出。主体建筑融入了典型的蒙古族建筑元素。主体建筑的西南侧供奉着成吉思汗的军徽镇远神矛苏勒德（图 7）。"苏勒德"又称

"苏鲁锭"，在蒙语中意思是"矛"，是战神的标志。苏勒德一般分为黑白两色，分别称为"哈喇苏鲁锭"和"查干苏鲁锭"，黑色象征着战争与力量，白色象征着和平与权威。苏勒德在内蒙古地区经常可以见到，人们通常在蒙古包或大型建筑前供奉苏勒德，由此可见他在蒙古族人民心中举足轻重的位置。他代表着成吉思汗，象征着战神，也寓意着至高无上。在内蒙古地区现存的庙宇中可见，对成吉思汗的崇敬之情已经深深地植根于人们心中，他是蒙元文化的精神象征，也寓意着奋力拼搏、积极进取的精神。

4.3 呼伦贝尔市成吉思汗广场

呼伦贝尔市成吉思汗广场以成吉思汗名称命名，始建于 2002 年。建成后又陆续建成"成吉思汗"主题雕塑、成吉思汗的战将群雕、成吉思汗箴言碑林、成吉思汗迎亲铜雕、成吉思汗与呼伦贝尔浮雕、巴彦额尔敦敖包等

景观，充分再现了成吉思汗的一生，同时展示了海拉尔的蒙元文化内涵。

广场正中为成吉思汗策马扬鞭的造型雕塑（图 8），总高度为 22 米，柱身直径 3 米，银箔镂空的图腾图案是白云草原的抽象提炼，柱头和柱脚为金箔饰面，显得恢弘大气，成为广场的焦点，此雕塑是成吉思汗戎马一生的集中体现。广场中心东北处建有巴彦额尔敦敖包（图 9），位于山丘之上，山顶礼奉着着 9 块"圣石"，被人们尊誉为"大汗山""圣石山"。敖包是蒙古语，意即"堆子"，也译成"脑包""鄂博"，意为木、石、土堆，是指由人工堆成的"石头堆""土堆"或"木块堆"。在蒙元文化中，敖包是蒙古族的重要祭祀载体，在牧民的心目中象征着神在其位，世袭传颂。公园内还有"成吉思汗与呼伦贝尔"汉白玉历史浮雕组像，反映出成吉思汗骁勇善战征战沙场的宏伟画面（图 10）。

图6　成吉思汗庙

图8　成吉思汗雕塑

图7　苏勒德

图9　巴彦额尔敦敖包

图10 汉白玉历史浮雕组像

图11 公园内蒙古风情雕塑

4.4 巴彦浩特城市公园

巴彦浩特城市公园位于巴彦浩特城区中心地带，面积约 9.56 万平方米，其中包括广场面积约 2.84 万平方米、水域面积 0.45 万平方米、地被植物约 6.5 万平方米。公园水面较小，堆置假山。道路和广场相连，设置蒙古族风情的雕塑（图11）、马头琴雕塑灯杆等。马头琴蒙古语称"潮尔"，是一种两弦的弦乐器，有梯形的琴身和雕刻成马头形状的琴柄，琴身木制长约 1 米，共鸣箱呈梯形，声音圆润低回宛转，是蒙古族人民尤为喜爱的乐器。城市公园内马头琴样式的路灯（图12），既融合了蒙古族最具有代表性的乐器作为造型，又兼顾了公园内路灯照明的实际作用，且造型独具一格别具匠心，使人眼前一亮印象深刻，也充分反映出马头琴在蒙古族人民心中的重要地位。

5 结语

蒙元文化已经经历了漫长的发展过程演变至今，其所包含的内涵及精神价值绝不仅仅体现在园林中，建筑、服饰、习俗、纹饰等方方面面都浓缩着蒙元文化的精髓和历史文化内涵。在国家大力提倡建设城市公园绿地保护历史遗迹的今天，我们不仅仅要大力推进城市公园绿地的建设和保护，更要传承弘扬蒙古族优秀传统文化、发扬蒙古族奋力拼搏、开拓创新、兼容并蓄的精神内涵，感受蒙元文化博大精深的文化底蕴与魅力。

图12 马头琴造型路灯

参考文献

[1] 李瑶，庄磊，李亚南，等．蒙元文化元素在园林景观中的应用研究［J］．中国园艺文摘，2015（6）：98-99．

[2] 阿木尔巴图．蒙古族图案［M］．呼和浩特：内蒙古大学出版社，2005：06-07．

[3] 张岩．蒙古族视觉元素在内蒙古广场景观设计中的运用［D］．呼和浩特：内蒙古师范大学，2010．

[4] 武星宽．蒙元文化旅游景观特色创新研究［D］．武汉：武汉理工大学，2008．

[5] 黄明顺．城市广场地域性设计研究［D］．重庆：重庆大学，2006．

[6] 潘冬梅，王毅承．蒙元文化在现代园林中的应用［J］．安徽农业科学，2010，38（4）：2153-2156．

[7] 陈旭光，张鸿翎，山丹，等．蒙元文化在呼和浩特园林中的应用研究［J］．内蒙古农业大学学报，2012（1）：213-216．

[8] 苏伦嘎，段广德．鄂尔多斯康巴什新区城市和园林建设中蒙元文化元素的应用［J］．内蒙古农业大学学报，2013（72）：109-114．

[9] 王毅承，潘冬梅．用蒙元文化丰富丰富现代园林景观中的应用探究［J］．北方园艺，2011（22）．

[10] 宝音．论蒙古族传统文化的开发与利用［J］．内蒙古民族大学学报（社会科学版），2007，33（1）：6-9．

[11] 吕思维，王亮．浅析蒙元文化在旅游区建筑中的应用——以乌海市甘德儿山景区建筑为例［J］．关注，2017（10）：13-14．

The Application Research of the Mongolian Culture in Yuan-dynasty in Inner Mongolia Landscape Architecture

Lv Jie

Abstract: Mongolian Culture in Yuan-dynasty is a unique part of the development history of China's ethnic minorities. With the domination of the central plains by the mongols, the grassland culture and the agricultural culture of the central plains merged to inclusive regional cultural system, and affected the central and eastern Europe in the period of Yuan-dynasty. Inner Mongolia, as the birthplace of Mongolian and Yuan culture, historical relics, urban parks and urban green land is deeply influenced by Mongolian and Yuan culture, and take great importance to the inheritance and application of Mongolian Culture in Yuan-dynasty.This paper takes the connotation of Mongolian and Yuan culture as the starting point, and through the typical examples of Mongolian Yuan culture embodied in gardens in Inner Mongolia as the research object, analyzes its unique cultural connotation and symbolic significance, and analyzes its guiding role and important significance in the development and construction of urban gardens.

Key words: Mongolian Culture in Yuan-dynasty；City gardens；Expressive form

作者简介

吕洁 /1989 年生 / 女 / 内蒙古呼和浩特人 / 助理馆员 / 硕士 / 现就职于中国园林博物馆北京筹备办公室 / 研究方向为园林历史文化、教育（北京　100072）

城水互动
——古代济南城水系统规划对当今城市绿道建设的借鉴意义

赵　鹏　薛晓飞

摘　要： 绿道作为一种线性绿色开敞空间，对于优化城市生态环境、维持城市安全与健康、保护城市文化遗产、构建城市公共开放空间具有重要意义，而水系统历来是构建城市绿道的重要基础。近年来，无序的城市建设致使城市洪涝灾害频生、生态环境恶化、历史文脉断裂以及公共开放空间不足等问题，依赖传统的城市灰色基础设施和土地利用方式已经无法满足当今城市的发展需求。位于浅山区的济南城，地势南高北低且高差大，极易形成街道洪水，低洼地区易发内涝；同时，历史文脉和传统的城市空间形态逐渐遭到破坏。本文从古代济南城的水系统规划切入，着重研究古代济南城市雨洪防灾与利用体系及其与城市公共开放空间的动态关系，总结古代济南城水系统规划、城市防洪以及城市公共开放空间与历史文化廊道构建的历史经验：（1）壕池环绕、湖池据城、泉渠遍布的水系统格局；（2）综合利用护、排、蓄、导等防洪策略；（3）以水为本，构建点线面相结合的城市开放空间；（4）以水系为纽带串联历史文化遗产。以探究其对当今城市绿道构建的借鉴意义。

关键词： 绿道；城市水系统；城市开放空间；历史文化遗产保护；古代济南城

1　引言

绿道思想和规划理念萌芽在中国的发展源远流长。源于夏朝的"贡道"、西周时的"周道"、秦朝的"驰道"，以及历朝历代的官道、驿道，尤其是以水系为依托的线性廊道的形成和发展，对中国的区域发展、城市形成与发展以及文化的传播起到重要作用。水是城市生活的生命线，是城市生存和发展的物质基础。中国古代城市水系往往由流经的河流、环城壕池和城内河渠等各种水体构成脉络相通的水网系统，被誉为"城市之血脉"，在此基础上建立的绿道系统，具有多种功用，维系着城市的生存和发展。古代济南城依托浅山区独特的山河湖泉之利，形成了较为完善的城市绿色网络体系。研究其水系统与城市公共空间的关系对于我国城市绿色网络构建和历史文化遗产保护具有一定的典型意义。

2　古代济南城市水系的变迁及对城市的影响

"凡立国都，非于大山之下，必于广川之上；高毋近旱，而水用足；下毋近水，而沟防省。"[1] 中国古代城市大多依山傍水而建，济南便是其中的典型代表。汉代建历城县城，晋代为区域政治中心，明代济南始为山东省首府，成为区域性的政治、经济、军事、文化中心（图1）。济南城的起源和发展，与水系密切相关。依托山河泉湖之利，泉、河、湖组成的水系统与城市建设巧妙结合。

2.1　古代济南城水系的变迁

济水自古便是沟通东西水运的交通要道。早在夏朝时期就是兖州贡道和青州贡道的主要通道，将来自山东的贡品向今河南的夏都运输。战国时期，成为沟通齐地与中原的交通要道。

汉历城县城位于泺、历二水中间。《水经注》简略记载了北魏时期济南城的水系[2] "泺水北流汇入古大明湖（即今五龙潭一带），湖水引渎东入西郭，东至历城西而侧城北注陂"，陂即历水陂。历水陂的另一水源是发源于舜井的历水，"其水北流，逸历城东，又北引水为流杯池，……左水西径历城北，西北为湖，与深水会"。

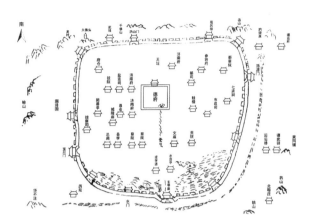

图1　明代末年济南府图（引自明崇祯《历乘》）

说明北魏时期济南城水系统充分利用泺水和历水等天然河道修建引水沟渠入城并在县城西北方利用低洼地势建有一座蓄水池——历水陂。

宋代，由于大清河（济水）已经北移，并且屡遭黄河决流的破坏，为解决登州、密州和滨州三处盐场的食盐运输，刘豫主持开凿了小清河，导引济南诸泉水东流入海，与大清河相辅相成，成为输送海盐的主要航道。而且当时山东半岛的海上贸易，也要通过大、小清河联运至内地，济南实处于水陆运输转运枢纽的地位。

这一时期，城市规模扩大，人口增加，并形成别具一格的城内之湖——大明湖（宋代又称西湖）。据《太平寰宇记》记载："四望湖在县西二百步，其水分流入县城，至街中与孝感水合流，入州城，西出，四泉合流"[3]。四望湖即古大明湖，州城即《水经注》记载过的东城。又说："孝感水在县北门，……平地涌出为小渠，与四望湖合流，入州（城）、历（城）诸署，西入泺水"。宋代济南城市水系统是由四望湖（古大明湖）开凿沟渠引水入县城，汇合孝感水，继续向东跨越原历水故道引渠到州城诸衙

署内，大约到达今珍珠泉群附近，然后汇合众泉之水折而西北流出州城，汇入今大明湖。

元初，郭守敬疏凿南北运河以通漕运，其重要码头临清和东平都在济南附近，大、小清河在水运方面仍起着很大作用，清河负担沿海十几处盐场的运输，通过大清河与运河沟通南北运输，东西又可运盐、运粮与海运联接[4]。

明清两代，曾经多次疏通整治大、小清河。明洪武年间，疏通大、小清河，把大清河与会通河相连，促进了济南的持续繁荣。咸丰四年，黄河夺大清河入海，由于巨大的泥沙沉积，黄河很快成为地上悬河，航运艰难，小清河也淤塞不通，上游众水不能及时渲泄，造成严重的水涝灾害。光绪三十四年对小清河河道进行了治理疏通，提高了小清河的航运能力（图2）。据称"小清河自西门外起至张家庄入章丘境，长约九十余里，船数约计有一十一白艘，往来行驶，运输方便"[5]。

明、清时期，济南成为省会，水系统由点状水源（井、泉）、面状水源（湖泊、池沼）和线状水源（河、渠）三大部分组成（图3）。泉眼散布于整个城区，主要为五龙潭、趵突泉、黑虎泉三大泉群，并且依泉形成街巷庭院。朱善的《观趵突泉记》中记载泉水"交灌于城中，浚之而为井，储之而为池，引之而为沟渠，汇之而为沼址"。城内湖泊有大明湖、濯缨湖等，人工沟渠如玉带河："水出濯缨湖，分脉入府痒，经启圣祠折而西，再折而北于学制阁前，转而北复入明湖"[6]。刘鄂在《老残游记》中以"家家泉水"来表达济南风情，也正是对古代济南城市水系统的生动描述[7]。

2.2　对城市的影响

（1）影响城市空间布局。从汉代于泺水、历水间建"方城"，到魏晋南北朝时期跨历水建东城形成"双子城"再到唐宋时期筑城墙纳"西湖"与城内，四门不对，

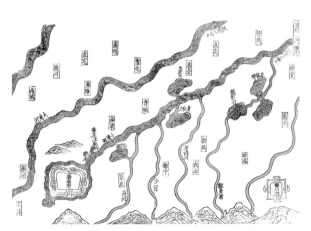

图2　济河图（改绘自明嘉靖《山东通志》）

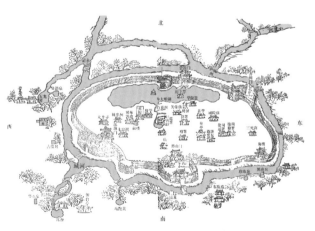

图3　清代早期济南城图（改绘自清乾隆《历城县志》）

最后到明清时期的城壕体系和城内大明湖的收缩，带来城内功能布局的变化。

（2）改变城市供水与泄洪方式。自古便以泉水为源，泉水形成的泉渠、河流以及湖泊方便了城市供水的同时，也给城市防洪带来了压力。明清时期护城河体系的形成完善了泄洪方式。之前，城池内外泉水及南部山区汇水皆排入大明湖后由北水门流出；护城河开挖后，成为重要泄洪渠道，内外护城河在北郊交汇后由东、西泺水排入小清河（图4）。

（3）改变城市风貌。历史时期济南西郊和北郊泉水丰沛，景色优美，是辟建私家园林的主要空间；唐宋时期城内大明湖形成以后，园林建设转向城内，形成以"齐烟九点"、大明湖和四大泉群为核心的园林景观聚集区，奠定了济南的城市景观格局。

3 古代济南城水系统和城市开放空间的构建经验

3.1 形成壕池环绕、湖池据城、泉渠遍布的水系统格局

济南城的水系统格局经历了漫长的演变。至明清时期，济南"城以外盈盈皆水也，西南则钓突金线诸泉，东南则珍珠黑虎诸泉，城内则珍珠刘氏诸泉汇于明湖连北门出，合东西两水环而绕之"。内城有大明湖、百花洲等湖泊及珍珠泉等多处泉群；内城外有护城河、东西泺河等水系，古温泉、五龙潭、马跑泉等多处泉群及冲沟、小河等溪流沟渠（图5）。

3.2 综合利用排、蓄、分、导等防洪策略

济南城的城市防洪体系最终形成了以城墙—水门—冲沟—内外护城河构成的城市边界防洪体系和以护城河—泺水—泉渠泉池—大明湖构成的城市内部防洪体系（图6）。

图5 济南城山系图

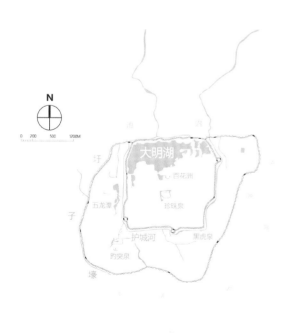

图4 济南城水系图（作者自绘，底图引自1911年济南城区图）

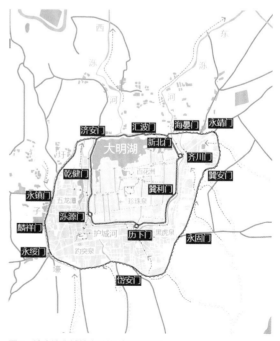

图6 清末济南城排水系统（作者自绘）

3.2.1 城墙—水门—冲沟—内外护城河构成的城市边界防洪体系

济南城所处地势较低，城墙北拒城市北郊水泽和南部山区雨洪形成的洪水威胁。城墙从汉代开始直至清末，不断修筑加固，从夯土城墙到砖砌城墙，城门从汉代的四座增加至清末的内外 16 座城门，最终形成了两重城墙与两条城壕的城墙体系。同时，自宋代开始，修建了以汇波门为代表的水门数座，并设置闸门，与护城河、冲沟联动，以调节城内水位，旱则闭闸蓄水，涝则启闸宣泄，既可以消除水旱灾害，又可以防止污水倒灌，保护城内水源清洁。

浅山区的地形地势造就了济南城周围的众多冲沟，裹挟山区雨洪威胁城市安全。明清时期梳理周边冲沟将其与城壕连通，大雨行时便可将山洪导入护城河。

3.2.2 护城河—泺水—泉渠泉池—大明湖构成的城市内部防洪体系

济南城内部泉眼遍布，形成众多泉池和泉渠，在雨水丰沛的季节，收集城市内部雨洪，导入大明湖和护城河。大明湖北面的水门——汇波门，通过水闸调蓄将雨洪导入东、西泺河。

3.3 构建以水为本，点线面相结合的城市开放空间

济南城的内外水系、内部道路和城市功能区的层次关系，形成了济南城的城市开放空间特征。具体来说，济南城中泉井、泉池、河渠、湖泊组成的点线面俱全的水系统对城市的公共生活和城市公共空间有重要影响。

在城市层面上，魏晋南北朝时期便形成了城市公共园林，《水经注》中记载："引水为流杯池，州僚宾燕，公私多萃其上。"[8] 这里所记的流杯池居于城北，是一个人工引水开凿而成的园林景点。另外还记载了趵突泉与古大明湖两处也成为公共游览胜地。趵突泉为泺水之源，"泉源上奋，水涌若轮"，势如云沸，风景极佳，建有舜妃娥英庙。古大明湖即今五龙潭附近，位于城西，

湖西建有大明寺，寺东北面临湖，湖中建有客亭以供休息之用。客亭之上景色怡人，"左右楸桐，负日俯仰，目对鱼鸟，水木明瑟"。唐宋时期，城内的大明湖成为城市主要的公共游览胜地。后世，对趵突泉、五龙潭以及大明湖都进行了大量的园林建设，对于城市的环境和景观的意义重大[9]。

在街道层面上，以珍珠泉泉群为主，其泉位相对分散，大小诸泉泉水喷溢形成的溪流穿墙越户，流淌于院落与街巷之间。据考古记载，古历水、梯云溪、濯缨湖一带皆分布有用于给排水的水渠，"城中多二尺许水沟，通城旋绕，清泉汩汩，长流不止"[10]。泉渠或是与街巷相连，或是穿行于桥梁之下形成暗渠，形成以曲水亭街（图 7）为代表的水巷空间，是城市重要的临泉生活交往空间[11]。

3.4 以水系为纽带串联历史文化遗产

济南城重要的历史文化象征也与水系密切相关。城内名泉众多，闻名全国，是济南城最核心的城市景观，曾巩在《齐州二堂记》记载："齐多甘泉，冠于天下，其显名者以十数。"依托泉水进行了大量的园林建设，如趵突泉畔的舜妃娥英庙、槛泉亭、胜概楼、万竹园等。同时，也形成了闻名遐迩的"历城八景"，其中"白云雪霁"（图 8）、"会波晚照"（图 9）、"历下秋风"（图 10）、"趵突腾空"（图 11）、"明湖泛舟"（图 12）、"鹊华烟雨"，皆是以水系为基础的城市景观。

4 对当今城市绿道构建的启示

通过对古代济南城以水系为基础的绿道网络的研究，总结古城绿道网络构建过程中朴素的生态智慧，探究绿道网络支撑下的城市适应环境、应对灾害、具有良好"弹性"的原因。

（1）顺应自然的生态原则。在农业社会，科学技术

图 7　清末曲水亭街（引自《济南旧影》）

图 8　历城八景——白云雪霁（引自明崇祯《历城县志》）

不够发达，古人充分利用自然条件，加入适当人工干预形成聚居地。水系既是城市发展的源动力，也是制约因素，影响城市扩张及布局。

（2）绿道网络的复合性和系统性。济南设置内外层叠、系统的绿道体系。既利用泉井、泉池、溪流河湖为城市给排水提供支撑，又形成城市开放空间的基础，成为城市的文化象征。

（3）自然—人工绿道网络的内外贯通，实现水系的自我循环与更新。城市内外泉水、湖水、河水及人工沟渠相互贯通，形成自然循环的体系。城市内外拥有雨水、山区汇水、地下水的补给，并保持流通与更新。

（4）依泉水而兴，形成多样的城市开放空间。古城

内泉水引流方法多样，形成独具特色的泉水聚落。古城内外河湖、溪流、人工水渠串联，由居民使用泉水而建成的池、井、塘、渠等形成古城内丰富多样的开放空间，也定义了生活方式，形成特有的城市文化。

因此，现代城市的绿道网络规划应当将水系统作为重要基础，充分尊重自然规律，避免生态破坏。修复水网体系，解决水体破碎、地表与地下水连接被阻等问题，恢复水网贯通与自我更新。未来的城市规划中，在顺应自然的基础上建立水生态基础设施，维护城市水生态的同时构建城市开放空间。同时，也应加强对水系格局和相关遗产的保护，学习先人经验，保证城市可持续发展。

图9　历城八景——会波晚照（引自明崇祯《历城县志》）

图10　历城八景——历下秋风（引自明崇祯《历城县志》）

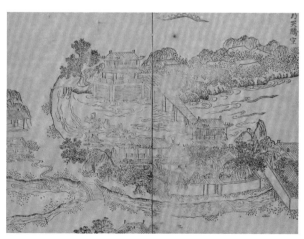

图11　历城八景——趵突腾空（引自明崇祯《历城县志》）

图12　历城八景——明湖泛舟（引自明崇祯《历城县志》）

参考文献

[1] 郭沫若，等．管子集校（上、下）[M]．北京：科学出版社，1956.
[2] 赵建，张咏梅．济南市城市水系及其变化研究 [J]．山东师范大学学报：自然科学版，2007，22（1）：86-90.
[3] 郦道元．水经注疏 [M]．杨守敬，熊会贞，疏；段熙仲，点校；陈桥驿，复校．南京：江苏古籍出版社，1989.
[4] 宋濂，王濂，等．元史 [M]．北京：中华书局，1998.
[5] 罗胜霄．济南大观：第三十四章 [M]．济南：齐鲁书社，2011.
[6] 乐史．太平寰宇记 [M]．北京：中华书局，1985.
[7] 唐梦赍．康熙济南府志 [O]．清康熙三十一年．
[8] 王保林．历史时期济南水环境与园林建设关系研究——以泉、湖为例 [J]．西安欧亚学院学报，2009（1）：60-63.
[9] 刘玉民．济南竹枝词 [J]．山东文学，2007（11）：63-64.
[10] 张建华，王丽娜．泉城济南泉水聚落空间环境与景观的层次类型研究 [J]．建筑学报，2007（7）：85-88.

Interaction between City and Water

——The Experience of Water System Planning in Ancient Jinan City for the Modern Urban Greenway Construction

Zhao Peng, Xue Xiao-fei

Abstract: Greenway, as a linear green open space, is of great significance to optimize the urban ecological environment, maintain urban safety and health, protect urban cultural heritage, and construct urban public open space. Water system has always been an important foundation for the construction of urban greenway. In recent years, the disorderly urban growing has caused frequently flooding, deterioration of ecological environment, breaking of historical context and insufficient public open space. Nowadays, the traditional urban gray infrastructure and land planning have been unable to meet the development needs of cities. Jinan City, surrounded by mountains and river, which altitude is higher in the South of city than the north of city.It is easy to cause street floods and waterlogging in low-lying areas. At the same time, historical context and urban spatial form has been gradually destroyed. This paper will take the urban planning and water system planning of ancient Jinan City as an example, focuse on the dynamic relationship between the urban flood preventing and utilization system and urban public open space in ancient Jinan City, and summarizes the historical experience of urban water system planning, preventing urban flood, constructing urban public open space and historical and cultural corridor in ancient Jinan City: (1)The water system is comprised of lake，river，city moat and spring water. (2) Utilizing flood control strategies such as drainage, storage, distribution, diversion and infiltration. (3) Constructing urban open space with the combination of kinds of water space. (4) Linking historical and cultural heritage with the water system. In order to explore its experience for the construction of today's urban greenway.

Key words: Greenway; Water system; Urban open space; Historical and cultural heritage; Ancient Jinan City

作者简介

赵鹏／男／山东青岛人／北京林业大学园林学院 2017 级风景园林在读研究生／研究方向为中国传统园林理法（北京　100083）
薛晓飞 */男／山东莱阳人／博士／北京林业大学园林学院副教授／硕士导师／研究方向为中国传统园林理法（北京　100083）
* 责任作者
注：本文部分内容收录于 2019 年中国风景园林学会年会论文集

鸿雪寻踪
——帝京旧影因缘

孙　萌

摘　要： 游记是鲜活记录旅行者途中见闻感悟的图文记录，今人并不陌生，书店网站等随处可见。但三百多年前的古人——《鸿雪因缘图记》的作者麟庆，就已尝试用这种方式来书写描绘自己宦游生涯及心路历程。麟庆一生遍游祖国名山大川，寻览各地名胜古迹，并汇集成册刊刻出版。《鸿雪因缘图记》中有关北京地区的风景名胜多达 30 余处，本文选取 10 处为重点研究对象，对图文进行初步的梳理分类、归纳分析。

关键词： 麟庆；北京；名胜古迹；园林景观

1　麟庆与《鸿雪因缘图记》

1.1　作者简介

《鸿雪因缘图记》（以下简称《图记》），作者完颜麟庆（1791—1846）。《清史稿》卷三八三中有其生平载："麟庆，字见亭，完颜氏，满洲镶黄旗人。嘉庆十四年进士，授内阁中书，迁兵部主事，改中允。道光三年，出为安徽徽州知府，调颍州，擢河南开归陈许道。历河南按察使、贵州布政使，护理巡抚。十三年，擢湖北巡抚。寻授江南河道总督……二十三年，发东河中牟工效力，工竣，以四品京堂。寻卒……"纵观麟庆官场生涯，其因宦游历，并管辖河道治水，足迹遍布祖国大江南北，这也成为其完成《图记》的文字素材基础。全书图文并茂，图画的主要绘制者是汪春泉，据《图记》书中记载，汪春泉为麟庆门人，精于绘画，他通过麟庆对游历景色的口述，进行绘画创作。这种图文相配的形式再现个人游历情景，记录作者生平事迹，在清朝嘉庆、道光年间非常盛行，并在清代文人士大夫中形成一种风气。

1.2　成书背景

《图记》成书于清道光年间，全书共三册 240 篇，

每册 80 篇，一篇文章配图一幅。书名引自苏轼的诗作《和子由渑池怀旧》，诗中有"人生到处知何似，应似飞鸿踏雪泥"。这句诗意为：人一生的行迹像什么呢？应该如同飞来飞去的鸿鹄，停歇无常，只在雪地上留下泥爪印记。麟庆的友人阮元曾这样解读书籍名称：世间万物之间都是因缘巧合的联系，人的一生足迹犹如鸿雪，如不把这些"因缘"及时捕捉记录、绘著成册，不久便会消散在历史的长河之中。《图记》内容庞杂，包罗社会风俗、人文地理、河流山川、风景园林以及作者在迁徙途中对家国政治、仕旅生涯、情怀抱负等的人生感悟和总结。可以说通过麟庆视角，展示出清中期河南、贵州、湖北、江苏、杭州、北京等地社会生活的风貌。《图记》也是研究中国古代木刻版画的代表之作，亦是不可多得的园林古迹考证史料。

2　帝京园林分类

《图记》中所记载北京地区园景名胜多达三十余处，这与麟庆晚年居住在北京半亩园（今已拆毁）有一定关系。《图记》中所载北京各自然人文景观数量种类繁杂，一些篇目代表性不强、辨识度不高，所以本文重点选取 10 篇，

并按照皇家园林、私家园林、寺庙园林、自然风景、市景人文分为五类。《图记》中所描述的风景名胜图文并茂，文中、画中对园林要素都有所描绘，但有些并不一一对应。图景绘制也并非全景，更多的是局部画面或几篇图记拼接补充。下文仅对《图记》中原始图文所载园景名胜的地理位置、写作背景、景观要素、作者感悟方面进行归纳分析（表1）。

2.1　皇家园林

2.1.1　昆明望春（图1）

地理位置：位于圆明园之西二里许。

写作背景：湖周四十里受玉泉诸水汇聚而成，名大泊湖。乾隆年间疏浚扩充河道后，赐名昆明湖，并铸铜牛镇水。金牛铭文记载其南建桥，名绣漪桥，湖西为万寿山即瓮山。

景观要素：

（1）图中景。主要描绘昆明湖、西堤、景明楼、练桥、廓如亭（今八方亭）、铜牛、绣漪桥、鱼跃鸢飞牌楼、玉泉山、玉峰塔。

（2）记中景。主要记载园中建筑陈设，如怡红堂、青芝岫、无尽意轩、听鹂馆、湖光山色共一楼。

作者感悟：有幸窥探，方知园中湖光春色潋滟，虽似西湖胜景但又迥然不同。

2.1.2　金鳌归里（图2）

地理位置：文中无记。

写作背景：这篇图文是作者在赴海淀内务府衙门报到，入城进西华门途经西苑，对南海、北海等建筑景观的描摹叙述，画中金鳌玉蛛桥上的一行车马应是麟庆及随从。麟庆曾任内阁中书，分校宫史西苑，对前辈著作仰慕非常，今日有幸故地重游，深感眼前诸景别有意境。

景观要素：

（1）图中景。金鳌玉蛛桥、金鳌、玉蛛牌坊、水门、太液池、团城、承光殿、琼华岛、广寒殿、白塔、阐福寺、五龙亭、树植、车马行人。

（2）记中景。北海金鳌玉蛛桥、水门、太液池、阐福寺、五龙亭（龙泽、澄祥、滋香、湧瑞、浮翠）、金鳌、玉蛛牌坊、福华、阳泽门、圆（团）城、承光殿、古栝（桧）树、古松树、琼华岛、艮嶽石、广寒殿、碑亭、琼岛春阴碑、白塔、塔山四面碑、南海瀛台、南海钓鱼亭、太液秋风碑。

作者感悟：（记中诗）归里重乘薄笨车，金鳌玉蛛趁朝霞。绿浓琼岛妆台树，红指瀛洲水殿花。几辈文章留内苑，前番冠盖说东华。而今幸作闲鸥鹭，沐浴恩波许到家。

2.2　私家园林

2.2.1　半亩营园（图3）

地理位置：半亩园在京都紫禁城外东北隅，弓弦胡

图1　昆明望春

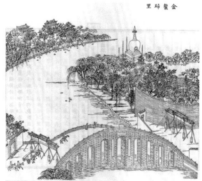

图2　金鳌归里

图3　半亩营园

表1　《图记》中北京地区园景名胜分类

类型	篇目名称	保存状况
皇家园林	昆明望春　金鳌归里	现存
私家园林	半亩营园　近光伫月	拆毁
寺庙园林	天坛采药　五塔观乐	现存
自然风景	豐臺赋芍　净业寿荷	仅存地名
市景人文	卢沟策骑　平安就日	卢沟桥现存　平安园无

同内，延禧观对过。

写作背景：半亩园原为贾膠侯中丞宅，设计者为李笠翁，道光二十一年（1841年），麟庆购得半亩园，因人在江南，故命其长子麟崇实请良工修复扩建，并将图纸及烫样寄往江南。半亩园于道光二十三年（1843年）完工。

景观要素：

（1）图中景。半亩园六角形门洞、云荫堂、水池、盆景、石笋、日晷、树植、园墙、什锦窗。

（2）记中景。云荫堂、拜石轩、曝画廊、近光阁、退思斋、赏春亭、凝香室、娜嬛妙境、海棠吟社、玲珑池馆、潇湘小影、云容石态、罨秀山房。

作者感悟：嘉庆辛未年（1811年），麟庆曾到京城南城芥子园做客，园主章翁言园中叠石出自李笠翁之手，而闻名京城的二座半亩园也出自李之手。当时麟庆非常向往能购得此园，三十年后，终得偿夙愿。

2.2.2 近光伫月（图4）

地理位置：近光阁在平台上，为半亩园最高处。以其可望紫禁城大内门楼、琼岛白塔、景山寿皇殿并中峰顶万春、观妙、辑芳、周赏、富揽五亭，故名。

写作背景：近光阁建于平台上，三开间卷棚，平台通曝画廊和退思斋的屋顶，是麟庆一家举办宴饮、中元节祭祀，女儿回家省亲、中秋赏月等活动的地方。

景观要素：

（1）图中景。近光阁、曝画廊、平台、麟庆家人、北海白塔、景山万春亭、紫禁城角楼、山石、什锦窗、树植。

（2）记中景。松树、亭、小桥、石洞、退思斋、偃月门、海棠树、海棠吟社、曝画廊。

作者感悟：（记中诗）中秋未到又盂兰，喜向平台得大欢。随分杯盘真趣味，相拥儿女共团圆。微云华月松阴露，流水高山石上弹。试向隔墙瞻紫禁，琼楼玉宇不胜寒。

2.3 坛庙园林

2.3.1 天坛采药（图5）

地理位置：在正阳门外之左。

写作背景：乾隆年间缮治，天坛中树木森蔚，药草苾芬，其中以益母草最胜。高宗乾隆特许神乐观生开药肆十六间，以利施济，每年秋后，可入坛采集草药。

景观要素：

（1）图中景。祈年殿、圜丘、皇穹宇、松树、坛门。

（2）记中景。圜丘、楼梯、柱子、门束、香炉、燎坎、燎炉、灯杆、天塔、皇穹宇、北门、祈年殿、祈年门、皇乾殿、斋宫、铜人、石亭、钟楼、回廊、树植药草（益母草）。

作者感悟：（记中诗）肃穆圜丘下，翻因采药来。缘阴浓苑树，元瓦丽坛台。宝地寻芝术，金童辟草莱。先皇隆胙蠁，曾陪祀侍班。

2.3.2 五塔观乐（图6）

地理位置：西直门外长河北岸。

写作背景：明真觉寺，清黄衣喇嘛居所。乾隆二十六年（1761年）重修，易名大正觉寺，皇室在此接待蒙古可汗，席间演奏乐器，吹呼之音如龙吟虎啸。伐鼓撞钟能声震殿瓦。

景观要素：

（1）图中景。大殿、台基、栏板、宝座、须弥座、金刚宝座塔、罩亭、碑亭、山门、大殿、藏经楼、山石、树木

（2）记中景。广仁宫（西顶）、长河、垂柳、广源闸、万寿寺、金刚宝座塔。

作者感悟：（记中诗）铙飞鼓震蒲牢吼，阿修罗巡夜叉走。龙吟虎啸具神威，我佛如来开笑口。巍巍宝座矗金刚，浮屠难立分奇偶。漫言钜制准乌斯，漫言法力降魔母。黄教由来番蒙崇，天朝藉示怀柔久。亿万斯年永祝厘，嵩呼潮呗齐稽首。

图4　近光伫月

图5　天坛采药

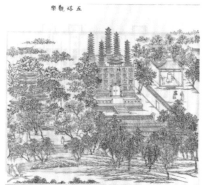

图6　五塔观乐

2.4　自然风景

2.4.1　豐臺赋芍（图7）

地理位置：丰台在右安门外八里，前后十八村。

写作背景：因十八村泉水甘甜土壤肥沃，养花最宜，所以居民多以种花为业，而花中又以芍药为最多种植品种。芍药田分布广泛，一畦连着一畦，开放时，如锦缎般绚烂。当地人还设立了花神庙，祭祀花王、花姑。

景观要素：

（1）图中景。花神庙、芍药田、牌坊、田埂、树植。

（2）记中景。花神庙、芍药田。

作者感悟：（记中诗）清风片片雨丝丝，正是丰台四月时。恼我韶光刚褪尾，恨他名字是将离。扬州自昔誇金带，梁苑空伤倒玉卮（厄）。惆怅曼殊多历劫，不堪重咏落花诗。

2.4.2　净业寿荷（图8）

地理位置：净业湖在德胜门西，即积水潭以北岸。

写作背景：净业寺得名因其南岸土阜上建有华佗庙，俗名高庙，临曲巷背枕净业湖，寺僧裕泉在庙后购得土地，经营广榭茶寮。开北窗，城楼山寺俨然图画，熏风入户，荷香袭人。

景观要素：

（1）图中景。净业湖、荷花、净业寺、太湖石、院墙、巷道、广榭茶寮、堤岸、城关、城楼、城墙、树植。

（2）记中景。净业湖、荷花、净业寺、巷道、广榭茶寮。

作者感悟：（记中诗）朝衫脱却得清闲，良友相邀到此间。一片湖光依北郭，十分爽气借西山。同浮大白拚先醉，净袭香红俨闭关。好祝花中君子寿，称觥相对共开颜。

2.5　市景人文

2.5.1　卢沟策骑（图9）

地理位置：无记录。

写作背景：麟庆奉旨赴安徽任宁国府知府，于癸未正月出京城。家中兄弟亲友相送至长辛店，策马卢沟桥，宦游生涯也自此开始。卢沟即桑丁河，在拱极城西，是京师出入地。孔道桥建于金大定二十九年，康熙年重修，赐河名为永定河。乾隆年间，卢沟晓月为燕山八景之一。

景观要素：

（1）图中景。卢沟、桑干河、城门、城楼、城墙、多孔拱桥、驿站、远山、树木、碑亭。

（2）记中景。卢沟、桑干河、孔道桥、雕栏、百狮、乾隆御制碑、碑亭。

作者感悟：（记中诗）无记录。

2.5.2　平安就日（图10）

地理位置：平安园在圆明园宫门外前湖南岸。

写作背景：平安园是一座皇家茶肆，有楼三楹，麟庆回京赴园报道，因为无公事不敢拜叩请安。有幸在平安园茶肆窥见皇太后銮仪卫队，步撵轿舆，感叹机缘巧合。

景观要素：

（1）图中景。圆明园大宫门、平安园茶楼、扇子河、长堤、值房、护城河、金水桥、马队轿辇。

（2）记中景。圆明园、平安园、扇子河、茶楼三楹、香山、西马厂。

作者感悟：（记中诗）无记录。

3　结语

　　《图记》如同一部百科全书式的游记，可挖掘利用的信息涉及广泛而多样。本文仅以书中所记北京地区风景园林、名胜古迹为研究点，对《图记》中图中景、记中景、麟庆诗文等进行简要整理分析，初步探索作者在京游赏、访友、居园等生活轨迹及其体验感想。《图记》虽看似是作者对自己一生游历览胜的总结，但并不乏麟庆对自己政绩的展示、对园林的痴迷、对家人的眷恋、对友人的情谊、对闲适生活的向往等个人情感追求的真实写照。

图7　豐臺赋芍

图8　净业寿荷

图9　卢沟策骑

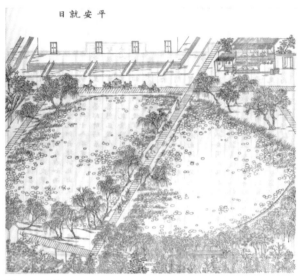

图10 平安就日

阅读今人的游记可以激发人们旅游的渴望，一些默默无闻之地，通过游记的包装展示，也会迅速走红，成为人们争先恐后的热门打卡地。麟庆《图记》中北京地区的名胜古迹、园景风光，如昆明望春、金鳌归里、天坛采药、五塔观乐、卢沟策骑这些记中景，现今虽有不同程度改变，但主要山水框建、建筑主体、陈设布局、植物配景等都保存较好。而豐臺赋芍、净业寿荷两处今天仅知地名和大体位置，自然人文景观已消散在历史中。平安就日、半亩营园、近光伫月，经岁月洗礼已拆毁殆尽，人们只能在残存构件中去体味李笠翁的造园意境，在文字中追忆平安园的昔日辉煌。研究《图记》，可以提升今人对园林古迹资源的关注度，对持续保护利用现存古典园林有一定的作用和意义；对可复原损毁消失的古迹名园，也有重要的考证价值。

（文中插图选自国家图书馆出版社 2011 年版《鸿雪因缘图记》）

参考文献

[1] （清）赵尔巽，等.清史稿 [M] .北京：中华书局，1977.
[2] （清）麟庆.鸿雪因缘图记 [M] .清道光二十七年至二十九年扬州刻本（电子版）.
[3] 周维权.中国古典园林史 [M] .3 版.北京：清华大学出版社，2005.
[4] 贾珺.北京古代园林.[M] .北京：清华大学出版社，2007.
[5] 贾珺.麟庆时期1843—1846半亩园布局再探 [J] .中国园林，2000（06）.
[6] 范白丁.鸿雪因缘图记成书考 [J] .新美术，2008（06）.
[7] 李琰.鸿雪因缘图记创作形态初探兼论麟庆的自我塑造 [J] .爱尚美术，2018（03）.
[8] 王哲生.鸿雪因缘图记的景园研究 [D] .天津：天津大学，2013.

The Trace of Hongxue: the Cause of the Old Shadow of the Capital

Sun Meng

Abstract: Travelogue is a vivid record of travelers' experience on the way. We are not strangers now. Bookstore websites are everywhere. But more than three hundred years ago, Lin Qing, the author of Hongxue's Fate records, tried to use this way to describe his official career and mental journey. Lin Qing traveled all his life to the famous mountains and rivers of the motherland, looked for places of interest and historical sites, and compiled them into volumes for publication. There are more than 30 scenic spots related to Beijing area in Tuji. This paper chooses 10 places as the key research objects, and makes a preliminary sorting, classification and analysis of the pictures and texts.

Key words: Lin qing ；Beijing ；Scenic spot ；Landscape

作者简介

孙萌/1982 年生/女/北京市人/助理馆员/本科/毕业于北京联合大学/现就职于中国园林博物馆/研究方向为园林历史与文化（北京 100072）

试议 16 世纪欧洲是否已有中国月季栽培

李菁博

摘　要： 剑桥大学胡斯特博士所提两条支持"16 世纪欧洲已有中国月季栽培"的论据被细致分析，并最终予以否定。参考 20 世纪末、21 世纪初的现代生物技术检测结果，证实中国月季并不是波特兰蔷薇最初的杂交亲本，从而再次否定"16 世纪欧洲已有中国月季栽培"的观点。通过文献资料分析，确定自 18 世纪中期开始，中国月季被分批次引种、栽培至瑞典、英国等欧洲国家。

关键词： 胡斯特博士；月月粉；波特兰蔷薇；现代生物技术

在国际、国内的园艺学界有个流传甚广的观点：早在 16 世纪中国月季就已引种、栽培到欧洲（意大利）[1]。如著名园林植物专家余树勋所著《月季》就引用了这个观点。《月季》自 1992 年首刊以来，经多次重印、再版行销全国，对月季知识、栽培技术的普及影响甚大。究竟"是否早在 16 世纪中国月季已引种、栽培到欧洲"，这既是一个园艺学史、园林学史方面有趣的问题，也对研究现代月季（Modern Rose）的起源、组成成分有直接的参考价值。

1 胡斯特博士的观点

"16 世纪欧洲（意大利）有中国月季引种、栽培"这个观点，最早出自剑桥大学植物细胞进化学家查尔斯·胡斯特博士（Charles Chamberlain Hurst，1870—1947 年）于 1941 年在英国皇家园艺学会的会刊上发表的一篇关于现代月季起源与演化的著名论文。胡斯特博士同时也是一名狂热的月季爱好者，他出身园艺世家，其高祖本杰明·胡斯特（Benjamin Hurst）早在 1773 年就经营 Burbage 苗圃，在 18 世纪 70 年代就曾有记录销售 22 个品种的古老月季[2]。胡斯特博士的这篇论文对学术界的影响非常之大，以至于国际、国内学界对中国月季采集、引种到欧洲的历史的认识都主要参考胡斯特的这篇论文。在文中胡斯特举了两个证据来证明早在 16 世纪欧洲就已经有中国月季栽培[3]。

其一，胡斯特博士在其论文中指出：收藏于英国伦敦国家美术馆（The National Gallery）16 世纪意大利画家布龙奇诺（Angelo Bronzino，1503—1572 年）约创作于 1529 年，编号 651 号（BRONZINO No. 651）的画作中，丘比特手持粉色花朵的蔷薇属植物是源自中国的月季花（*Rosa chinensis*）。正如胡斯特所描述：有着粉色半透明花瓣的小花，弯曲的雄蕊，反转的萼片以及发亮的卵圆形小叶片，这些特征都符合中国月季花古老品种的"月月粉"（Pink China[1]）的形态特征[3]。

其二，胡斯特博士指出 16 世纪法国著名学者蒙田（Michel de Montaigne，1533—1592 年）记载 1578 年 11 月他在意大利威尼斯附近的费拉拉（Ferrara）的耶稣会教堂中见到有常年开花的蔷薇类植物[3]。这显然是来自中国的月季花的开花习性。

2 辨析 16 世纪意大利油画上的"中国月季"

意大利是文艺复兴的发源地，维纳斯和丘比特是 16 世纪意大利油画中的常见题材，作为爱与美之神和爱情天使，维纳斯和丘比特题材的油画中常见伴有蔷薇类植物作装饰。胡斯特博士提到布龙奇诺（Angelo Bronzino，

---

1 胡斯特博士所提"Pink China"就是常见的中国古老月季品种"月月粉"，英文品种名常写作"Old Blush"。

1503—1572 年）的这幅画作名为"维纳斯，丘比特，愚蠢和时间"（*Venus, Cupid, Folly and Time*）又名"维纳斯的胜利"（*A Triumph of Venus*）（图 1）。

笔者有过几年月季品种调查的经历，对中国古老月季品种"月月粉"很熟悉（图 2）。图 3 中小天使手中攥着的粉色花瓣确与"月月粉"的花色相似（图 3）。但是这幅油画传递的植物特征相关的信息太有限了，只能看到花瓣，看不到完整萼片以及茎、叶。由此笔者不敢断定这种花是否属于中国月季。

这种非植物主题的绘画，并不是 16 世纪末 17 世纪初开始在欧洲兴起的博物学植物绘画[4]或近现代的植物科学画。博物学植物绘画以植物为绘画的主题，具有模仿自然的特性。而植物科学画则更具科学性，能使人感受到植物的具体形象，关键在于能辨认植物的种类[5]。

而这种非植物主题绘画，植物只是在边角作装饰，观者得到的植物特征信息有限、不完整，即使是植物分类学家或园艺学家也无法做出准确判断。而仅凭这类有限、不完整的信息来鉴定植物所属的种或品种，这种做法是不够严谨、不科学的。

3 辨析蒙田《意大利之旅》记载常年开花的蔷薇

胡斯特博士所提蒙田记载于 1578 年 11 月于意大利所见到的常年开花的蔷薇类植物，出自蒙田的一部游记《意大利之旅》（*The journal of Montaigne's travels in Italy by way of Switzerland and Germany in 1580 and 1581*）。其中记载：

（1580 年 11 月）我们在费拉拉游历了一整天，参观了很多精致的、值得一游的教堂、花园及私人建筑。在耶稣会士的修道院中有一丛蔷薇类植物，常年开着花（图 4）[6]（Montaigne, 1903）。

图 2　油画"维纳斯，丘比特，愚蠢和时间"局部放大

图 1　布龙奇诺油画作品"维纳斯，丘比特，愚蠢和时间"

图 3　中国古老月季品种"月月粉"

We spent all this day at Ferrara and visited there many fine churches, gardens, and private houses, and all that was by report worth seeing; amongst other things, a rose bush at the monastery of the Jesuates which flowers all the year round, and even now they found thereon a rose which they gave to M. de Montaigne. We saw likewise

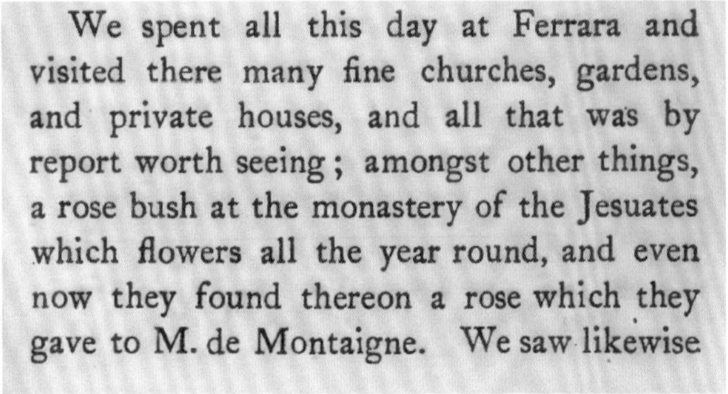

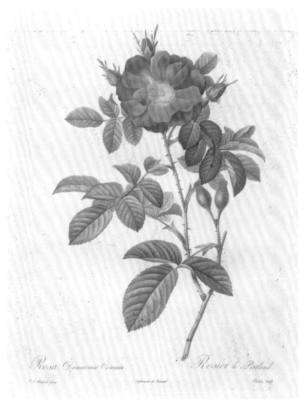

图 4　蒙田《意大利之旅》英文整理本（1903 年出版）

对于蒙田在费拉拉所见到的蔷薇类植物，原著中并没有细节描述。但是仅就其在 11 月还在开花，可判断其具有一个生长季内连续开花或重复开花的特性。而目前所知全球的蔷薇属植物二百余原始种中，只有原产自中国的月季花（*R. chinensis*）和香水月季（*R. odorata*）具有连续开花的特性，但是一些起源于欧洲的蔷薇类植物也具有重复开花或称开二次花的特性 [7]，即在春季花期之后，在夏、秋仍有零星的不整齐的花期，例如自意大利兴起的波特兰蔷薇（Portland Rose）就具有夏、秋季开二次花的特性。过去学术界通常猜测具有连续开花能力的中国月季（包括月季花和香水月季）是育成波特兰蔷薇的最初杂交亲本，由此波特兰蔷薇具备了开二次花的能力 [3]。胡斯特博士或可以以波特兰蔷薇有中国月季的血统为由，来支持其“16 世纪欧洲是否已有中国月季”的观点。但是现代生物技术已经证实波特兰蔷薇品种群在形成之初，并没有中国月季的血统，下文将详细论述。

4　现代生物技术验证波特兰蔷薇的中国血统

4.1　胡斯特博士的判断

波特兰蔷薇也被称为长春大马士革蔷薇（Damask Perpetual）是欧洲古老月季中最早具有重复开花能力的品种群，通常一年能开两季花。胡斯特博士判断波特兰蔷薇是大马士革蔷薇、法国蔷薇与中国月季杂交的杂交种，并推测其中国月季亲本很可能就是“月月红”（*Rosa chinensis* “Slater’s Crimson China”）[3]。不过他判断的依据并不是他专长的遗传学证据，而是依据雷杜德（Pierre-Joseph Redouté，1759—1840 年）所绘波特兰蔷薇画（图 5）及现存波特兰蔷薇品种 “Duchess of Portland”“Paestana” 的花、叶特征，以及波特兰蔷薇能够重复开花的习性。这是凭经验判断，并不符合强调实证、严谨的科学精神。虽然后人对胡斯特博士的判断屡有质疑，但并不能提供新的证据予以证明或否定。

波特兰蔷薇起源于意大利，以狂热的月季蔷薇爱好者英国的杜克二世公爵夫人（2nd Duchnes of Portland，1715—1785 年）的名姓命名，最早于 1782 年收录入英国苗圃记录，3 年后收录入法国苗圃记录 [8]。因此波特兰蔷薇首次培育成功的时间必然早于 18 世纪 80 年代。而学界公认中国古老月季品种“月月红”引种传播到欧洲的时间是 18 世纪末（1790 年），由此出现矛盾，“月月红”缘何能提早参与杂交产生波特兰蔷薇？有待于利用现代生物技术揭示其中缘由。

4.2　由生化实验结果怀疑权威论断

1994 年法国里昂的克劳德贝尔纳大学的雷蒙（Oliver Raymond）等人利用高效液相色谱法检测多类型古老月季酚类物质代谢差异水平，寻找种（品种）间的特异性。雷蒙等人检测植物酚类物质代谢途径中类黄酮指纹（Flavonoid Fingerprints）、山柰酚 / 栓皮素（Kaempferol / Quercetin）等重要指标。结果显示供试的 2 个波特兰蔷薇品种 *R. x portlandica* 和 ‘Rose du Roi’ 与法国蔷薇品种群的酚类物质代谢水平一致 [9]。由此可以从生理代谢角度推断波特兰蔷薇品种群（P）与法国蔷薇品种群（G）亲缘关系很近，与中国月季（Ch）及有中国月季血统的品种群如波旁月季（P）、诺伊赛特月季（N）、茶香月

图 5　雷杜德绘波特兰蔷薇
引自 *Les Roses* Vol. Ⅰ（1817, Pairs）

季（T）、长春中国月季（HP）品种群亲缘关系很远。雷蒙博士注意到上述结果中波特兰蔷薇品种的特殊情况，但是由于胡斯特博士所持的中国月季是波特兰蔷薇的杂交亲本之一，这一观点已在学术界根深蒂固，雷蒙博士并不敢贸然挑战乃至否定这一观点，而只是从植物生化代谢途径的角度做了模糊的解释。

4.3 DNA 分子标记检测验证

在此之后雷蒙博士开展利用 DNA 分子标记技术，分析月季品种群之间的亲缘关系研究。他使用 5 个波特兰蔷薇品种做 DNA 分子标记鉴定和生化检测。实验结果确凿地证明中国月季不是波特兰蔷薇的亲本，其真正的亲本为大马士革蔷薇、法国蔷薇等起源自欧洲及中东的古老月季品种群[10]。该结果最早载于雷蒙博士的 1999 年博士学位论文，题名：*Domestication et sélection dirigée chez le rosier：analyse historique via les phénotypes morphologique, chimique etbiochimique.*

依据雷蒙博士研究结果，推论出波特兰蔷薇的杂交亲本是法国蔷薇和秋大马士革蔷薇（也有译作"双季大马士革蔷薇"）（R. x *bifera*，或写作 Autumn Damask Rose）。该品种可以在春、秋两季开花，*bifera* 就是两季花的意思。秋大马士革蔷薇由大马士革蔷薇在自然杂交的过程中产生突变，孕育出具有开春、秋两季花能力的品种。秋大马士革蔷薇（Autumn Damask Rose）与法国蔷薇杂交，得到波特兰蔷薇最原始品种 "Duchess of Portland"。经历再与"药用"法国蔷薇品种（R. gallica "Officinalis"）杂交，得到著名品种 "Rose du Roi"，而后培育出更多能够重复开花的品种，发展出波特兰蔷薇品种群[11]。其演化路径如图 6 所示。

雷蒙博士的颠覆性成果很快在园艺、月季界传播，其他人的实验也证实了这一观点。此观点逐渐在 2000 年之后得到月季界权威人士的认可，在此之后再有编辑出版的月季专著，总会修正以胡斯特博士为代表的错误观点，阐明经最新的 DNA 技术鉴定证明中国月季不是波特

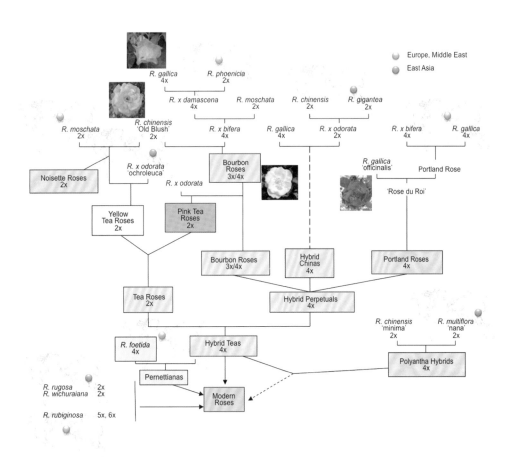

图 6 波特兰蔷薇的遗传谱系
引自：Bendahmane M., Dubois A., Raymond O., et al. Genetics and Genomics of Flower Initiation and Development in Roses. *Journal of Experimental Botany*, 2013, Vol. 64（4）：847-857.

兰蔷薇的杂交亲本。

5　中国月季引种传播到欧洲的准确时间

目前西方园艺界普遍接受的说法：最早引种到欧洲的中国古老月季品种是"Old Blush"（"月月粉"），由奥斯贝克（Peter Osbeck, 1723—1805 年）1752 年从中国广州引种到瑞典乌普萨拉（Uppsala）[12-14]。奥斯贝克的游记《中国和东印度群岛旅行记》（Dagbok öfwer en Ostindisk resa åren 1750, 1751, 1752, 1757）提到他在广州见到连续开花月季花（Rosa indica）[15]。

著名中国科技史专家李约瑟在他的《中国科学技术史》Vol.6-1 明确记述，中国的月季花在 1759 年之后，由菲利普·米勒（Philip Miller）以"Blush Tea"的品种名引种、栽培到英格兰[16]。还有记载 1763 年瑞典东印度公司的卡尔·埃克贝里（Carl Ekeberg, 1716—1784 年）船长，以及 1780 年英国著名植物采集、植物贸易专家威廉·克尔（William Kerr, ?—1814 年）都曾先后将"Old Blush"引种到瑞典与英国[17]。这几批次的引种规模小，具有自发性和偶然性。

而更多的西文文献引用中国古老月季品种"Blush Chinese Rose"、"Parsons' Pink China"于 1789 年（Aiton, 1811）[18]或 1793 年[19]引入英格兰。由于 1789 年这次引种月季花是由时任英国皇家学会主席（任期 1778—1820 年）、邱园负责人的班克斯爵士（Sir Joseph Banks）推动的，带有官方性质，所以影响最深远。

综上所述（表1），中国学界权威的观点认为中国月季在 18 世纪末开始引种到欧洲[19]。这个观点过时了，应更改为中国月季自 18 世纪中期开始陆续引种到欧洲。

6　结论与讨论

就中国月季活体植物是否在 16 世纪已经引种、传播到意大利及欧洲这个问题，胡斯特博士所举的两个证据都不具有充分的说服力：油画上的月季花太小了，所包含的植物学信息有限，而蒙田的《意大利之旅》只能提供 11 月开花这一个生物学习性，并不能证明在 16 世纪的意大利及整个欧洲已经有中国月季栽培。笔者又查阅了十余部 17 世纪意大利、荷兰、英国的植物学专著及植物志、植物名录，都没有发现在 16、17 世纪有引种来自中国或印度具有连续开花特性的蔷薇属植物的记载。由此可确定，16、17 世纪的欧洲并没有能够连续开花的中国月季栽培。文献资料证实中国月季传播到欧洲是自 18 世纪中期开始陆续分批次引种到瑞典、英国、荷兰等欧洲国家，并于 18 世纪末、19 世纪初达到大规模、多批次引种的高潮。

自 20 世纪 80 年代开始分子标记技术开始应用于植物研究，在月季历史研究方面最大的突破在于颠覆了以剑桥大学胡斯特博士为代表的"中国月季是波特兰蔷薇杂交亲本之一"的权威观点。同时，也从侧面帮助笔者否定了胡斯特博士所持的观点："16 世纪欧洲已有中国月季栽培"。相信随着生物技术更成熟、更便利、更广泛地应用于植物学、园艺学，特别是随着月季等重要观赏花木基因组研究的深入，在月季历史、园艺史上更多的未解之谜可能会被解开，同时一些已经根深蒂固的观点可能会被修正，乃至彻底颠覆。这将有助于了解现代月季的组成成分、杂交演化路线，也对当代杂交育种工作具有一定的参考借鉴价值。

表1　18 世纪中、后期欧洲引种中国月季情况统计

引种人	引种时间（年）	引种地	品种名
P. Osbeck	1751	中国广州—瑞典	
Philip Miller	1759	?—英格兰	"Blush Tea"
Carl Ekeberg	1763	中国广州—瑞典	
William Kerr	1780	?—英国	
Sir. Joseph Banks	1789	荷兰—英格兰	"Blush Chinese Rose"
Parsons	1793 之前	?—英国	"Parsons' Pink China"

参考文献

[1] 余树勋.月季（修订版）［M］.北京：金盾出版社,2008：5.

[2] Schramm Darrell. Catalogus and Roses, Old and New：A History［J］//The Heritage Roses Groups. Rose Letter. Vallejo, CA：Jeri & Clay Jennings, 2016, 40（2）：20-29.

[3] Hurst C. C. Note on the Origin and Evolution of Our Garden Roses［J］. J. Royal Hort. Soc. 1941, 66：73-82, 242-250, 282-289.

[4] 刘华杰.博物画的历史与地位［C］// 刘华杰.博物学文化与编史［M］.上海：上海交通大学出版社,2014：159-172.

[5] 中国植物学会.中国植物学史［M］.北京：科学出版社,1994：366.

[6] Montaigne Michel De. The journal of Montaigne's Travels Italy by Way of Switzerland and Germany in 1580 and 1581［M］. Vol. II. translated and edited by W. G. Waters. London：John Murray, 1903：35.

[7] 程金水,刘青林.园林植物遗传育种学［M］.2 版.北京：中国林业出版社,2010：154.

[8] Beales Peter（1985）. Classic Roses：An Illustrated encyclopaedia and Grower's Manual of Old Roses, Shrub Roses and Climbers［M］. London：Collins Harrill：30-31.

[9] Raymond O., Biolley J.-P., Jay M., et al. Fingerprinting the Selection Process of Ancient Roses by Means of Floral Phenolic Metabolism［J］. Biochemical Systematics and Ecology. 1995, 23（5）：555-585.

[10] Harkness Peter. The Rose：A Colourful Inheritance［M］. Longdon：Royal Horticultural Socitey. 2005：131-134.

[11] Bendahmane M., Dubois A., Raymond O., et al. Genetics and Genomics of Flower Initiation and Development in Roses［J］. Journal of Experimental Botany, 2013, Vol. 64（4）：847-857.

[12] Dickerson Brent C. The Old Rose Advisor［M］. Portland：Timber Press，1992：89.

[13] Cairns Tommy. Modern Roses XI：The World Encyclopedia of Roses［M］. San Diego；London：Academic Press, 2000：427.

[14] Harkness Peter. The Rose：An Illustrated History［M］. Buffalo, NY；Toronto：Firefly Books, 2003：232.

[15] Osbeck Pher. Dagbok ofwer en Ostindisk resa aren 1750, 1751, 1752［M］. Stockholm：Tryckt hos Lor. Ludv. Grefing, 1757：249.

[16] Needham Joseph. Science and Civilization in China［M］. Vol. 6：Biology and Biology Technology. Pt.1：Botany. Cambridge：Cambridge University Press, 1986：429.

[17] Aiton William. Hortus Kewensis；A Catalogue of the Plants in Royal Botanical Garden at Kew［M］. Vol III. London：Longman, 1811：266-267.

[18] 陈俊愉.中国花卉品种分类学［M］.北京：中国林业出版社,2000：137.

Try to Discuss Whether Chinese Monthly Roses Were Cultivated in Europe in the 16th Century

Li Jing-bo

Abstract: The two arguments of Dr. Hurst from University of Cambridge to support the viewpoint that Chinese Monthly Roses were cultivated in Europe as early as the 16th century, were detailed analyzed and were negated finally. Refer to testing results by modern bio-technology in the end of the 20th Century & the beginning of the 21st century, it is confirmed that Chinese Monthly Roses were not the primal crossing parent of Portland Roses. Therefore Dr. Hurst's viewpoint was further denied. Through literature analysis, it is been ascertained Chinese Monthly Roses began to be introduced into Sweden, Great Britain and other European countries since the middle of the 18th century.
Key words: Dr. Hurst; *R. chinensis* 'Old Blush'; Portland Roses; Bio-technology

作者简介

李菁博 / 男 /1980 年生 / 北京市人 / 硕士 / 毕业于中国农业大学 / 北京市植物园，北京市花卉园艺工程技术研究所 / 工程师 / 研究方向为园林植物养护（北京　100093）

一件圆明园流散文物入藏中国园林博物馆记考

秦　雷

摘　要： 作者记述了经手征集一件清代园林石刻构件的亲身经历，并对该石刻的出身进行了详细考证，以富有说服力的证据证明此件石雕为圆明园西洋楼流散文物，并对其具体所在建筑位置、功能和名称进行了富有见地的分析，是首次对园林博物馆所藏圆明园石刻构件的深度研究成果。

关键词： 圆明园；流散文物；汉白玉西番莲纹花台

近年来，圆明园流散文物再次受到社会各界的强烈关注：先是在 2018 年 12 月 11 日，国家文物局划拨中国国家博物馆青铜"虎鎣"入藏仪式在中国国家博物馆高规格举行，文化和旅游部部长雒树刚、国家文物局局长刘玉珠、国家博物馆馆长王春法出席仪式，雒树刚为青铜"虎鎣"揭幕。这件据称是圆明园流散文物的西周晚期青铜器"虎鎣"是于今年 4 月在英国肯特郡坎特伯雷拍卖行以 41 万英镑（约合 366 万元人民币）价格被拍出并由买家无条件捐赠给国家文物局的。

"虎鎣"入藏国家博物馆不到一周，法国巴黎又传来重磅消息，2018 年 12 月 17 日，疑似圆明园十二生肖兽首之一的龙首出现在法国巴黎一场小型拍卖会上，并最终以 2400 万元人民币的价格被一华人买家购得。特别是疑似龙首的出现，再次引发了国人对于圆明园流散文物的鉴别、价值及收回方式的大讨论。

1　文物征集过程

圆明园流散文物的再次"火热"，也再次勾起了我对自己曾经手征集的一件"疑似"圆明园流散文物的回忆，以及考证的欲望。2011—2013 年，受北京市公园管理中心委派，我借调中国园林博物馆筹建办公室参与该馆筹建工作，主要负责三个临展厅的组织策划布置以及参与藏品征集工作，作为一个赤地立新的筹建新馆，征集和丰富藏品自然是园博馆一项至关重要的基础性工作，

于是国内的各个拍卖会便成为我们当时的主要关注点。

2012 年年底，筹备办得到杭州西泠印社将举办首届石雕专场拍卖的消息，在认真研究拍品图录后，我感到此场的石雕拍品大部分为园林庭院赏石及建筑构件，符合园林博物馆的定位和需求，其中一件拍品高度疑似圆明园西洋楼石构件风格，可以列为重点征集目标。我将情况报告给中国园林博物馆筹备办常务副主任、北京市公园管理中心总工程师李炜民，李总在认真听取建议并和筹备办相关领导商议后决定由我和从北海公园借调的张冕二人赴杭州参拍。

由于拍卖时间迫近，我和张冕第二天上午即乘高铁赴杭州。列车驶出不久，灰蒙蒙的天空中开始洋洋洒洒飘下密集的雪片来，这应该是那年的初雪。高速列车风驰电掣般前进，漫天飞雪围绕着车身狂旋乱舞，似在与列车竞相追逐嬉戏，飞琼溅玉，显得分外生动妖娆。坐在温暖的车厢内，欣赏着窗外的雪景，不由得有一种心旷神怡的惬意感。我当时还想，瑞雪兆丰年，这场不期而遇的雪也许是我们杭州之行的好兆头呢！

因为第二天上午就要正式拍卖开槌了，我们下午到达杭州站后即直奔预展现场。当天的杭州阴雨绵绵，温暖湿润，和萧瑟寒冷的北京形成鲜明对比，但我们没有时间流连柔美的江南风景。在预展厅，我们二人仔细观看每件拍品，进行讨论，按照计划计算和调整每件计划征集拍品的可接受价位。

我们此行计划中最重要的征购目标是被标名为"清·

汉白玉皇家西番莲纹花台"的第1110号拍品。我们围绕着拍品仔细观看：长方形，高76cm，两边分别宽为70cm×51cm，石料为汉白玉质，洁白细腻为同类之上品；石台四面剔地阳刻典型的欧式西番莲纹饰，雕刻共三层，中间一层起地最高，纹饰雕刻高凸饱满，为一朵八瓣吐蕊型花卉，外围一圆环，环外上下左右围绕四支花蒂；中间向外第二层减地为一海棠形，四倭角处又各出一个直角三角形；再外为第三层减地，与第二层直角三角相接处为四片五瓣形贝壳状花叶。整个石台纹饰和边角局部虽略有磨损和磕碰的痕迹，但石材之精良，雕工之细致，具有强烈的清乾隆时期的中西合璧特征，不由得让人立即将它和圆明园西洋楼建筑联系起来。再看拍卖图录中的拍品说明，也说到"此件汉白玉皇家西番莲花台，为不可多得之皇家精品……是清中期典型中西合璧之佳作。"甚至提及了拙政园中类似的8件圆明园西洋楼石刻遗物，看来拍卖公司也注意到了圆明园西洋楼石刻的高度相似性，或许未考证明确，或许涉及敏感，并没有将二者直接等同。

来杭州之前，我也做了一些功课：仔细查阅了圆明园西洋楼建筑的二十张复刻铜版画，对照了当时能够找到的一些18世纪70年代至19世纪20年代的清末西洋楼残迹老照片，以及现存圆明园、北京大学、颐和园、拙政园等处的西洋楼建筑石构件的资料，希望能找到和这件拍品一样的西番莲纹饰图案，遗憾的是一时都没有找到完全一样的。在没有获得更确凿的证据之前，我只能认为这件石雕只是"高度疑似"圆明园流散文物。

第二天上午，我们进入拍场竞拍，当拍到这件石雕时，竞争相当激烈。我们开始并没有急于举牌，当竞拍进行到十几次举牌，场上只剩下两家竞争者时，我们才加入竞拍，并且每次加价都毫不犹豫，有势在必得施压竞争者之意。经过几轮竞举，我们最终胜出，在计划的价格内拿下了这件拍品。这一场，我们共拍得大小拍品22件，这一件石雕是价格最高的，但在全场成交拍品的价格中远不是最高的。

这一件"高度疑似"圆明园西洋楼石雕是我此行最满意的收获，回京后我仍然很兴奋，不久便用加以文学性和想象化的文字戏作了一篇咏赞这件石雕和参拍经历的诗歌，以志其事：

《清代汉白玉花台歌》（附注）

2012年，中国园林博物馆筹建正酣，文物展品巫缺。12月29日，笔者受筹备办李炜民总工委派，参加杭州西泠印社石雕专场拍卖会，颇有斩获。其中第1110号拍品

名为"清代汉白玉皇家西番莲纹花台"，石质洁白细腻，纹饰精致富丽，有中西合璧风格，疑其为圆明园西洋楼遗物，遂竞得之，并赋以歌。

> 白玉骨骼温腻肤，番莲吐蕊势欲突。
> 虽有漫漶斑驳痕，贵气凛然溢眉目。
> 此物本伺水法旁[1]，西洋楼里何寻常。
> 御园[2]风物太富丽，难入弘历青眼光。
> 庚申[3]劫火极蛮恶，精雕名石皆崩裂。
> 此石幸得全身出，隐姓埋名转江湖。
> 或于街衢系驴马，或于田舍守鸡猪。
> 人情冷暖品尝尽，世事无常如戏书。
> 红尘看破欲长隐，却遭商贾搜索出。
> 拍卖场中甫亮相，数十百人争较量。
> 十几回合群斗酣，一客稳坐沉静观。
> 小使以逸待劳计，突然挥袖入战团。
> 气势如虹志必得，乱麻纷纷快刀斩。
> 全场呆愕如鸦雀，拂衣而去不顾返。
> 呜呼！君不闻：
> 心有灵犀遇有缘，园博大会正纳贤。
> 名石终属园博馆，物得其所永留传！

2 考证过程

2013年5月18日，中国园林博物馆正式对外开放，此件石雕被陈列在常设展览"中国园林艺术展厅"的结尾处；出于审慎，展品名称中去掉了"皇家"字眼，定为"汉白玉西番莲纹花台"，但在展品说明中提及它"反映了清代皇家园林中的中西合璧风格"。6月，我结束了借调，回到了原工作单位颐和园，无心旁骛；张冕不久也返回了原单位北海公园。随着时间的流逝，这件石雕与圆明园的"疑似"关系似乎越来越被人遗忘了。

虎鎣、龙首再度引发社会公众对圆明园流散文物的关注，也再次勾起了我对六年前往事的回忆和对该石雕身世给出定论的欲望。我将石雕的照片发给在圆明园龙首事件中发挥重要作用的圆明园学术委员会委员刘阳鉴别，他看后给了一个简短而斩钉截铁的回复：确认！必须是！但我并不满意这样的简单结论，决定去探访一下圆明园西洋楼遗址，这其实是我早应该做的功课。

我来到圆明园遗址公园，说明来意，在圆明园管理处副主任王猛、文物科长陈辉的引导陪同下，实地观赏了圆明园西洋楼遗存并展出的一百多件石雕，终于惊喜地发现了纹饰完全相同的实物，共有6件，圆明园管理处

1　圆明园西洋楼有大水法。

2　御园是清代对圆明园的专称；乾隆皇帝名爱新觉罗·弘历，作圆明园景观的诗歌数千首，无一首提及西洋楼。

3　1860年英法联军火烧圆明园为旧历庚申年。

都做了编号，分别是 XC021、XC031、XC034、XC140、XC153、XC154，这 6 件与园博馆的 1 件从石材、工艺、特别是纹饰上看几乎完全一致。我围绕着这几件石雕仔细观摩，心情激动不已，至此，一个在我心中盘旋了六年的疑问终于完全解开了，我经手征集的这件石雕无疑是来源于圆明园西洋楼！

略有不同的是，圆明园遗存的几个都是正反两面雕刻，另外两个侧面则无雕刻有錾工，说明两侧是与其他建筑构件相连接的部分，共同构成一组构件。而我经手征集的这件则是四面雕刻纹饰，说明其两侧没有其他构件与之相连，是一个四面独立的构件；另外，圆明园的石雕大多顶部平面中间还有一个小圆孔，应该是与其他构件连接加固的榫眼，而园博馆的则没有榫眼。二者相同的是，石雕的上部平面都不是完全平滑而是錾有麻纹，说明其上都有衔接的部件。这也进一步印证了我之前的推测，虽然还不能准确知道其上部连接的是什么，但可以肯定这种石雕形式称为"花台"是不恰当的，"花台"不过是石雕失去了其原有历史功能后被人赋予新的使用功能的命名。

现在石雕的身世可以毫无疑问地确定了，但我犹未满足，我的终极疑问是：这件石雕是圆明园西洋楼哪座建筑上的？是做什么用的？圆明园西洋楼的建筑有十几座呢！我就这个问题向圆明园的专家请教。从圆明园现场回来后不久，对圆明园文物了如指掌的陈辉科长给我发来了答案，她给我发来了《西洋楼铜版画》"海晏堂南面十三"的数字大图，并圈画了图中楼顶层的石栏板柱的位置，告诉我说这就应该是石雕所在的位置。其实这张版画我也曾经反复看过，但因为不是数字大图，纹

饰不清，所以未能够辨识出来。我仔细对照比例及纹饰图案，陈科长的判断是准确的，圆明园现存的几块应该就在这样的位置，是海晏堂楼顶层一组连接稳定石栏板的栏板立柱。在建筑结构上，立柱上面应该还盖有一条贯通连续的石条，起加固栏板的作用，再其上则是放置一个法式石花瓶。但园博馆征集的这件石雕因为是四面雕刻同样纹饰，所以应该是在一个没有石栏板与之相交的特殊独立的位置，上面应该还有承托的物件，由于角度的关系，在铜版画中还看不到。据此可以认定，园博馆入藏的圆明园石雕是原西洋楼中最重要的建筑——海晏堂的建筑构件——汉白玉西番莲纹柱台。

3　结语

百余年来，圆明园文物大量流失，是中国人的文化和情感之痛，从不同的角度，社会公众对圆明园流散文物的价值和回归方式的争论还会长期持续下去。目前据圆明园管理处统计，不包括私人藏家在内，藏有圆明园流散文物的国内外各文博及机关单位至少不下二十家。中国园林博物馆是一座收藏、研究和展示、传播中国园林文物文化的专类博物馆，在一定的现实条件下，由于建馆急需，能够征集一件圆明园流散文物，符合该馆的建馆宗旨和藏品定位，能补充表现中国皇家园林文化中西交融和从盛到衰的实物空白，有利于推进圆明园文物流散流向问题的深入研究，有利于弘扬中国优秀园林文化和激发爱国主义情感，因此有理由成为中国园林博物馆的代表性藏品之一。征集藏品后将藏品的历史信息考证出来，也有助于博物馆丰富展示说明，传递藏品价值。

Study on a Stray Cultural Relic of Yuanmingyuan Entering the Museum of Chinese Gardens and Landscape Architecture

Qin Lei

Abstract: The author recorded the experience of collecting a carved stone component which came from a Qing Dynasty garden, and made detailed research on its origin. With convincing evidence, the author proved that this is a lost cultural relic that belongs to the Xiyang Lou (Western Mansions) in the Old Summer Palace. The insightful analysis of this stone component's specific location, function and name makes this paper the first in-depth essay on the Old Summer Palace's carved stone component collected by the Museum of Chinese Gardens and Landscape Architecture.
Key words: The Old Summer Palace；Lost cultural relics；Alabaster flower stand with passiflora pattern

作者简介

秦雷 /1968 年 / 男 / 山东省聊城市人 / 副研究馆员 / 硕士 / 毕业于中国人民大学 / 现就职于北京市颐和园管理处 / 研究方向为文物保护和研究（北京 100091）

新建博物馆藏品征集与藏品总账信息化建设初探
——以中国园林博物馆为例

李　明　马欣蕣　王　淼

摘　要：近年来，我国博物馆事业迅猛发展，每年都有大量的新建博物馆加入博物馆的建设与发展中。2013 年与中国园林博物馆同年建立的博物馆多达 299 家，2014 年新建博物馆 345 家，截至 2018 年全国博物馆总数为 5354 家，相比 2017 年又增加了 218 家，可见新建博物馆始终保持着增长态势。而一座博物馆从确认馆藏定位到通过何种渠道获得自己的第一批馆藏，再到因馆藏数量的不断扩充以至如何进行有效的藏品管理，特别是对于经验不足的新建博物馆来讲，从筹备建馆到建成开放期间的业务工作并不被普遍了解。本文以中国园林博物馆为例，根据"保藏园林属性物质遗存"的自身藏品特色，结合传统博物馆的先天优势加以融合，将藏品征集与藏品总账建设在不同时期的业务重点作为指引，对新建博物馆藏品管理中"物""征""账""藏""用"的关系做出浅析。

关键词：新建博物馆；藏品征集；藏品总账信息化

引言

依照国家文物局提出的《博物馆事业中长期纲要（2011—2020 年）》，到 2020 年全国博物馆数量应达到每 25 万人拥有 1 座博物馆的目标，据 2019 年国家文物局统计，全国共有各类博物馆 5364 家。众所周知，藏品是博物馆的立馆之本，也是开展各项业务工作的物质保证，但对新建博物馆来说，藏品的种类和数量是很难短期解决的制约因素，如新建博物馆在建馆之初对于"博物"定位出现混淆，会导致博物馆金玉其外，败絮其中。通过创新藏品征集模式和渠道，尽快地丰富馆藏，加速博物馆筹备建设，通过藏品总账满足"账"与"物"的分管，解决"藏"与"用"的矛盾，并同步加强藏品信息化的研究，能够对新建博物馆的事业发展具有推动作用，关系到新建博物馆的未来发展。

1　新建博物馆确立自身藏品定位

新建博物馆不只是戴着艺术面具的建筑、也不是将馆藏永久沉葬于库房的红酒窖，更不是文物藏品的临时展览馆、科普馆甚至展销室，它应该是征集、典藏、陈列和研究代表自然和人类文化遗产实物的场所，并对那些有科学性、历史性或者艺术价值的物品进行分类，为公众提供知识、教育和欣赏的文化教育的机构、建筑物、地点或者社会公共机构。新建博物馆的建设目的要根据自身实际情况，正确定位其"博物"特性，发挥功能，使之有效服务社会。任何新建博物馆都有其独特之处，有其收藏研究之长，只有正确反映主题特色，确立博物馆准确定位，才会有"物"可"征"，有"征"可"藏"，有"藏"可"用"，从而做好新建博物馆集"筹备期—过渡期—开放期"于一体的藏品管理之路，才能有利于博物馆各项业务工作的开展。

以中国园林博物馆为例，我馆根据博物馆公益属性与园林定位，以搜集、保藏自然界和人类社会物质文明、精神文明发展的见证物为方向确立馆藏定位，从而为馆内藏品管理制度的建立、征集计划的制订、藏品账目的日益完善与园林藏品的搜集、利用与研究打下坚实基础。

2　新建博物馆的征集管理工作

做好藏品征集不仅能不断地丰富馆藏，还可以不断促进其他业务的开展。处于博物馆筹备期的管理层若对藏品管理重要性的意识不够强，则会导致新建博物馆的建筑外形气势磅礴，但馆藏的陈列文物单薄，没有什么特色可言[1]。新建博物馆若要在行业中立足，其中必不可少的一条指标就是馆藏藏品必须具有一定数量和质量，这是建立博物馆的必备条件。藏品数量的多少，质量的高低，是衡量一个博物馆社会地位的主要标志。因此，新建博物馆在筹备期最为核心的工作内容为获得藏品并建账记录，在做好已征集藏品的保护、管理工作中充实馆藏，竭尽全力把人力、财力、物力投入藏品征集当中，组建一支高水准、严要求、懂保管的藏品征集管理队伍。同时，鉴于文物是具有历史、文化、科学价值的实物形态，文物征集工作还具有保护中华民族传统文化的重要历史意义。

2.1　设立藏品征集管理机构

以中国园林博物馆为例，我馆在筹备期设立集藏品征集、藏品总账、藏品保管与保护于一体的管理部门，部门下设征集工作组与总账组，藏品保管职责由征集组兼任。征集组内分设外部组与内部组，人员比例关系为2∶1。外部组负责征集、鉴定及运输并兼任库房保管工作；内部组负责征集、接收及管理并协助藏品登记工作。根据博物馆账、物分管的保管原则，内部组征集人员与账目登记人员不能兼任库房保管工作。各组人员比例根据馆藏数量的提升与展陈大纲的完善程度进行适当调整。

2.2　建立鼓励藏品征集的管理规定

博物馆筹备初期的馆藏藏品少之又少，这一阶段征集到的藏品数量、质量与藏品研究利用程度正是衡量一所博物馆今后发展规模、科学价值、总体水平及社会意义的重要指标。因此博物馆在此阶段需要制定符合博物馆特殊阶段的藏品管理规定，在文物保护层面加大执行力度，保证社会征集、考古发掘与标本采集这三种途径的收集方法得以实施。

2.3　以中国园林博物馆为例设定征集范围与组内职责

1. 博物馆筹备期的规模性征集

在藏品征集筹备期，征集范围的设定需要建立在调查研究基础上，根据博物馆自身性质、特点、展览陈列需求、研究领域等问题，结合馆内资金与人员情况，分急、缓、先、后建立科学的征集计划。在搜集地区方面也要结合自身性质与特色着重收集某一领域的文物、标本。筹备期的藏品征集内、外部组工作重点应结合博物馆自身定位开展"发掘""调拨""旧藏"来源等筹备期具备可操作的、成规模的征集工作。但因中国园林博物馆的建立并非为考古发掘遗址所建博物馆，因此本阶段我馆内、外部组工作以"捐赠""收购"等社会搜集来源作为重点。

2. 博物馆过渡期的补充征集

随着馆藏数量与日俱增，征集到馆的藏品与利用的对立面开始浮现，全力保证博物馆顺利开馆成为这一时期的重点，陈列大纲的雏形与馆藏实际藏品不对等的供需矛盾需要解决。藏品征集进入过渡期，征集思路需要做出调整，通过"收购"的社会搜集方式持续补充陈列大纲所需展品的定向搜集，在馆内人力、财力的支持下开展文物复仿制工作，以解决筹备期围绕馆藏藏品所产生的供需矛盾。但在此期间，各新建博物馆或多或少都会遇到征集经费吃紧、人员不足的情况，这些内因都会减缓藏品征集的进度，因此通过"捐赠"来源补充展线与馆藏是个不错的选择。另外，围绕"捐赠"来源，加大藏品的鉴定工作，以避免出现赝品、残次品流入博物馆的混乱现象。

在藏品征集的过渡期，内、外部组征集小组职责区分开始显现。征集外部组的工作重点要侧重于填补馆藏缺失项和藏品保管与保护，不但要继续开展"发掘""拨交""旧藏"来源的搜集，还要结合展陈大纲的需求补充"收购"与"捐赠"两个重要来源，开展社会流散文物、标本与近现代藏品的补充，同时还需重视藏品复制与捐赠品鉴定等工作。征集内部组在此阶段侧重于协助总账组开展藏品接收、登记、按来源整理与保护，制作凭证单据、开展藏品拍照等信息化工作以备查询使用，还要协同总账组开展藏品管理，办理上级文物行政部门的审批以及馆内藏品利用工作。

3. 博物馆开放期的征集组分责

从新建博物馆打开馆门接待观众的那一刻起，博物馆开放期随之到来。随着藏品征集由临时化转为常态化，博物馆按照自身性质、特点、展览陈列需求，宣传角度、研究领域等多角度征集思路应运而生。这一阶段的征集模式除常规方式外，还可根据博物馆事业发展预期与前景在符合法律法规的条件下开展"交换"来源征集工作，还可以定向搜集，征集范围也可逐步扩大，从文物、标本或近现代资料藏品到影音资料的收集，用来辅助藏品资料的完善（图1）。

在此阶段征集组还要面临管理模式的转变，进入常态化管理，同时在管理规定上做出调整，征集藏品的重点在精不在量，强调文物管理可持续保护执行力度，细化藏品管理职责分工。以中国园林博物馆为例，我馆在开放期将征集外部组的人员与责任划分，形成藏品征集组与藏品保管组；同时将征集内部组与总账组合并为总账管理组，三组共同形成藏品保管部，各组分管藏品征集、藏品总账、藏品保管，形成相互制约、互促发展的藏品管理体系。

图 1　组织召开藏品定向搜集越洋会议征集象鸟蛋

3　新建博物馆总账建设

3.1　藏品总账建设的重要性

新建博物馆总账建设是一个从无到有的过程，它是藏品征集的连续性工作，是保护馆藏的持续性工作，是科学开展藏品提用的基础性工作。由于总账本身所带有的某种法律意义上的作用，决定了总账管理人员所登录的总账犹如法庭上的证言，必须详尽而准确。博物馆藏品是国家宝贵的历史文化遗产，因此藏品登记是博物馆保管部门对藏品实行有效管理的备案依据[2]。鉴于总账所特有的重要性，藏品总账应设立两人或两人以上进行统一管理，库房人员不得兼职。总账人员在藏品管理上要具备极其细致、严谨的工作态度，除了掌握业务知识以外，还应该具备高度的责任感和使命感。

3.2　藏品总账信息化管理的必要性

随着大数据信息时代的来临与博物馆年轻化的趋势，藏品登记不再局限于白纸黑字的抄写形式。纸质账册在经过翻阅查看后，必定会有不同程度的损坏，因此，纸质账册已经不能完全契合新时代藏品管理的日常工作需求，采用信息化手段和藏品管理系统可以更高效、更好地提高博物馆的保管水平与藏品利用价值，使之"活起来"。新建博物馆的总账人员在建立电子总账前需要结合传统纸质账与藏品管理的特点考虑实用性与可行性，选择适合新馆的电子藏品保管总账模式，以得到最大限度的应用。在使用过程中需要持有及时发现问题，合理解决问题的态度，不断改进，使之完善。

3.3　以中国园林博物馆为例的总账管理

1. 博物馆筹备期的接收登记

总账组在筹备期的藏品登记同样要建立在调研的基础上，初拟馆藏类别编号，建立博物馆藏品总号与分类号编写方式，征集组从接收"物"转移为"藏"。在此期间，总账组按照征集品入馆时间的先后与征集来源分批入藏，力求将每一件藏品记录信息与登账要求做到规范，结合藏品号分类排序方式，开展《博物馆藏品入馆凭证》以及《博物馆藏品总登记账》的持续登记，单件藏品按照编号规则分类登记给号，1 件套多件藏品在分类登记给号的基础上，将子件逐一排列顺序号，根据藏品质地与器形特征逐一写号，逐一拍摄藏品照片以减少提取次数。同时将手书账登记内容录入成电子账进行信息化账目备份，在条件允许的情况下筹划藏品信息化管理系统相关内容以方便利用。

2. 博物馆过渡期的电子化建账利用

总账组在此阶段的工作纷繁复杂，这一阶段的账目管理工作不仅是藏品数量的叠加，还是检验藏品管理是否科学的体现。此阶段已开展大量的藏品登账、入藏，如何快速、科学地建立一套方便查用且账物相符的简易藏品电子账目，用以浏览查阅馆藏，成为藏品管理的重点。此阶段的登记工作万不能照本宣科，不考虑藏品的供需关系，一味追求手抄账的登记进度，放慢电子账的查询功能，导致陈列大纲的编写进度缓慢，阻碍博物馆的事业发展。此一时期，新建博物馆可采取先形成藏品电子账，保证博物馆开馆所需的藏品查用问题，化解藏品供求矛盾，后进行手书账账目备份的方式保证账目登记的规范化。另外，在大纲修改期间，总账组还应优先登记、入藏大纲所列来源展品，制作《博物馆藏品分类保管单》与《博物馆藏品出库凭证》，先后与库房保管员以及陈展部门进行入库与出库的交接。同时，还应适时根据已入藏的情况开展藏品分类，初拟藏品情况统计，弱化博物馆过渡期账目登记与查用的矛盾关系（图 2）。

3. 博物馆开放期的总账信息化完善

此阶段总账组面临的最大难题为平衡"藏"与"用"的关系。一方面，要解决过渡期已接收待入藏的藏品登记与开放期新入藏藏品的登记、建账的问题；另一方面，要根据已入藏数量与待整理藏品的比例关系、各类藏品在级数量、馆藏薄弱项类别，形成体系的藏品大类等统计分析，整理汇报以备博物馆摸清家底。这一时期，各新建博物馆需要解决博物馆的立足与发展问题，从而广纳观众、广开展览。以博物馆筹备期的藏品业务部门与人员比例关系来看已无法满足博物馆事业发展所需的藏品提用、科普、科研等业务工作，因此需要补充筹备期的管理规定，加强博物馆账目、数据、档案管理制度以及藏品提用制度的建立，并结合藏品信息化手段建立藏品总账清晰、账物相符、分类账科学合理，编目详明，查用方便的管理系统。

以中国园林博物馆为例，我馆在此阶段与第一次全

中国园林博物馆藏品总登记账

登记日期			总登记号	分类号	名称	时代	数量			尺寸（cm、m）	重量	g、kg	质地	完残情况	来源	入馆凭证号
年	月	日					件数	单位	实际数量							
2016	5	11	YL4517	16.57	《盎格鲁——中国花园》系列铜版画一套	十八世纪	1	件套	3	尺寸不一	未称重		纸	育修、封皮磨损、褶皱、磨损严重、破损、折痕、污渍、霉斑、纸张发黄、	价购广州市文物总店	RK2016-034
2016	5	30	YL4518	16.58	《西湖游览志》	明万历	1	件套	10	长14.5cm 宽	未称重		纸	水渍、霉斑、虫蛀、污渍、育修、缺损、褶皱、断裂	价购中国嘉德拍卖	RK2016-062
2016	10	27	(YL)3239	(8)27	北京美观（英文）	1920年上海居臣氏	1	件	1	长39.2cm 宽30.6cm	未称重		纸	封皮磨损、破损严重、开裂、有水渍，	价购北京海王村拍卖有限公司	RK2016-138
2016	10	27	(YL)3240	(16)1	北京景观（中日文）	民国二十九年	1	件	1	长28.2cm 宽20cm	未称重		纸	破损、霉斑、污渍	价购北京海王村拍卖有限公司	RK2016-138
2016	2	29	YL4472	20.865	1979年9月18日汪菊渊致余树勋信件一封	1979年9月18日	1	件套	3	尺寸不一	未称重		纸	信封残破，信纸基本完整	余晓东捐赠	RK2016-007
2016	2	29	YL4473	20.866	北京市高级专业技术职务评审委员会 聘书	1987年5月15日	1	件	1	长24cm 宽17.3cm	未称重		纸	基本完整，有折痕	余晓东捐赠	RK2016-007
2016	2	29	YL4474	20.867	1983年4月2日李嘉乐致余树勋信件一封	1983年4月2日	1	件套	3	尺寸不一	未称重		纸	信封残破，信纸基本完整	余晓东捐赠	RK2016-007
2016	2	29	YL4475	20.868	1984年2月25日冯国楣致余树勋信件一封	1984年2月25日	1	件套	2	尺寸不一	未称重		纸	信封残破，信纸基本完整	余晓东捐赠	RK2016-007
2016	2	29	YL4476	20.869	1983年6月10日冯国楣致余树勋信件一封	1983年6月10日	1	件套	2	尺寸不一	未称重		纸	信封残破，信纸基本完整	余晓东捐赠	RK2016-008
2016	2	29	YL4477	20.870	1987年9月25日冯国楣致余树勋信件一封	1987年9月25日	1	件套	2	尺寸不一	未称重		纸	信封有墨迹，信纸基本完整	余晓东捐赠	RK2016-008
2016	2	29	YL4478	20.871	1992年10月8日冯国楣致余树勋信件一封	1992年10月8日	1	件套	2	尺寸不一	未称重		纸	信封残破，信纸基本完整	余晓东捐赠	RK2016-008
2016	2	29	YL4479	20.872	1992年11月7日冯国楣致余树勋信件一封	1992年11月7日	1	件套	2	尺寸不一	未称重		纸	信封残破，信纸基本完整	余晓东捐赠	RK2016-008
2016	2	29	YL4480	20.873	1993年2月10日冯国楣致余树勋信件一封	1993年2月10日	1	件套	3	尺寸不一	未称重		纸	信封残破，信纸基本完整	余晓东捐赠	RK2016-009
2016	2	29	YL4481	20.874	1977年11月2日陈植致余树勋信件一封	1977年11月2日	1	件套	2	尺寸不一	未称重		纸	基本完整	余晓东捐赠	RK2016-009
2016	2	29	YL4482	20.875	1978年1月19日陈植致余树勋信件一封	1978年1月19日	1	件套	2	尺寸不一	未称重		纸	信封封口处有破损，信纸基本完整	余晓东捐赠	RK2016-009
2016	2	29	YL4483	20.876	1982年11月25日陈植致余树勋信件一封	1982年11月25日	1	件套	2	尺寸不一	未称重		纸	基本完整	余晓东捐赠	RK2016-009
2016	2	29	YL4484	20.877	1983年10月5日陈植致余树勋信件一封	1983年10月5日	1	件套	2	尺寸不一	未称重		纸	信封封口处有破损，信纸基本完整	余晓东捐赠	RK2016-010
2016	2	29	YL4485	20.878	1987年9月28日陈植致余树勋信札（2页）	1987年9月28日	1	件	1	长26cm 宽18.7cm	未称重		纸	基本完整	余晓东捐赠	RK2016-010
2016	2	29	YL4486	20.879	1985年3月2日俞德浚致余树勋信札（1页）	1985年3月2日	1	件	1	26*18.6	未称重		纸	有折角，霉斑	余晓东捐赠	RK2016-010
2016	2	29	YL4487	20.880	1986年5月29日俞德浚致余树勋信札（1页）	1986年5月29日	1	件	1	25*17.6	未称重		纸	有墨迹，水渍	余晓东捐赠	RK2016-010
2016	2	29	YL4488	20.881	1983年12月4日俞德浚致余树勋信札（1页）	1983年12月4日	1	件	1	26*18.6	未称重		纸	基本完整	余晓东捐赠	RK2016-010
2016	2	29	YL4489	20.882	1978年9月17日俞德浚致余树勋信札（2页）	1978年9月17日	1	件	1	26.2*19	未称重		纸	基本完整	余晓东捐赠	RK2016-010
2016	2	29	YL4490	20.883	1981年10月20日俞德浚、鲁鸣璠致余树勋信件一封	1981年10月20日	1	件套	2	尺寸不一	未称重		纸	有霉斑，污迹	余晓东捐赠	RK2016-010
2016	2	29	YL4491	20.884	1984年9月24日俞德浚致余树勋信件一封	1984年9月24日	1	件套	2	尺寸不一	未称重		纸	信封有褶皱，信纸基本完整	余晓东捐赠	RK2016-011
2016	2	29	YL4492	20.885	1985年4月19日俞德浚致余树勋信件一封	1985年4月19日	1	件套	2	尺寸不一	未称重		纸	基本完整	余晓东捐赠	RK2016-011
2016	2	29	YL4493	20.886	1月18日俞德浚致余树勋信件一封	现代	1	件套	2	尺寸不一	未称重		纸	信封封口破损，信纸破损	余晓东捐赠	RK2016-011
2016	2	29	YL4494	20.887	1981年6月12日俞德浚致余树勋信札（2页）	1981年6月12日	1	件	1	30.6*19.9	未称重		纸	基本完整	余晓东捐赠	RK2016-011
2016	2	29	YL4495	20.888	2月4日俞德浚致余树勋信札（2页）	现代	1	件	1	26.2*19	未称重		纸	破损，霉斑，有折角	余晓东捐赠	RK2016-011

图 2　藏品科学登记，弱化藏与用的矛盾关系

国可移动文物普查工作相遇。2010 年我馆开始筹建，2013 年 5 月 18 日开馆运行，同年 11 月 18 日独立运行并处于普查名单之列，2014 年正式启动馆藏文物普查工作。

①在文物普查期间我馆将重点确立在藏品的持续登记普查建账上，通过参照 14 个指标项样本，完善我馆藏品总登记账。

②用资料信息与图片信息采集的普查方式补充原简易藏品总账内容存在的不足，纠正了藏品与原定名不一致、不规范、不统一的情况。

③用正式馆藏分类号增补原藏品流水号并进行藏品分类。

④通过藏品分类号统一藏品影像档案与藏品账目间的查询方式（图 3）。

但并非所有新建博物馆的建立时间都处于文物普查工作期，也并非完成文物普查工作的藏品总账建设可以停滞不前，在 14 项基本指标项以外还包括 11 类附录信息以及照片影像资料，要涉及可移动文物的基本信息，包括藏品的客观信息与保存管理状况。若处在开放期的新建博物馆在短时间内无法应用藏品管理系统解决总账信息化的问题，可应用电子账与手抄账结合的方式开展总账管理。电子总账可以参照国家文物局第一次全国可移动文物普查工作办公室编印的《普查藏品登录操作手册》与“第一次全国可移动文物普查登记电子表”通用模板，在应用藏品管理系统前逐步完善藏品账目电子化登记、纸质账册规范化管理、文物藏品数字化拍照以及博物馆藏品管理系统信息化建设等工作。

以中国园林博物馆藏品总账信息化构建为例，基于移动端与 PC 端双平台的总账登记模式已成为藏品信息化的趋势，以账物相符为总账信息化建设核心，以藏品库区内部业务工作为系统最远边界，结合藏品二维码标签的应用，将藏品征集、藏品登记、账目管理、库区库房、出返库管理、藏品统计查询等信息化工作形成“园博馆藏品库区管理系统”中的模块化操作，从而完善总账的信息化（图 4）。

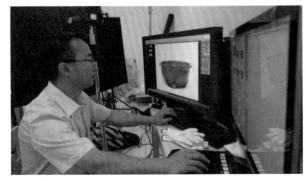

图 3　藏品图片与账目比对完善藏品档案

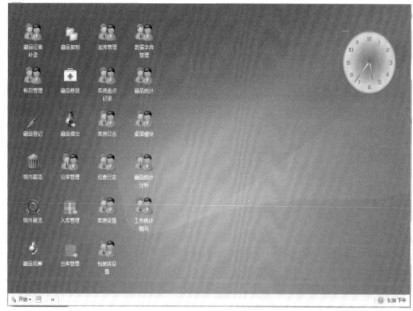

图 4　中国园林博物馆藏品库区管理系统 PC 端与移动端双平台操作界面

4　藏品征集与藏品总账信息化的意义

4.1　藏品征集来源清楚，确保新建博物馆馆藏合法

根据国务院 2015 年 3 月 20 日公布实施的《博物馆条例》来解析，条例第一次从国家法规的层面确立了博物馆的法律地位、性质、任务和规范，意义深远。其中，要求对国有和非国有博物馆一视同仁，要求加强藏品的保护和管理，可以通过购买、接受捐赠、依法交换等法律、行政法规规定的方式取得藏品，不得有来源不明或者来源不合法的藏品[3]。因此，无论新建博物馆处于博物馆建设"筹备期—过渡期—开放期"的何种时期，在藏品征集过程中拒绝"来源不明或不合法的藏品"是从"物"到"征"必须把握的红线，也是新建博物馆能否稳定发展的前提。

4.2　加强藏品总账建设，确保馆藏账物一致，促进新建博物馆对外开放

根据文化部 2006 年 1 月 1 日发布的《博物馆管理办法》第二十条的规定，博物馆应建立藏品总账、分类账及每件藏品的档案，并依法办理备案手续。博物馆通过依法征集、购买、交换、接受捐赠和调拨等方式取得的藏品，应在 30 日内登记入藏品总账。可以说藏品总账是新建博物馆征集与保护工作的延续，无论一件藏品通过何种渠道征集到馆，记录翔实的账目内容才能准确表达征集来源与藏品价值，其对保管、科研、陈列、教育等

职能的发挥提供了第一手资料，为新建博物馆如期对外开放起到促进作用。

4.3　总账信息化管理有助于中国园林博物馆藏品库区管理系统的建设

由于藏品总账本身所带有的某种法律意义上的作用，决定了总账登记内容犹如法庭上的证言，因此传统博物馆的纸质手书账册要求必须字迹工整、详尽而准确。但是手书账册所记录的信息十分有限，不便于查找、统计与二次利用，且不具有实时性，因此实现对藏品总账信息化管理是十分必要的手段。

以中国园林博物馆为例，在藏品总账信息化内部管理中，向上对应藏品征集的电子化《园博馆藏品入库凭证》，向下对应藏品保护的电子化《园博馆藏品分类保管登记单》；而在外部管理中，向上对应馆藏提用的审批，向下对应馆藏利用的电子化《园博馆藏品出库凭证》。因此，藏品库区管理系统的构建，首先需要梳理藏品保管部对外及内部线下工作流程，分析各工作流程节点所涉及的存档信息及用户对象，分析流程节点之间需要转移的信息以及转移方式，分析系统上线运行后与线下工作的配合关系等[4]。

5　结语

总之，在党的十九大高度重视文化建设的大背景下，

我国对于新建博物馆的热情依旧高涨。通过建立博物馆解决人民日益增长的精神文化需求也成为博物馆界的一项国家任务。但是，对于新建一座博物馆在藏品征集、总账与信息化建设领域究竟需要做哪些准备、该怎么做、不同阶段先做什么后做什么的阐述暂未提及。因此，本文以中国园林博物馆的建设过程为例，介绍新建博物馆从筹备、过渡到开放不同时期的藏品管理思路的转变，及时完善关于藏品征集、总账建设工作，推进信息化建设的管理制度，同时加大落实与执行力度，从而为藏品研究、利用以及新建博物馆各方面事业发展夯实基础。

参考文献

[1] 杨丽云.试论广西新建博物馆如何进行文物征集 [J].传承，2012（22）.
[2] 周露茜.浅谈博物馆藏品总账保管 [J].上海文博论丛，2012（03）.
[3] 大河报.来源不明的藏品不能收 [N/OL].中国经济网 http://www.ce.cn/culture/gd/201503/04/t20150304_4724015.shtml.
[4] 赵丹苹.新技术新平台助力中国园林博物馆的应用研究 [C].互联网时代的数字博物馆，2017：27.

Talking about the Significance of Collecting Collections and Collecting General Ledger Information in Newly-built Museums

Li Ming, Ma Xin-ru, Wang Miao

Abstract: In recent years, with the rapid development of China's museum industry, a large number of new museums join in the construction and development of museums every year. In 2013, as many as 299 museums were established in the same year as the Museum of Chinese Gardens and Landscape Architecture, and 345 new museums were built in 2014. As of 2018, the total number of museums in China was 5354, an increase of 218 compared with 2017. It can be seen that the number of new museums has always maintained a growth trend. However, from confirming the location of collection to obtaining the first collection through which channels, to the continuous expansion of collection quantity and how to carry out effective collection management, especially for the new museum with insufficient experience, the business work from the preparation to the completion and opening period is not generally understood. Taking the Museum of Chinese Gardens and Landscape Architecture as an example，according to its own collection characteristics of "preserving the material remains of garden attributes" and the inherent advantages of traditional museums, this paper makes an analysis of the relationship among "things", "collection", "account", "collection" and "use" in the collection management of new museums under the guidance of the business focus of collection collection and collection general ledger construction in different periods.
Key words: New museum; Collection of cultural relics; Informatization of museum collection registration

作者简介

李明 /1989 年生 / 男 / 北京市人 / 本科 / 现就职于中国园林博物馆北京筹备办公室 / 研究方向为藏品总账、藏品信息化与藏品保护（北京　100072）

马欣蕾 /1988 年生 / 女 / 北京市人 / 本科 / 现就职于中国园林博物馆北京筹备办公室 / 研究方向为文物与博物馆（北京　100072）

王淼 /1976 年生 / 男 / 北京市人 / 本科 / 现就职于中国园林博物馆北京筹备办公室 / 研究方向为文物鉴定、藏品管理与保护（北京　100072）

元代流杯池行殿考述 [1]

杨程斌

摘　要： 本文用历史考证的方法，分析了历代流杯亭、园、池的修建，讨论了元代流杯池行殿的兴建与废弃，最终推测出元英宗时期建造的流杯池行殿应在今北京延庆黄龙潭龙王庙附近。

关键词： 流杯池行殿；流杯池；元英宗；黄龙潭龙王庙

《元史》记载，元英宗时期曾在"缙山"修建流杯池行殿。缙山早在窝阔台时期即为大汗的住夏地，又是元代皇帝北巡上都的必经之地，修有大量行宫园囿，英宗之父"仁宗"即出生于缙山香水园。元英宗在其即位的第二年即在缙山修建"流杯池行殿"，之后又动用太庙役军修造，是一处重要的行宫。但查阅相关史料，英宗之后，再未发现有关于此行殿的记述，推测其可能毁于泰定帝死后因争夺皇位而爆发的"两都之战"。

1　研究综述

因元仁宗出生于缙山香水园[2]，遂改缙山县为龙庆州[3]，隶属大都路[4]，缙山的政治地位获得了空前的提升。仁宗

及其子英宗时期，缙山行宫园囿的修建规模前所未有。缙山是元代皇帝北巡上都的必经之地，曾在此修"缙山道"[5]"辇道行其中"[6]，地理位置较为重要。缙山的香水园、棒槌店[7]是皇帝巡幸的重要驻跸地。根据史料记载及出土文物可知，元代缙山即今北京延庆（以下简称延庆）。《元史》记载元英宗"作行殿于缙山流杯池"[8]，所以学者多认为流杯池行殿在今延庆范围内。因史书关于"流杯池行殿"的记载极少，迄今，只有少部分学者曾论述流杯池行殿的方位。

学者多认为流杯池行殿在今延庆上磨村的黄龙潭。徐红年曾在《延庆》一书中认为流杯池行殿在今延庆黄龙潭[9]，又认为黄龙潭西的金牛湖是"元代的流杯池园"[10]。张凤起在《北京地方志·古镇图志丛书　永宁》中记述：

1　基金项目：全国艺术科学规划项目"佛教美术演变进程—丝绸之路中外美术比较研究"（编号：15BF065）。

2　（明）蒋一葵《长安客话》卷七，北京古籍出版社，1982年，157页。

3　（明）宋濂等《元史》卷二十五，吉林人民出版社，1998年，349页。

4　《元史》卷五十八，848页。

5　（元）虞集《道园学古录》卷二十九，商务印书馆，1937年，489页。

6　《道园学古录》卷二，20页。

7　（元）熊梦祥《析津志辑佚》，北京古籍出版社，1983年，252页。

8　《元史》卷二十七，372页。

9　徐红年《延庆》，北京图书馆出版社，1998年，82-83页。

10　《延庆》，126页。

"流杯园池在永宁城西的上磨一带，建于元初。"[1]《延庆县志》载"黄龙潭"："位于县城东15公里处。……。元代这里叫流杯园，英宗至治元年（1321年）曾在此建立流杯池行殿。"[2]此外，王贵祥认为流杯池在今延庆范围内，但未说明具体位置。其在《从上古暮春上巳节被禊礼仪到园林景观"曲水流觞"》中说："《元史》中还有将龙庆州的流杯园池颁赐给燕铁木儿的记载。并且赐宴燕铁木儿于流杯池。这个缙山，指元代时的缙山县，其位置在今北京延庆县境内。"[3]上述部分学者提及的"流杯池园""流杯园池"可能是"行殿"附近的园囿。《元史·文宗纪》载："以龙庆州之流杯园池、水碨、土田赐燕铁木儿。"[4]有学者又称之为"流杯园"，应是受到了清乾隆《宣化府志》和光绪《延庆州志》的影响，《宣化府志》载："流杯园。《元史》文宗至顺二年，以龙庆州之流杯园池水碨、土田赐燕铁木儿。"[5]《延庆州志》亦载："流杯园，元时置，今失所在（府志）。"[6]

2 历史上的流杯池

2.1 历代流杯亭、园、池

根据"作行殿于缙山流杯池"[7]可知，是先有流杯池，后有行殿，考证出流杯池的位置即可确定行殿的大致方位。

据史料记载，最晚到汉代已出现"流杯亭""流杯园"。北宋宋敏求《长安志》载："流杯亭，在未央宫北，汉之旧址。"[8]元代骆天骧《类编长安志》亦载："流杯园在未央宫北，有汉代旧址。"[9]又载："新说曰：'兴庆池北众乐堂后有宋太尉张金紫所构流杯亭，砌石成风字样，曲水流觞，以为被禊宴乐之所。傍有禊宴诗碑。'"[10]古代风俗，每逢三月上旬的巳日（三国魏以后定为三月初三），于水滨结聚宴饮，以被除不祥。后来在水上放置酒杯，杯流行停其前，当即取饮，称为"流杯"或"流觞"。《兰亭集序》就记述了王羲之与友人在"流觞曲水"处吟诗论道之事："此地有崇山峻岭，茂林修竹，又有清流激湍，映带左右，引以为流觞曲水。列坐其次。虽无丝竹管弦之盛，一觞一咏，亦足以畅叙幽情。"[11]

史料记载，元大都兴圣宫曾建有流杯亭。据明代萧洵《元故宫遗录》记述："又后为兴圣宫，……。中建小直殿，……。中抱彩楼，……。楼后有礼天台，……。又少东，有流杯亭，中有白石床如玉，临流小座，散列数多。刻石为水兽潜跃，其旁涂以黄金。又皆亲制水鸟浮杯，机动流转。而行劝罚，必尽欢洽，宛然尚在目中。"[12]明代《格古要论》[13]、清代《日下旧闻考》[14]亦有相似记载。此外，太子真金还曾拒绝在东宫修建流杯池。《元史·裕宗传》载："东宫香殿成，工请凿石为池，如曲水流觞故事。太子曰：'古有肉林酒池，尔欲吾效之耶！'不许。"[15]

2.2 元代流杯池方位

"作行殿于缙山流杯池。"[16]依此可知，流杯池在"缙山"。据《元史》所记，元代建有"缙山县"[17]，周伯琦曾于至正十二年（1352年）扈从元顺帝北巡上都，写有《扈从诗前序》，其载："过居庸关而北，遂自东路至瓮山。明日至车坊，在缙山县之东。"[18]今居庸关北即延庆，车坊即今延庆车坊村，车坊村西为旧县村，遗有土城墙，

1　张夙起《北京地方志·古镇图志丛书　永宁》，北京出版社，2010年，57页。

2　《延庆县志》编纂委员会《延庆县志》，北京出版社，2005年，294-295页。

3　王贵祥《当代中国建筑史家十书　王贵祥中国古代建筑史论文集》，辽宁美术出版社，2013年，228页。

4　《元史》卷三十五，473页。

5　（清）吴廷华，王者辅《宣化府志》卷七，成文出版社，1968年，165页。

6　（清）张惇德等（光绪）《延庆州志》卷十一，成文出版社，1968年，227页。

7　《元史》卷二十七，372页。

8　（宋）宋敏求撰，辛德勇，郎洁点校《长安志　长安志图》卷六，三秦出版社，2013年，237页。

9　（元）骆天骧撰，黄永年点校《类编长安志》卷四，三秦出版社，2006年，119页。

10　《类编长安志》卷四，118页。

11　（清）吴楚材，吴调侯著，谢普译注《中华传统文化经典普及文库　古文观止》，中国工人出版社，2016年，98页。

12　（明）萧洵《元故宫遗录》，中华书局，1985年，4页。

13　（明）曹昭，王佐著，赵菁编《格古要论》卷十三，金城出版社，2012年，382页。

14　（清）于敏中等《日下旧闻考》卷三十二，北京古籍出版社，1985年，489-490页。

15　《元史》卷一百一十五，1843页。

16　《元史》卷二十七，372页。

17　《元史》卷五十八，848页。其载："龙庆州，唐为妫川县。金为缙山县。元至元三年，省入怀来县，五年复置，本属上都路宣德府奉圣州。二十二年，仁宗生于此。延祐三年，割缙山、怀来来隶大都，升缙山为龙庆州。领一县：怀来。下。"

18　贾敬颜《五代宋金元人边疆行记十三种疏证稿》，中华书局，2004年，356-357页。

推测即为元代缙山县治所。这在成书于清末的《延庆州乡土志要略》中得到了佐证，其载："缙山县即今旧县，距州治东北三十里。"[1] 据以上论述可知，元代缙山县即今北京延庆。流杯池在今延庆范围内。

《元史·文宗纪》载："以龙庆州之流杯园池、水碓、土田赐儿。"[2] 证明流杯池周围还有水碓、土田等，"碓"通"碣"，水碓即水磨，这构成了一个大型的皇家园囿。无论是园池还是水磨，都离不开水，流杯池附近应有河流或者湖泊。《元史·太宗纪》载窝阔台在金正大八年（1231年）"夏五月，避暑于九十九泉"[3]。《多桑蒙古史》亦记："窝阔台避暑九十九泉（YLoun-oussoun）"[4]。另据《圣武亲征录》所记，窝阔台在 1231 年还曾"避暑于官山"[5]。推测，九十九泉和官山为两个相近的住夏地。《元史·太宗纪》载金正大九年（1232年）窝阔台第二次住夏官山，"帝还，留速不台守河南。夏四月，出居庸，避暑官山"[6]。据此可知，官山在居庸关北，九十九泉也应在

居庸关北侧，即今延庆范围内。《水经注》记述了九十九泉的方位，其引《魏土地记》："沮阳城东八十里，有牧牛山，下有九十九泉，即沧河之上源也。山在县东北三十里，山上有道武皇帝庙。耆旧云，山下亦有百泉竞发，有一神牛驳身，自山而降，下饮泉竭，故山得其名。今山下导九十九泉，积以成川，西南流。"[7] 沮阳曾为上谷郡治，其故址在今河北省怀来县大古城村[8]，自此向东八十里，大概是今延庆金牛湖附近。光绪《延庆州志》明确记述了九十九泉的位置，其载："独山在州城东三十里，……，一名团山，溪河出此。按《水经注》魏土地记曰：沮阳城东八十里有牧牛山，在居庸县东北三十里，耆旧云，山下旧有百泉竞发，有一神牛驳身，自山而降，下饮泉竭，故名。疑即此山。"[9] 据此可知，团山应当就是"牧牛山"。《魏土地记》云"山上有道武皇帝庙"。2017 年年底，文物部门对团山山顶遗址进行了大规模的考古发掘，发现了几处寺庙建筑基址（图 1），出土了大量建筑构件（图

图 1　团山寺庙建筑基址航拍图（图片来源：北京市延庆区文物管理所）

1　（清）佚名《延庆州乡土志要略·历史》，影印本。

2　《元史》卷三十五，473 页。

3　《元史》卷二，17 页。

4　（瑞典）多桑撰，冯承钧译《多桑蒙古史》，上海古籍出版社，2014 年，第 222 页。

5　罗炳良《中华野史 辽夏金元卷》，泰山出版社，2000 年，561 页。

6　《元史》卷二，17 页。

7　（北魏）郦道元《水经注》卷十三，时代文艺出版社，2001 年，106 页。

8　周正义《北京地区汉代城址调查与研究》，北京燕山出版社，2009 年，137 页。

9　（光绪）《延庆州志》卷一，29 页。

2），可能就有北魏"道武皇帝庙"，佐证了今团山即"牧牛山"。团山南 2.5 千米即为金牛湖，是团山附近水流最为丰沛处，极有可能就是窝阔台曾经住夏的九十九泉。此地是元代缙山县水流较为丰沛之处，适合"流杯"之用，流杯池极有可能就在九十九泉，即在今金牛湖附近(图3)。

金牛湖在明清时期水量仍很充沛，附近的上磨村有由泉水溢出形成的黄龙潭（图4），是妫河的源头。《延庆州志》载："妫川河在州城南半里，自州东北三十里黄龙潭发源。"[1] 妫川河即今延庆妫河。根据地理位置判断，黄龙潭就是"九十九泉"的分布地。另据《延庆州志》载："黄龙潭，在永宁西十里，水源深潆，下有水运碾磑四座。"[2] 流杯池和黄龙潭同样都有"水磑"，似乎二者应为一地。走访上磨村村民得知，黄龙潭附近早年曾有四座水磨，上磨村即因此得名。据上磨村民讲述，黄龙潭北侧早年曾修有水槽，后因修建飞机跑道被全部填埋，此"水槽"可能就是流杯池内做"曲水流觞"之用的沟槽。推测今黄龙潭即为元代流杯池的所在地。

3　流杯池行殿的兴废

3.1　行殿的修建

据《元史》所记，元英宗在即位的第二年就开始修建流杯池行殿。《元史·英宗纪》载至治元年（1321年）五月"作行殿于缙山流杯池"[3]，至治二年（1322年）二月又"以太庙役军造流杯池行殿"[4]。据此可知，流杯池行殿的修建时间至少持续一年以上，是一处规模较大的行殿。根据"行殿"本义可知，流杯池行殿应是供皇帝途中休憩的行宫。

缙山县位于元大都以北，南扼八达岭、居庸关要塞，北接塞外蒙古故地，军都山横亘东西，河水充沛，较为适宜避暑住夏，辽金时期就在缙山建有行宫园囿[5]，蒙古攻金时期，窝阔台曾住夏缙山县之官山[6]。进入元代以后，缙山的行宫园囿依然较为兴盛，又因元仁宗生于此，在仁宗及其子英宗两朝，缙山行宫园囿的修建最为兴盛，俨然成为"仁宗家族"的后花园。查阅史料，元代在缙山曾修建香水园、棒槌店等行宫，以及甏山[7]、车坊[8]、妫头[1]等纳钵。又因缙山"地沃衍，宜粟，粒甚大"，"沃

图2　团山寺庙建筑基址出土的建筑构件（图片来源：北京市延庆区文物管理所）

图3　因修建香村营拦河闸而干涸的金牛湖（图片来源：作者自摄）

图4　1939 年拍摄的黄龙潭及周边老照片（图片来源：《民国延庆县志》）

1　（光绪）《延庆州志》卷一，34 页。

2　（光绪）《延庆州志》卷一，36 页。

3　《元史》卷二十七，372 页。

4　《元史》卷二十八，375 页。

5　《辽史》卷十二，78 页。《辽史·圣宗纪》载："夏四月甲寅，……。己卯，驻跸儒州龙泉。……。五月辛巳，祭风伯于儒州白马村。"辽代儒州即今北京延庆。（嘉靖）《宣府镇志》卷十二，100 页。其载："明昌苑，今怀来城东，金置。"

6　《元史》卷二，17 页。

7　《五代宋金元人边疆行记十三种疏证稿》，356 页。

8　《五代宋金元人边疆行记十三种疏证稿》，357 页。

壤岁常丰"[2]，遂在此设有栽种提举司[3]、田赋提领所[4]以及车坊官园[5]，"岁供内膳"[6]。元帝每年北巡必经缙山，会在缙山的行宫园囿休憩游玩几日。为护卫皇帝巡幸、扼守居庸关塞，仁宗时期又在居庸关北设置隆镇卫亲军都指挥使司[7]。元代前中期，缙山俨然成为腹里地区，政治、军事地位得到了前所未有的提升。可能是上述原因促使元英宗选择在缙山再造一处行宫——流杯池行殿，供其北巡上都驻跸之用。

《元史》载元英宗在至治二年（1322年）二月"以太庙役军造流杯池行殿"[8]。查阅《元史》可知，元英宗在其在位的短暂的三年多时间里，曾大规模修建太庙。《元史·祭祀志》载至治元年（1321年）正月"始命于太庙垣西北建大次殿"[9]。《元史·祭祀志》载至治三年（1323年）六月"敕以太庙前殿十有五间，东西二间为夹室，南向。秋七月辛卯，太庙落成"[10]。八月，英宗就去世了。根据修建太庙的时间推测，元英宗在修建太庙的同时又派工役修建了流杯池行殿。

元英宗1320年3月至1323年8月在位，历三年有余，流杯池行殿自1321年5月开始修建，1322年2月又以太庙役军续建，推测在1323年英宗去世之前就已建成。

3.2 行殿的废弃

元代两都巡幸一直持续至顺帝时期，缙山为北巡必经之地，但查阅《元史》英宗以后的文献，均未发现关于"流杯池行殿"的记述。致和元年（1328年）泰定帝去世以后，为争夺皇位，以倒剌沙为首的上都军队和以燕铁木儿为首的大都军队爆发了"两都之战"，主战场即在居庸关南北，推测流杯池行殿应毁于此时。

《元史·文宗纪》载致和元年（1328年）八月"上都梁王王禅、右丞相塔失铁木儿、太尉不花、平章政事

买闾、御史大夫纽泽等兵次榆林"[11]，又载"九月庚申朔，燕铁木儿督师居庸关，遣撒敦以兵袭上都兵于榆林，击败之，追至怀来而还"[12]。据此可知，上都军与大都军曾在"榆林"发生激战，且榆林在今河北怀来（以下简称怀来）附近。

通过《析津志》与元代纪行诗的记述可考证元代榆林的方位。《析津志》载："大都，正北微西昌平，西北八十榆林。"[13]据此可知，榆林在今北京昌平西北。周伯琦《扈从诗后序》云："至怀来县。……。县南二里，纳钵也。……。南则榆林驿，即汉史《卫青传》所谓榆豁旧塞者。自怀来行五十五里，至妫头。又十里入居庸关。"[14]元代怀来县治在今怀来县卧牛山官厅水库淹没区，此地距今延庆榆林堡村约10公里。

根据元代以后的史料，可确定榆林的具体位置。清光绪《畿辅通志》载怀来县："榆林驿堡在县东南三十里。东至延庆州岔道口二十五里，至居庸关五十八里（《大清一统志》）。元置榆林驿，明初亦置驿。堡初置于卫东羊儿峪北，正统末移于此。"[15]羊儿峪即今怀来羊儿岭村，明代榆林堡大致在今延庆榆林堡村，至此可确定，元代"榆林"即在今延庆榆林堡村附近。

除榆林外，《元史》还记述了另一处"两都之战"的战场——陀罗台。《元史·文宗纪》载："隆镇卫指挥使斡都蛮以兵袭上都诸王灭里帖木儿、脱木赤于陀罗台，执之归于京师。"[16]《元史·阿剌瓦而思传》载"斡都蛮"："致和元年八月，自上都逃来，丞相燕铁木儿任为禆将，率壮士百人，围灭里铁木儿等于陀罗台驿，擒之以献。"[17]根据明代史料的记述可知陀罗台即在今延庆城区附近。明嘉靖《隆庆志》载"古台"："在州治西北十余步，倚城。废址至嘉靖间吏目丁运开新街殆尽。"[18]明清延庆州城即今延庆城西，可以确定"两都之战"的战场之一

1　《五代宋金元人边疆行记十三种疏证稿》，376 页。

2　《五代宋金元人边疆行记十三种疏证稿》，357 页。

3　《元史》卷八十七，1365 页。

4　《元史》卷八十七，1370 页。

5　《元史》卷三十六，489 页。

6　《五代宋金元人边疆行记十三种疏证稿》，357 页。

7　《元史》卷九十九，1566 页。

8　《元史》卷二十八，375 页。

9　《元史》卷七十四，1129 页。

10　《元史》卷七十四，1130 页。

11　《元史》卷三十二，426-427 页。

12　《元史》卷三十二，427 页。

13　《析津志辑佚》，124 页。

14　《五代宋金元人边疆行记十三种疏证稿》，375-376 页。

15　（清）黄彭年等（光绪）《畿辅通志　第 9 册》卷六十九，河北人民出版社，1989 年，153-154 页。

16　《元史》卷三十二，427 页。

17　《元史》卷一百二十三，1926 页。

18　（明）谢庭桂编，苏乾续编（嘉靖）《隆庆志》卷八，上海古籍书店据宁波天一阁藏明嘉靖刻本影印，1962 年。

陀罗台在今延庆范围内。

据以上论述可知，"两都之战"的两处主要战场——榆林、陀罗台皆在今延庆范围内。此外，《元史·文宗纪》载致和元年（1328年）九月"上都王禅兵袭破居庸关，将士皆溃"[1]，又载当年十月"以缙山县民十人尝为王禅向导，诛其为首者四人，余杖一百七，籍其家赀、妻子，分赐守关军士"[2]。由此可见，缙山是"两都之战"的重要战场。

又据《元史·文宗纪》载天历二年（1329年）三月"以龙庆州之流杯园池、水碾、土田赐燕铁木儿"[3]。《元史·燕铁木儿传》亦载："赐龙庆州之流杯园池水碾土田。"[4]再次证明，致和元年（1328年）"两都之战"以后，流杯池行殿因兵燹被毁坏殆尽，不能再作为皇帝驻跸之地，所以才将原行殿周围、幸免于战火的流杯园池、水碾等赐给大臣。文宗之后的史料再未记述流杯池，佐证了流杯池行殿毁于致和元年（1328年）的"两都之战"。自1322年英宗时期建成，至1328年两都之战毁灭，流杯池行殿仅存续六年时间。

4　流杯池行殿的方位

前文已述，流杯池在今延庆黄龙潭，那么，流杯池行殿也应在今黄龙潭附近。今黄龙潭即是窝阔台驻跸的九十九泉分布地，是元代皇帝北巡途经之地。故流杯池行殿修建于此无疑。

黄龙潭西侧有一龙王庙，根据地方志记述可知其建于明代。乾隆《延庆州志》载"黄龙潭"："居人每见黄马出游岸上，近则马入水中。兵备道万公驻节，有黄蛇跃出，匍匐昂起若迎，见状乃返跃入潭，万公异之，为建黄庙。建庙后马不复见，因名黄龙潭。"[5]

此处"兵备道"在其他志书中亦有记载。《宣府镇志》载："今上皇帝嘉靖元年……。三十六年置按察司副使兵备怀隆。……，专除给敕，列衔山西。"[6]《宣化府志》亦载："怀隆兵备道。宣府镇志嘉靖三十六年置，按察司副使兵备怀隆。"[7]"怀隆"即怀来、隆庆（后为避讳隆庆帝年号，将隆庆改为延庆）的合称。依此可知，怀隆兵备道置于明嘉靖三十六年（1557年）。明代原本、

清代增修完成的《山西偏关志》载："万世德，……。迁按察司副使，备兵怀隆。"[8]据此推测，"万公"很可能是"万世德"。又据《明神宗实录》："（万历二十五年六月）辛未，升怀隆兵备按察使万世德为山东右布政使兼副使，照旧管事。从宣抚请也。（《神宗实录》卷311）"[9]据此可知，直到明代后期才有黄龙庙、黄龙潭之称谓，今龙王庙是万历年间万世德在延庆修建的。疑此龙王庙就建在元代"流杯池行殿"废址之上。

调查黄龙潭龙王庙后发现，庙宇所用之柱础、石条多不具明代建筑之特征，有可能是明代以前的遗物。特别是龙王庙庭院内存有的经幢座（图5）及两件龟趺（图6），尺寸较大，雕刻风格古朴大气、不拘小节，循

图5　经幢座（图片来源：作者自摄）

图6　黄龙潭龙王庙内的龟趺（图片来源：作者自摄）

1　《元史》卷三十二，429页。

2　《元史》卷三十二，432页。

3　《元史》卷三十五，473页。

4　《元史》卷一百三十八，2117页。

5　（清）李钟俾，穆元肇，方世熙（乾隆）《延庆州志》卷一，影印清乾隆七年刻本。

6　（嘉靖）《宣府镇志》卷一，15页。

7　《宣化府志》卷十九，350页。

8　（清）马振文《山西偏关志》卷下，影印本，1941年。

9　李国祥，杨昶《明实录类纂　山东史料卷》，武汉出版社，1994年，255页。

石造型、气韵生动，与周围庙宇之建筑风格格格不入，推测可能是金元之遗物。从造型上来看，这两件龟趺应为某大型建筑之附属物，绝不是一个小小的龙王庙所能容纳的。

今黄龙潭附近暂未发现较大规模的建筑基址，推测明代建成的龙王庙即是在元代流杯池行殿废址上就地取材，利用行殿残存的建筑构件修建的。龟趺等难以移动之物便放于原处，圈之以庭院，利用原有建筑之格局最终形成龙王庙。

5 结语

本文首先梳理了关于元代流杯池行殿方位的学术观点，然后论述了什么是流杯池及《元史》所记流杯池的具体方位，接着叙述了元代缙山之行宫园囿的修建情况，试析了流杯池行殿的修建过程，引用《元史》中关于两都之战的记述，并与《畿辅通志》《隆庆志》《宣府镇志》《延庆州志》等地方志书相互印证，确定今北京延庆为"两都之战"的重要战场，并最终推测出流杯池行殿毁于两都之战。最后，通过分析延庆黄龙潭龙王庙内的石刻遗物，得出结论，元代的流杯池行殿极有可能就在今北京延庆的黄龙潭龙王庙。

蒙古人继承了辽、金的四季捺钵习俗，大汗在每年的固定时期都会外出游玩、狩猎，又因其不耐酷暑，在游猎过程中多在水草丰美处驻跸、宿顿，此驻跸地契丹语称之为"纳钵""纳宝"，汉语意为"行在""行宫"，蒙古人多选山水相间、草树茂盛处修建行宫，最终形成了宿顿与园林合一的"花园行宫"。自元代忽必烈始，行两都巡幸制，皇帝多于每年春天离开大都（今北京），北行上都（今内蒙古正蓝旗）避暑，每年秋天离开上都，回到大都过冬。遂在两都之间建有大量园囿行宫，以供皇帝驻跸、休憩，"流杯池行殿"即为其中之一。分析流杯池行殿的修建过程及方位，对研究蒙元时期的园囿行宫及两都巡幸路线具有重要意义。

参考文献

[1]（明）蒋一葵.长安客话 [O].北京：北京古籍出版社，1982.
[2]（明）宋濂，等.元史 [O].长春：吉林人民出版社，1998.
[3]（元）虞集.道园学古录 [O].上海：商务印书馆，1937.
[4]（元）熊梦祥.析津志辑佚 [O].北京：北京古籍出版社，1983.
[5] 徐红年.延庆 [M].北京：北京图书馆出版社，1998.
[6] 张凤起.北京地方志·古镇图志丛书　永宁 [M].北京：北京出版社，2010.
[7]《延庆县志》编纂委员会.延庆县志 [M].北京：北京出版社，2005.
[8] 延庆县永宁镇志编委会.永宁镇志 [M].
[9] 王贵祥.当代中国建筑史家　十书王贵祥中国古代建筑史论文集 [C].沈阳：辽宁美术出版社，2013.
[10]（清）吴廷华，王者辅.宣化府志 [O].台北：成文出版社，1968.
[11]（清）张悖德，等.（光绪）延庆州志 [O].台北：成文出版社，1968.
[12]（宋）宋敏求.长安志　长安志图 [O].辛德勇，郎洁，点校.西安：三秦出版社，2013.
[13]（元）骆天骧.类编长安志 [O].黄永年，点校.西安：三秦出版社，2006.
[14]（清）吴楚材，吴调侯.古文观止 [O].谢普，译注.北京：中国工人出版社，2016.
[15]（明）萧洵.元故宫遗录 [O].北京：中华书局，1985.
[16]（明）曹昭，王佐.格古要论 [O].北京：金城出版社，2012.
[17]（清）于敏中，等.日下旧闻考 [O].北京：北京古籍出版社，1985.
[18] 贾敬颜.五代宋金元人边疆行记十三种疏证稿 [M].北京：中华书局，2004.
[19]（清）佚名.延庆州乡土志要略 [O].影印本.
[20]（瑞典）多桑.多桑蒙古史 [O].冯承钧，译.上海：上海古籍出版社，2014.
[21] 罗炳良.中华野史　辽夏金元卷 [M].济南：泰山出版社，2000.
[22]（北魏）郦道元.水经注 [O].长春：时代文艺出版社，2001.
[23] 周正义.北京地区汉代城址调查与研究 [M].北京：北京燕山出版社，2009.
[24]（元）脱脱等.辽史 [O].长春：吉林人民出版社，1995.
[25]（清）顾祖禹.读史方舆纪要 [O].北京：中华书局，1957.

[26]　(明) 孙世芳 . (嘉靖) 宣府镇志 [O] . 台北：成文出版社，1970.

[27]　(元) 冯子振，李祁 . 海粟集辑存 [O] . 长沙：岳麓书社，2009.

[28]　(清) 黄彭年等 . (光绪) 畿辅通志 [O] . 石家庄：河北人民出版社，1989.

[29]　(明) 谢庭桂编，苏乾续编 . (嘉靖) 隆庆志 [O] . 上海：上海古籍书店据宁波天一阁藏明嘉靖刻本影印，1962.

[30]　(明) 李贤 . 明一统志 [O] . 影印本 .

[31]　(清) 顾嗣立 . 元诗选，初集 [O] . 北京：中华书局，1987.

[32]　(清) 李钟侗，穆元肇，方世熙 . (乾隆) 延庆州志 [O] . 影印清乾隆七年刻本 .

[33]　(清) 马振文 . 山西偏关志 [O] . 影印本，1941.

[34]　李国祥，杨昶 . 明实录类纂　山东史料卷 [M] . 武汉：武汉出版社，1994.

Yuan-dynasty Liubei Pool Hall to Research

Yang Cheng-bin

Abstract: By means of historical research, this paper analyzes the construction of Liubei pavilion, garden and pool in past dynasties, and discusses the construction and abandonment of Liubei pool hall in Yuan-dynasty.Finally, it was speculated that the Liubei Pool Hall was built during the reign of emperor Yingzong should be located near the Longwang temple of Huanglongtan in today's Beijing Yanqing.

Key words: Liubei Pool Hall; Liubei Pool; The emperor of Yingzong; Longwang temple of Huanglongtan

作者简介

杨程斌 / 男 /1987 年生 / 黑龙江人 / 毕业于首都师范大学历史学院 / 硕士 / 就职于中国国家博物馆 / 研究方向为艺术史与艺术考古、北京地区皇家园囿行宫历史研究（北京　100010）

园林博物馆的植物自然教育探析

陈进勇

摘　要： 现代社会自然缺失症的出现，使自然教育显得越来越重要。科普教育作为中国园林博物馆的重要功能，应充分挖掘自然教育资源，在植物生态系统、植物生长环境、园林植株选择、植物四季景观变化及景观文化等方面，开展自然解说、自然观察、自然体验等活动，让公众获得自然知识的同时，传播中国传统园林"虽由人作、宛自天开"的造园理念，以及"人与天调""天人合一"等中国传统自然观思想，进而营造人与自然和谐相处的生命共同体。

关键词： 园林；博物馆；植物资源；自然教育；环境教育

自然教育是在自然中体验、学习关于自然的事物、现象及过程的认知，目的是认识自然、了解自然、尊重自然，从而形成爱护自然、保护自然的意识形态[1]。自然教育越来越受到社会大众所关注，最主要原因是现代社会青少年处在高科技的包围圈里，缺乏与大自然的接触，易出现注意力不集中、易怒易暴躁等不健康的生理、心理现象，《林间最后的小孩——拯救自然缺失症儿童》一书中称这一现象为自然缺失综合征。2018—2019 年，对广州市小学高年级学生问卷调查，60.4% 的受访学生喜欢植物，39.6% 受访学生对植物不感兴趣[2]。亲近自然本是学生的天性，但近 4 成受访学生对大自然或自然教育不感兴趣，可见此年龄段的广州城市学生的确存在自然缺失的倾向，其他城市的学生也存在此现象。这让家长、学校和社会开始担忧学生的健康成长问题，意识到自然教育的重要性，鼓励学生参加各种形式的自然教育活动，让他们感知自然、认识自然、热爱自然，增强自然意识和自然观，从而健康成长。

园林是人造的第二自然，中国园林自诞生之日起就将自然作为造园的蓝本，写仿自然，并加入造园主的意志，达到"虽由人作，宛自天开"的效果，成为乐享自然的城市山林。园林中的自然山石、水体、植物都是人们感知自然的源泉，鲁迅先生的《从百草园到三味书屋》就描述了他少年时认知自然的故事。因此，园林应该成为城市中学生感知接触自然的良师益友，应充分挖掘自然教育资源，为自然教育服务，提高中小学生的全面素质。

1　中国园林博物馆的植物自然教育资源

中国园林博物馆位于北京市丰台区永定河畔，鹰山东麓，占地面积 65000 平方米，由主体建筑、室内展园、室外展区三部分组成，建成开放于 2013 年，是我国第一座以园林为主题的国家级博物馆。园林博物馆依托地形和自然条件营建了山地园林"染霞山房"、平地私园"半亩轩榭"、水景园林"塔影别苑"三处北方特色园林展区。室内展园中畅园和余荫山房仿苏州畅园和广州余荫山房而建，上覆玻璃顶，片石山房为二层露天园林，仿扬州片石山房而建，展示了江南园林和岭南园林的景观。三座室外展区和三座室内展园，环境条件和植物种类各不相同，二百余种花木，四季变幻，营造出人与天调的自然和谐之美，体现有生命的博物馆特色。

科普教育作为博物馆的四大功能之一，反映着博物馆的公益属性和社会价值。中国园林博物馆作为行业博物馆，面向不同类型的观众，不仅要宣传中国园林的历史、艺术和文化等方面的知识，而且要给人以丰富的体验感。园林是一门综合性很强的学科，涉及植物学、生态学、土壤学、建筑学等知识，园林博物馆利用好馆、园特色，挖掘植物知识资源，面向青少年开展自然教育，是服务社会的根本要求。

1.1　植物生态系统

园林是人造的第二自然，植物是其骨架和灵魂，与周围环境形成了富有生机的人工生态系统。各种花草树木吸引了蝴蝶、蜜蜂等昆虫，也招引来了松鼠、鸟雀等动物，孩童们在花丛中玩耍，大人们在林荫下休憩，当然地下还有蚯蚓、真菌等与植物相生的各种生物，这种生态资源是人们随时可以去感受的，但需要启迪，尤其对青少年。

中国园林博物馆展馆内外花木葱茏，花丛间蜜蜂、蝴蝶穿梭，树林中鸟鸣雀跃，水中鹅鸭嬉戏，组成一幅生命共同体中万物和谐共生的美丽画卷，成为人们欣赏感悟造化、放松身心的理想场所。植物是生态系统的初级生产者，动物和人类都依赖于植物而生，因而丰富多样的植物，尤其乡土植物，是维护生态系统稳定的基础。染霞山房保留了一些原生植物，如侧柏的果实是松鼠的重要食源，元宝枫、荆条、构树是重要的蜜源植物，山杏、酸枣则是花、果，均为动物食源，因此在染霞山房随时可以观察到多种动物。塔影别苑水面较大，周围种植荷花、千屈菜、芦苇、香蒲、黄菖蒲等水生植物，春季蛙鸣鱼跃，夏季蜻蜓飞舞，还有天鹅、绿头鸭、赤麻鸭、斑头雁等水鸟，徜徉于水面，食草于岸边，其乐融融。这些乡土植物、水生植物及其景观、生态等都是自然科普教育的重要资源。

1.2 植物生长环境

环境对植物的作用，一方面提供了植物赖以生存的条件，另一方面也影响着植物的景观效果，二者密切相关。园博馆室外塔影别苑、半亩轩榭、染霞山房3个展区和馆二层的片石山房均为露天展园，但环境条件不尽相同。片石山房位于二层屋顶，四周有挡墙，堆叠大量的太湖石，白天吸热，晚上放热，温度较其他区域高，因而南方的植物棕榈、乌桕、琼花、结香、南天竹等都能安然越冬，尤其是琼花每年开花结果，体现出扬州园林的特色。

染霞山房为小型山地园林，背倚鹰山，前临永定河，东南向光照条件好，山道堆叠黄石，凹谷有利于藏风聚气，水热条件相对好，因而每年的迎春和山桃都率先在山坡开放，较塔影别苑区平地早一周左右。

塔影别苑有着大面积的水体，起着缓冲气温变化的作用。湖边栽植的蜡梅靠主体建筑一侧，由于背风向阳，生长环境较好，物候较其他地区早。靠空旷之地，由于风吹日晒，出现抽条现象，花蕾干瘪，开花量少。

园博馆主体建筑北面栽植的天目琼花、棣棠、玉簪等植物由于光照弱，温度低，早春萌动时间和秋季落叶时间均较其他位置晚。

可见，园博馆虽然面积不大，却能通过观察，发现园林微环境对植物生长发育和物候节律的影响。从中也能理解环境对园林的重要性以及园林相地的重要性，这是园林博物馆的特色之处，需要在自然教育中充分利用。

1.3 园林植株选择

园林植株的选择不仅体现在其姿态外形上，还要注重其生物学特性，尤其是雌雄异株植物，如银杏、粗榧、杨、柳、白蜡、杜仲等。对于银杏、杨、柳等植物，如果不想让其结实，就要选择雄株，避免银杏结实后凋落，产生腐臭的气味，种植杨柳雄株则可以避免飞絮（种子）引起人的过敏反应。如果要观赏果实，就要选择雌株和雄株，如白蜡、杜仲等，如果只栽植了雄株，则看不到结实的翅果。

园林植物大多为异花授粉植物，对于观果植物，如果要提高结实量，最好能多株丛植或片植，提高异花授粉结果的频率。如文冠果结实率低，要想提高结实率，就得多种几棵。海棠、杏、梅子等观果植物多株种植，往往能提高结实量，提升景观效果。还有一些杂交种是不结实的，如二乔玉兰是玉兰与紫玉兰的杂交种，虽然花很漂亮，但却看不到玉兰属奇特的蓇葖果。

此外不少植物种类有单瓣和重瓣品种，需根据目标进行选择，重瓣品种往往花朵大，花期长，观赏性强，但往往不结实。如果要观花观果、吸引蝴蝶、蜜蜂等昆虫动物，就要选择单瓣品种，如棣棠、黄刺玫、玫瑰、桃花、石榴等植物，都有单瓣和重瓣的品种。

以上仅是从基本生物学特性分析园林植物的选择，在园博馆通过观察植株的雌花、雄花以及单瓣花、重瓣花等特性，分析其与结实的关系，进而了解植物与动物、人类的关系，达到知识的拓展。这些植物基础知识往往是公众所不了解或忽视的内容，在园林博物馆可以通过讲解的方式传播园林知识和自然教育，让大家关注和了解植物知识。

1.4 植物四季景观变化

园博馆室外三个展区栽植了200余种植物，让人印象深刻的便是四季荣枯的植物季相变化，从3月初开始，蜡梅、迎春、山桃、郁香忍冬、梅花、玉兰、山茱萸、连翘等花卉次第开放，4月，丁香、紫荆、碧桃、榆叶梅、贴梗海棠、海棠、樱花、紫藤、文冠果、黄刺玫、水栒子、天目琼花、流苏、金银木、牡丹等开花植物种类最多，5月开花的植物有野蔷薇、月季、太平花、七叶树、石榴、北京丁香等，6月开花的有紫珠、凌霄、栾树、紫薇、木槿、珍珠梅等，7月开花植物有国槐、金枝国槐、醉鱼草、糯米条等，月季、紫薇、木槿、醉鱼草、糯米条等不少植物花期能持续至9—10月，10月份开花的还有华北香薷。可见园博馆从3月至10月一直是花开不断，每个时期都有亮眼花卉。

园林植物中最先结果的要算杨、柳了，五一之前就开始飘絮。园博馆具有观果价值的植物，5月份有蜡梅、郁香忍冬、唐棣、云南紫荆、杏、毛樱桃、美人梅、紫叶李、黄刺玫、黄栌、王族海棠等，6月有天目琼花、火炬树、郁李等，7月有四照花、流苏、石榴、粗榧、贴梗海棠、西府海棠等，8月有沙枣、紫珠、水枸子、倭海棠、皱叶荚蒾等，9月有蒙椴、平枝枸子、山楂、野蔷薇、琼花、酸枣、金银木、玉兰、地锦、美国地锦等，观果植物种类最多。10月成熟的有山茱萸、国槐、元宝枫等，木瓜的果实成熟最晚，在11月。从5月至11月均有植物可观果，以浆果、核果、梨果、翅果、蓇葖果等观赏性较高，琼花、皱叶荚蒾等植物的果实由绿变红再变黑，观赏期长。

园博馆观叶植物中，鸡爪槭、美人梅、紫叶桃等在早春萌动后，新叶就极具观赏性，5月，紫叶稠李叶色由绿变紫红，卫矛在6月叶色便开始变红，白蜡、白桦、银杏、元宝枫、栾树、黄栌、丁香、杏等树种在10月纷纷呈现各种色彩，11月变色脱落的有国槐、桃、蜡梅、醉鱼草、凌霄等，最后脱掉彩色外衣的往往是湖边的绦柳，金黄的叶色往往是初冬的最后灿烂。当然，也有些常绿植物如油松、白皮松、华山松、侧柏、桧柏、竹类、粗榧、皱叶荚蒾等，终年保持着绿色。红枫、美人梅、紫叶李、紫叶桃、金叶国槐等则保持常彩色叶色。

园博馆观枝干的植物也有不少，白皮松、白桦的白色枝干，金枝梾木的黄色枝条，木瓜的斑驳枝干等，都很吸引人。

园林之所以能一年四季吸引游人，就在于园林植物的四季变化，每次游览都能给人不同的感受。通过讲解，引导如何欣赏园林植物，从而充分理解园林植物的重要性。

1.5 园林植物景观文化

中国园林的博大精深不仅体现在园林景观、造园艺术上，还体现在深厚的传统文化上。园林博物馆的植物配置重在营造园林景观，体现园林文化。馆前区的松、竹、梅配置体现了中国传统文化中的"岁寒三友"，表现植物不畏寒冬的坚贞不屈品格。由于地处馆前正门，植株体量不宜太大，因而油松选择枝干平展的造型松，竹采用了低矮的种类，梅花则选用了真梅、杏梅、美人梅，每年均进行整形修剪，控制体量和造型，保持植株之间的比例关系以及与环境的协调。主体建筑出入口两侧种植金镶玉竹和玉镶金竹，二者高度一致，但茎秆颜色黄、绿比例有所变化，统一之中见变化。竹子的常绿色彩与周围的红墙相衬，软化了建筑的硬质感，增强了对观众的亲切感。主建筑前种植的油松、玉兰均为中国传统园林植物，枝干虬劲，姿态造型较好，在灰墙上投下阴影，展现如画的效果，墙为纸，树为墨，虚实相合，意境顿生。

塔影别苑区片植的水杉自成一景，临水跨路而植，树干通直，羽叶纷披，游人既可隔水远望其秋色，也可步行其下享其绿荫。由于水杉在我国乃至世界上独特的地位，在园博馆面积有限的情况下，选择小片林植，能起到打动游人的作用。双环亭前的缓坡片植牡丹，但品

种各不相同，体现园林植物品种的丰富性，而且开阔的坡地适合牡丹喜燥恶湿的特性，国色天香的牡丹与朱栏彩绘的双环亭、造型古朴的太湖石也很般配。对植的方式有澄爽榭前的一对山茱萸，位于建筑前小路两侧，还有半亩轩榭云荫堂前的一对桧柏，以及染霞山房宁静轩前的2株玉兰，这些对植方式都是在建筑前，体现对称性，是中国园林传统植物配置手法的应用。列植方式主要沿栏杆、围墙等线性建筑，如沿栏杆栽植樱花、紫叶李等株型比较密集的小乔木，攀爬藤本月季品种，既可遮挡栏杆，也能形成较好的景观。园博馆应用最多的还是孤植和不规则散植方式，以体现自然的植物配置。

2 植物自然教育的开展

自然教育是在自然界中通过视、听、闻、触、尝、思等方式，欣赏、感知和了解自然，获取自然知识，享受自然带给人类的美好，密切人与自然之间的关系，从自然中获得感触和启发，从而提高关爱自然、保护森林意识的一种户外教育方式[3]。根据《2016年自然教育行业调查报告》，自然学校（自然中心）类型的机构数量最多，占47%；其次是户外旅行类，占18%；再者是生态保育类和自然观察类，各占7%；剩下的类型为：公园游客中心与保护区类占6%、农牧场类占5%、博物场馆类占4%、其他占6%[4]。可见，从事自然教育的博物馆比率偏少。中国园林博物馆作为园林行业的专业博物馆，开展好植物自然教育应该是义不容辞的责任和义务，主要形式有自然解说、自然观察、自然体验等，三者相互渗透。

2.1 植物自然解说

自然解说是开展自然教育的最普遍的一种形式，包括讲解和各种科普宣传，对实物和景观等进行现场讲述，解析人类与自然的关系，目的是让人们认识自然、了解自然，告诉人们人类是自然的一部分，要与自然为友，对自然生命有敬畏感[5]。自然解说在向公众传播自然科学知识的同时，更重要的是讲授自然价值和自然伦理知识，激发公众对自然的兴趣、求知欲和认知。

园博馆有专业人员和志愿者讲解，能分季节、有重点地对植物进行讲解，介绍植物背后的故事，并能与观众互动，解答各种问题，提高讲解的针对性。更重要的是可以宣传植物价值观，讲清楚保护植物尤其是珍稀濒危物种的重要性，以及如何以实际行动保护动植物，保护自然。科普宣传主要有各种植物名牌、植物介绍牌，植物名牌上有二维码，扫描可得到更为丰富的知识。

2.2 植物自然观察

自然观察是通过视、听、说、嗅、味、触等多种器

官获得知识、信息和体验，包括植物生长观察、动物生活习性观察、观鸟等。针对自然环境的变化和动植物群体之间的差异，开展持续性观察活动，了解动植物生长的周期性或非周期性规律，感受自然生命的轮回。园林博物馆中的动植物和鸟类等生物都是让人们认识自然的活的教材，是了解植物学知识，接触自然、了解自然的重要窗口。通过对植物种类的辨识，可了解植物的形态特征及其适应生长环境和进化的特征等。通过对植物生长特性的自然观察，了解植物的生长周期和特征，从而减少对植物的破坏意识，减少随意践踏花草等行为。

2.3 植物自然体验

自然体验是感受自然环境的一种活动形式，强调在体验中获取知识，通过动手参与实践来学习，达到寓教于乐。园林博物馆有着优美的园林环境和丰富的植物自然教育资源，通过手工制作植物标本、浸提植物色素、栽植植物等方式，能增强学习的趣味性和欢乐性，提高自然意识以及对自然价值的认识。

3 结语

3.1 自然教育与环境教育

园林是为人们提供休闲、游憩和学习的公共空间，是进行自然教育和环境教育的良好场所。选定"绿色开敞空间"与"环境教育"和"自然教育"相关主题词，对中国知网期刊数据库 317 篇文章进行分析，关键词出现频次从高到低依次为：环境教育（90 次）、生态旅游（45 次）、自然保护区（33 次）、植物园（24 次）、环境解说（17 次）、森林公园（16 次）、自然教育（14 次）、国家公园（13 次）、环境意识（11 次）、可持续发展（9 次）[6]，可见环境教育研究受到广泛关注，且环境教育与自然教育相互交织，关系密切。

"环境教育"这一名词诞生于 1972 年斯德哥尔摩召开的"人类环境会议"，会上提出了"人类只有一个地球"口号，规定每年 6 月 5 日为"世界环境日"，并正式将"环境教育"名称确定下来[7]。环境教育目的是要使人们了解环境，以及组成环境的生物、物理和社会文化要素间的相互关系、相互作用，得到有关环境生态方面的知识、技能和价值观，并思考个体和社会如何应对环境问题，

从而培养公民的环境素养[8]。环境教育通过教育的手段使人们认识到环境问题的重要性，将所学知识转化为日常保护环境的行动，从而达到保护环境的最终目的[9]。

自然教育以自然界中的实物为教学素材，是关于自然界中的事物、现象及过程的学习和认知，强调亲近自然，在自然中获得启发，并得到真实的体验，达到提升自然知识素养的目的。

3.2 自然教育与生态教育

生态学是研究有机体与环境之间相互关系及其作用机理的科学。生态教育是以生态学为依据，传播生态知识和生态文化，提高人们的生态意识及生态素养，塑造生态文明[10]。

自然教育以保护生态、促进人与自然和谐共生为宗旨，将生态学原理和生态规律与教育过程紧密结合，采用多种形式和手段，普及生态知识，增进公众对自然环境相关知识、技能的理解和学习。

自然教育、环境教育、生态教育三者密不可分，自然教育范围较广，生态教育是自然教育的一部分，针对性和主题性较强，尤其是随着工业、农业的无序发展，对土壤、水体、空气、植物等自然生态造成严重生态破坏，人们对生态教育和生态修复的呼声越来越高。生态教育与环境教育也是相互关联，相互影响的。

3.3 自然价值观宣传

无论是自然教育、环境教育还是生态教育，不仅要传播科学知识，更要传播科学和人文价值。自然价值就包括生物多样性价值、生态系统服务功能价值、人与自然和谐发展价值等。现代自然教育的场馆有博物馆、科技馆、展览馆和自然体验馆等，教育设施有自然教育径、自然教育园、自然解说设施、环境显示设施、自然体验设施、科普演示设施和服务设施等。中国园林博物馆既有展馆，又有展园，各种植物资源、人力资源和教育设施比较完备，要充分发挥这一优势，将自然教育全面开展起来。秉承中国传统园林中"人与天调""天人合一"等思想，传播尊重自然、保护自然生态环境的理念，树立"绿水青山就是金山银山"的发展观。正确看待人与自然的关系，科学合理利用自然资源，达到人与自然和谐相处，营建生命共同体。

参考文献

[1] Uzun F. V., Keles O. The effects of nature education project on the environmental awareness and behavior [J] . Procedia-Social and Behavioral Sciences, 2012（46）：2912-2916.

[2] 伍颖恩，陈红跃，冼丽铧 . 广州市适应小学高年级儿童的自然植物教育研究 [J] . 广东园林，2019（4）：47-51.

[3] 周彩，马红，张玉钧，等 . 自然体验教育活动指南 [M] . 北京：中国林业出版社，2016.

[4] 王清春，刘正源 .2016 年自然教育行业调查报告 [EB/ OL] .2016-12- 02，sohu.com.

[5] 闫淑君，曹辉 . 城市公园的自然教育功能及其实现途径 [J] . 中国园林，2019（5）：48-51.

[6] 翁恩彬，秦昊林，翁殊斐 . 基于绿色开敞空间的环境教育文献可视化分析 [J] . 林业调查规划，2019，44（4）：133-138.

[7] 崔建霞 . 环境教育：由来、内容与目的 [J] . 山东大学学报（哲学社会科学版），2007（4）：147-153.

[8] 乌恩，成甲 . 中国自然公园环境解说与环境教育现状刍议 [J] . 中国园林，2011，27（2）：17-20.

[9] 祝真旭，王民 . 非正规环境教育之基本内容探讨 [J] . 中国人口 • 资源与环境，2010，20（3）：482-485.

[10] 黄正福 . 高校生态教育浅析 [J] . 黑龙江教育学院学报，2007（2）：36-37.

Analysis of Plant Nature Education in the Museum of Chinese Gardens and Landscape Architecture

Chen Jin-yong

Abstract: Nature education is becoming more and more important since Nature-Deficit Disorder appears in modern society. As a public education base, the Museum of Chinese Gardens and Landscape Architecture shall study the nature education resources on plant ecosystem, plant living environment, plant selection, plant seasonal change, plant landscape and culture etc. Nature interpretation, nature observation and nature experience shall be carried out to teach the public nature knowledge, to disseminate natural garden design concept in the Chinese classic gardens, and Chinese traditional nature view of harmony between man and nature. This helps to create harmonious destiny community between human being and nature.

Key words: Landscape Architecture; Museum; Plant Resources; Nature Education; Environmental Education

作者简介

陈进勇 / 男 /1971 年生 / 江西人 / 教授级高级工程师 / 博士 / 现就职于中国园林博物馆北京筹备办公室 / 研究方向为园林植物科普教育（北京　100072）

* 中国园林博物馆环境及特色园林研究项目

博物馆类科普教育基地发展路径探索

刘明星 刘 冰 赵 蕊

摘 要：博物馆是出于公共教育和利用的目的，对人类及其环境的物质文化遗产和非物质文化遗产进行搜集、整理、保管、研究、展出，最终实现知识传播的公共文化机构。为全面推动我国公民科学素质建设，实现到21世纪中叶我国成年公民具备基本科学素质的长远目标，博物馆一直在不断研究与加强科学技术的教育、传播与普及。特别是作为科普教育基地的博物馆，被赋予了更大的科学传播使命。通过分析和对比近五年我国博物馆科普教育研究现状和热点，以北京市科普教育基地——中国园林博物馆为例，剖析科普活动经典案例，引发对博物馆类科普基地发展路径的思考，进而为博物馆类科普教育基地更好地弘扬科学精神、普及科学知识、传播科学思想和科学方法提供参考。

关键词：博物馆；科普教育；科普教育基地；科学素质

1 引言

博物馆是文化教育的重要组成部分，它不仅是收集、保藏文物标本及其他实物资料的场所，更重要的是传播科学知识，进行思想道德教育、科学研究，丰富人民群众文化生活的重要场所。而博物馆类科普教育基地是面向社会和公众开放、具有特定科学传播与普及功能的教育科研类场所，为社会组织或公众个人提供学习科学技术知识、开展科普活动的机构，比一般意义上的博物馆具备更加专业的科普策划、传播能力，具有更加完备的科普场地和配套设施，逐渐成为博物馆行业发展的重点和热点。笔者以2015—2019年为时间范围，对近五年我国博物馆科普教育研究现状进行归纳和总结，并以中国园林博物馆科普教育为例具体分析，以期为我国博物馆科普教育的进一步发展提供参考。

2 博物馆科普教育研究现状可视化分析

2.1 数据来源和研究程序

本研究的数据来源于中国知网（CNKI），以"博物馆or科普教育"为主题词，以2015—2019年为时间范围进行精确检索。笔者对检索结果进行优化和筛选，剔除不相关文章18篇，最终结果为202篇。本研究通过中国知网的计量可视化分析功能构建关键词共现网络图谱，对关键词进行可视化分析，得出我国博物馆科普教育领域的研究热点和未来发展趋势。

2.2 关键词共现网络图谱分析

本研究利用中国知网的计量可视化分析功能将词频≥3的关键词进行可视化分析，得到共现网络图谱如图1所示，图1中每一个节点代表一个关键词。节点越大代表节点的中心性越高，即关键词在网络中的重要程度越高；节点之间的连线越多，即关键词之间的关系越密切。由共现网络图谱可见，围绕在"科普教育（频次71）""博物馆工作（频次21）""科普场馆（频次17）""科普教育基地（频次16）""博物馆建设（频次14）"等关键词为近五年博物馆科普教育研究的重点。另外，"体验式""专题展""基础设施""陈列展览""青少年学生"等关键词虽然节点面积不大，但与"科普教育"联系较为密切，由此可见近五年博物馆科普教育的研究热点多为博物馆科普教育的体现形式和受众群体。

2.3 博物馆科普教育研究热点分析

以上述可视化共现网络分析结果为基础，结合文献内容，可将近五年博物馆科普教育研究现状大致分为以

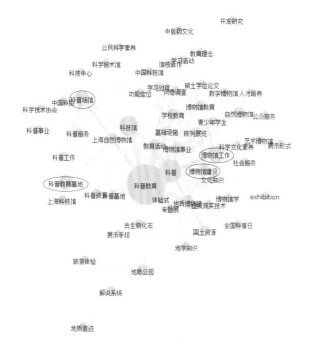

图1　共现网络图谱

下四类：一是以科普教育促进博物馆事业发展的研究；二是关于科普教育促进公众科学素养、文化素养的研究；三是博物馆科普教育呈现形式的研究；四是以博物馆类基地为代表的科普教育基地的研究。

2.3.1　科普教育促进博物馆建设与发展

1979年，我国关于博物馆的定义为："博物馆是文物标本的主要收藏机构、宣传教育机构和科学研究机构，是我国社会主义文化事业的重要组成部分。"虽然在定义中提到"宣传教育"一词，但早期的宣传教育主要针对文物标本的历史渊源，并没有特别强调科学技术的传播与普及。随着社会的发展，科学技术在现代生活中的应用越来越广泛，国家更加重视公民科学素养。科技部统计数据显示，2017年全国科普经费筹集额160.05亿元，比2016年增加5.32%，政府拨款占全部经费筹集额的76.82%。有了经费的支持，不仅能使公民更好地学习科学知识，更是给博物馆提供了强有力的发展动力。

博物馆作为科普场所之一，在科普经费的支撑下摆脱了往常非盈利机构科普教育的消极状态，在自身职能基础上逐渐转变单一的教育形式，改善缺乏灵活性和科学化的经营方式。通过科普教育的推广，博物馆不断引进人才，改善教育设备设施和环境，增加多种教育形式，评选科普教育基地，不仅积极响应国家政策导向，满足

公众科学知识需求，同时也使博物馆进一步实现现代化建设，从而促进博物馆行业繁荣发展。因此，对科普教育的重视在一定程度上提高了博物馆社会竞争力，促进了博物馆建设与发展。

2.3.2　博物馆科普教育促进公众科学素质

提升公民科学素质，可以使现代科技更快地走近人民生活，可以有效推动综合国力和国际竞争力的增强。国家在2002年6月公布并实施《中华人民共和国科学技术普及法》，随后在2006年3月制定并实施《全民科学素质行动计划纲要（2006—2010—2020年）》。在政府高度重视和大力投入下，我国推广科普教育成果显著，公民科学素质水平进入快速提升阶段。具备科学素质的公民比率从2010年的3.27%提升到2015年的6.20%，2018年进一步提升至8.47%。

目前我国科普教育的推广已不局限于校内教育，也包括来自社会各界的社会教育。博物馆作为重要的社会教育机构，从开放程度、人员配备、相关藏品、合作单位等方面有着天然的优势和实力。在博物馆的科普教育活动当中，社会大众接收到的科学知识不再局限于某一学科，而是综合学科的熏陶。从展陈、讲解、讲座、体验、到动手操作、全情融入，博物馆提供的一系列科普教育活动能够使公众真正参与到文化与科技的探索过程中，感受历史文化魅力和科技创新力量，让公众更加珍惜新时代社会成果，增强民族自信心和自豪感。与此同时，参与博物馆科普教育的社会大众还可以从中提高个人处理问题、参与社会决策等方面的综合能力。

2.3.3　博物馆科普教育的组织形式

博物馆作为公共文化服务机构，在进行科普教育活动时应与传统课堂"你说我听"的教育模式有所区别。近年来，为提升科普教育影响力，增加受众群体、受众范围，博物馆一直致力于研究科普教育的组织形式，将更多的创新思维和教育理念融入科普教育之中。展览陈列作为博物馆的基本功能之一，各类展品在不同形式的展示之下可以更好地起到科普教育的作用。例如按主题特色多次开展专题展览，利用实景和虚拟现实技术等"体验式"展览。另外，博物馆在进行科普教育时经常受到空间和人数的限制，但当下最流行的许多新兴科普教育方式，例如"研学""送课""旅游体验""线上教学"等，最大限度地扩大科学普及的受众范围。多元化的科普教育形式扭转了传统教育的枯燥局面，在创新思维和科学技术的支持下，以"寓教于乐"的方式向社会大众传递科学知识。

在面向青少年时，加强馆校合作也是博物馆推进科普教育的途径之一。博物馆丰富的科普教育形式既可以实现科学知识的传递，又可以与学校教育形成有机互补，从多角度培养社会主义新时代人才，真正发挥出"第二

课堂"的功能与效果。

2.3.4　以博物馆类基地为代表的科普教育基地

创建科普教育基地目的是充分调动社会各方面的科普工作的积极性，发挥社会科普资源的作用，面向社会公众开展科普教育活动。在此基础上，评选科普教育基地成为博物馆开展科普教育活动的动力，而评选标准也成为博物馆开展科普教育活动的工作基础要求。但从总体来看，科普基地在认定、管理机制等方面还存很多问题，没有充分发挥其应有的科普教育功能，科普服务能力还有提升空间。因此，科普工作者应积极研究科普教育基地的认定与管理办法、转型与发展对策，使科普教育基地可以更好地适应社会的需要。

2014 年 10 月，中国科协制定了《全国科普教育基地认定与管理试行办法》，随后全国各地也相继发布有关政策。2014 年 4 月，北京市科委和科协制定了《北京市科普基地管理办法》，以此加强科普能力建设，进一步规范科普基地的运行与管理。北京市科普基地由北京市科委命名，是弘扬科学精神、普及科学知识、传播科学思想和科学方法的重要载体，是科普事业的重要组成部分。北京科普教育基地是指为社会组织或公众个人提供学习科学技术知识、开展科普活动的机构。科普教育基地应具备以下条件：一是具有固定的科普活动场所及相应的设施和器材，并能面向公众开展科普教育活动；二是组织参加各类大型科普活动；三是科技馆、博物馆等具备常年开放条件的机构，每年向公众开放的天数不少于 250 天；其他具备向公众开展科普教育、展示、示范功能的科研机构、高等院校实验室、观测台（站）、高新技术企业等机构，每年向公众开放的天数不少于 20 天。以上机构应公布开放的具体日期及活动内容；四是具有科普活动策划能力，并能利用多种手段和载体开展科普教育活动，有专人讲解或指导。

3　中国园林博物馆科普教育基地现状及创新形式

中国园林博物馆是由政府主导建设的园林类专题博物馆，综合展示中国园林悠久的历史、灿烂的文化、多元的功能和辉煌的成就。中国园林博物馆以"中国园林——我们的理想家园"为建馆理念，以"有生命的博物馆"为主要特色，于 2013 年 5 月与中国（北京）第九届园林博览会同期开放试运行。在 2014 年正式运行后不久，这座新建的、年轻的博物馆即被授予"北京市科普教育基地"称号，成为第一批"北京市科普教育基地"，开辟了北京市开展科普教育的博物馆新阵地。之后的几年间，中国园林博物馆为加快博物馆建设与发展，促进社会公众科学素质提升，不断丰富和创新科普教育活动的组织形式，先后被评为"全国中小学研学实践基地""北京市青少年校外活动先进集体"、"北京市市民终身教

育基地"等，在科普教育领域做出了积极贡献。

中国园林博物馆的创意科普场地和亮点课程活动等科普活动受到广大公众的关注和喜爱，现以"创意植物科学探索实验室""全国中小学生研学实践基地""仲夏夜梦——夜宿最美博物馆"三项为例进行剖析。

3.1　创意植物科学探索实验室

中国园林博物馆结合博物馆科普教育的重要职能，在 2017 年利用馆内已有的仿古建筑建设了面向广大青少年和亲子家庭的"创意植物科学探索实验室"。该实验室占地近 100 平方米，配备多种现代高科技试验仪器设备，充分满足活动参与者微观实验、植物繁殖、植物应用等多方面的活动需求。实验室由馆内 3 名专业教师负责日常管理，同时负责实验室相关科普课程的策划与实施。根据 2017 年活动数据统计，全年到馆直接参与现场活动的亲子及中小学生 400 余人次，课程输出惠及中小学师生 480 人次。

"创意植物科学探索实验室"的建立和实验课程的开展不仅使中国园林博物馆科普教育体系得到了进一步完善，还使教育辐射范围和科普服务能力在一定程度上有所提升，同时满足了公众对自然科学类课程的迫切需求，对激发青少年学生和培养亲子家庭走近科学、亲近自然有一定的推动作用。通过实验课程更唤起了久居城市的人们对自然、园林、植物的热爱，吸引了更多公众尤其是青少年参与到自然科学探索与生态保护当中。

3.2　全国中小学生研学实践基地

中国园林博物馆于 2018 正式成为教育部批准的第二批全国中小学生研学实践基地。中国园林博物馆结合馆内特色展陈体系、自然景观、专题临展，开发自然科普类、传统文化类、园林古建类三大类共 14 项课程，包括微缩盆景制作、中国传统插花、香文化体验、传统古建彩画、植物染色实验、雕刻版画、园林押花、园林立体书、3D 打印等课程。截至 2019 年 11 月，已完成研学活动 133 场次，陆续为河北雄安、河南郑州、四川宜宾等外省市中小学生，以及海淀、东城、延庆、石景山等北京市及周边城区共计 30 余所学校 3600 余名学生开展研学课程。此外，结合传统节假日及生物多样性保护月等节日，同步开展各类研学实践课程 180 余场次，接待青少年观众 10027 人，进一步扩大青少年范围，得到家长和学校的一致好评。

中国园林博物馆被评选为全国中小学生研学实践基地后，不仅进一步扩大了中国园林博物馆自身影响力，促进中国园林博物馆事业发展；同时还打破中国园林博物馆日常科普教育活动中时间和空间的限制，参与活动人数大幅提高。

3.3 仲夏夜梦——夜宿最美博物馆

中国园林博物馆连续四年在暑期开展夜宿博物馆活动，带领营员在夜晚走进博物馆，感受博物馆夜晚魅力。自夜宿博物馆活动开展以来，不同种类和形式的课程活动深得广大青少年的喜爱。

2019 年暑期，中国园林博物馆以"仲夏夜梦——夜宿最美博物馆"为主题，面向青少年开展园林科技、园林文化、园林艺术的学习。一是以植物扦插繁殖、园林山石和山川地质、古建筑榫卯构件、生态园林、灯诱昆虫观察等课程，引导青少年以科学探索的方式，开展园林中山石、植物、建筑、动物等要素的研究式学习；二是通过馆藏园林主题外销瓷、宋代文人生活四艺、"曲水流觞"国学典故等园林文化现象探究园居生活场景复原，引导青少年感知园林中的园居文化内涵；三是以园林植物诗词艺术、传统非遗插花艺术、园林中的茶礼文化等园林艺术追溯的形式，引导青少年对园林非遗文化、园林艺术审美的提升认知。通过亲身感悟博大精深的园林文化，传承弘扬中国传统文化的历史文脉。本次暑期夜宿博物馆活动共计开展 6 场次，通过网络报名参与人数 245 人，参与活动的青少年在园林科技、文化与艺术方面的知识和能力均获得提升，不仅在一定程度上提高了个人科学素养和文化素养，同时加深了对园林行业的了解与认识。

4 关于博物馆类科普教育基地发展路径探索

结合近五年博物馆科普教育研究现状和中国园林博物馆科普教育活动实践现状，笔者认为当前博物馆类科普教育基地还应在以下几方面做出进一步提升与完善。

4.1 科普工作者的素质与修养提升

2016 年，中国科协发布的《科普人才发展规划纲要（2016—2020 年）》提出了加强科普队伍建设的要求。人才是教育工作的主体，科普人才队伍的建设对提高博物馆软实力和科普事业发展起着关键作用。科普教育的人才培养在关键词共现网络中相对边缘化，没有成为近五年的主要研究重点。因此，博物馆类科普教育基地当前应重视建设馆内科普人才队伍，正确处理目前科普人员流动性大、缺乏合理的激励机制以及培养制度不完善等问题。中国园林博物馆作为科普教育基地，既重视科普讲解队伍建设，又兼顾科普教员队伍的打造。各类科普教育活动既能通过导览讲解的形式传播园林文化知识，又能依托教师授课的形式讲授精品科普课程，使科普教育基地的工作与研学实践基地的工作有机结合，相互促进。

4.2 科普教育活动评估的完善

现阶段博物馆类科普教育基地工作过多注重科普教育的活动形式，而忽视了科普教育活动评估工作的重要性。博物馆在开展科普教育活动之前，除了必要的课程准备以外，还需要对活动过程中可能面临的安全问题做出应急预案，确保活动顺利，师生安全。中国园林博物馆作为科普教育基地，开展科普教育活动前，均进行安全评估，制定完备的安全应急预案、运行保障方案等，主讲教师与运行保障、安全保障人员无缝衔接、相互联动，确保及时处置突发事件。活动过程中，教师会多次强调安全使用工具，助教则时刻注意学生活动状态，降低活动风险系数。活动之后，及时总结梳理，开展数据分析，形成有益经验。另外，对科普教育活动的教学成果进行评估也至关重要。中国园林博物馆为科普教育活动设计制定了观察评价表、访问评价表、学习评价表和调查问卷等，形成了较为完善的评估体系。通过对课程教学成果和学员等多方面评估，有助于博物馆科普人员进一步了解科普教育活动的优势和问题，以此提高科普教育活动质量。

4.3 评估对本学科或行业发展的影响

除了综合类科技馆会涉及各行各业的科学技术知识以外，类似于中国园林博物馆的专题博物馆作为博物馆事业中的新兴力量，在行业发展和社会进步上也发挥着十分重要的作用。专题博物馆作为行业或学科的"靓丽窗口"，一直肩负着宣传学科或行业发展成就，展示学科或行业文化的重任。中国园林博物馆将园林行业特色融入日常开展的科普教育活动当中，对社会公众，尤其针对青少年开设园林设计、园林植物种植等专业课程，成为普及园林知识的中坚力量。

除了宣传和普及专业知识以外，专题类博物馆还肩负着学术交流与研究的重任。目前，中国园林博物馆成为北京林业大学、北京建筑大学等多所高校的科研与教学实践基地，为园林科研人员和从业人员搭建学术展示平台，为园林专业学生创造学习和交流的机会，从而为园林学科或园林行业的发展起到推动作用。

4.4 家庭、学校、科普基地科普教育共同体构建

以科普教育提高全民科学素质是全社会共同的责任，当前"馆校结合、馆馆联合"是博物馆推进科普教育的主要方式之一，而家庭对于学校和博物馆所开展的科普教育活动参与度并不高。博物馆作为三方联动的桥梁和纽带，应当积极促进学校、科普基地和家庭共同参与科普教育活动。

中国园林博物馆近年来依托北京市科普基地平台，不断开展"科普资源牵手工程"，与北京市丰台五小、长辛店中心小学等多所中小学共建稳定、良好的馆校合作模式与机制。此外，为提高家庭对科普教育活动的参与度，中国园林博物馆设置多门亲子课程，例如水稻种

植、花园营建等，让更多家长参与到科普教育活动当中，一方面有利于全民科学素养的提高，另一方面也增加亲子互动时间，促进家庭和睦。

5　结语

综上所述，近五年我国博物馆科普教育的研究热点和重点主题突出，脉络清晰，在博物馆科普教育方面取得了一定的研究成果，尤其是关于博物馆类科普教育基地发展的研究，更是值得博物馆科普工作者继续深入地思考与探讨。因此，笔者以中国园林博物馆科普教育活动实践现状为例，对博物馆类科普教育基地未来的发展路径进行探索，提出当前博物馆类科普教育基地应当在科普工作人员素质修养、科普活动评估体系、专题学科或行业发展，以及馆校家共同体构建四方面不断完善与提升的建议，以期对未来我国博物馆类科普教育基地建设与发展起到参考作用。

参考文献

[1] 张小博 . 我国博物馆青少年教育现状、存在问题及对策思考 [J] . 中国文物科学研究，2019（02）：9-19
[2] 俞乐陶 . 小议科普活动的内容与形式 [J] . 江苏科技信息，2010（12）：48-50.
[3] 韩爱霞 . 我国博物馆旅游创新开发模式研究 [D] . 济南：山东师范大学，2009.
[4] 甘海鸥 . 科技馆事业发展与科普教育作用浅谈 [J] . 科技资讯，2007（27）：226-227.
[5] 杜水生 . 从博物馆的定义看博物馆的发展 [J] . 河北大学学报（哲学社会科学版），2006（06）：119-121.
[6] 林杨理 . 科技馆科普人才队伍建设的思考与探索 [J] . 中外企业家，2019（23）：133+94.
[7] 牛桂芹 . 关于科普教育基地进一步转型发展的对策建议 [J] . 科协论坛，2017（07）：48-49.

Exploring the Development Path of Museum Popular Science Education Base

——Taking The Museum of Chinese Gardens and Landscape Architecture as an example

Liu Ming-xing，Liu Bing，Zhao Rui

Abstract: Museums are public cultural institutions that collect, organize, keep, research, and display the physical and intangible heritages of humans and their environment for the purpose of public education and utilization, and finally realizing the transmission of knowledge. In order to comprehensively promote Chinese citizens' scientific literacy and realize the long-term goal of adult citizens of China having basic scientific literacy by the middle of this century, the museums have been continuously researching and strengthening the education, dissemination and popularization of science and technology. Especially as science education bases, the museums have been given a greater mission of science communication. This article analyzes and compares the current status and hotspots of museum science education in China in the past five years.Taking Beijing Science Popularization Education Base—The Museum of Chinese Gardens and Landscape Architecture as an example，this research analyzes the classic cases of science popularization activities. Hopefully, it will be inspiring for further studies on the development of museum science popularization bases, and then provide a reference for museum science popularization education bases to better promote the scientific spirit, popularize scientific knowledge, and spread scientific ideas and scientific methods.

Key words: Museum；Science education；Popular science education base；Scientific literacy

作者简介

刘明星 /1980 年生 / 女 / 北京市人 / 硕士 / 现就职于中国园林博物馆北京筹备办公室 / 部长 / 研究方向为园林科普（北京　100072）
刘冰 /1984 年生 / 女 / 北京市人 / 硕士 / 现就职于中国园林博物馆北京筹备办公室 / 研究方向为园林科普（北京　100072）
赵蕊 /1994 年生 / 女 / 河北人 / 硕士 / 现就职于中国园林博物馆北京筹备办公室 / 研究方向为园林科普（北京　100072）

探究博物馆作为研学实践基地的教育优势
——以中国园林博物馆为例

王歆音　殷伟超

摘　要：博物馆因其自身所特有的高度文化性、多样性、直观性、专业性等特点，不断吸引着各类研学旅行机构和学校到博物馆开展研学实践活动。面对日益增加的社会需求和各种研学机构的逐渐介入，博物馆该如何挖掘自身的文化属性及资源特色，有效利用博物馆校外教育的资源优势，并通过不同品类的课程设置与学校教育相衔接，成为各大博物馆不断探索的方向。以中国园林博物馆为研究对象，通过分析其研学活动的策划开发、特点优势、执行操作等，探讨博物馆如何在研学的大潮中找到具有自身特色的研学模式，以期为博物馆研学的发展带来思考和探索。

关键词：研学；博物馆教育；中小学生；园林；特色课程

对于"研学"的定义，国内学者存在两个方面的理解。广义来讲，研学是旅游者出于文化求知的目的，离开常住地，到特定地区开展研究性、探究性学习的文化专项旅游活动，其旅游主体是非常广泛的，可以是学生群体，也可以是非学生群体；而狭义的研学则是特指由学校集体组织、学生共同参与的，以学习知识、了解社会、培养人格为主要目的的校外专项旅游活动[1]。多数学者倾向于原国家旅游局印发的《研学旅行服务规范》（LB/T 054—2016）中的定义：研学旅行是以中小学生为主体对象，以集体旅行生活为载体，以提升学生素质为教学目的，依托旅游吸引物等社会资源，进行体验式教育和研究性学习的一种教育旅游活动。该定义强调了研学旅行的集体性、探究性和教学性。

1　研学旅行与博物馆教育发展现状

1.1　研学旅行的发展

研学旅行早在 2012 年就开始出现，到 2016 年 11 月，教育部、发展改革委等 11 部门联合印发了《关于推进中小学生研学旅行的意见》，从此研学旅行如同雨后春笋般在全国教育机构全面推行。旅游业界将 2017 年称为

"研学旅行元年"，这一年众多研学旅游企业获得良好的发展[2]。原国家旅游局、教育部等几大研学风向标也于 2017 年纷纷发布了关于中小学教育、研学与博物馆的相关内容：

2017 年 1 月，原国家旅游局印发的《研学旅行服务规范》（LB/T 054—2016）一文，对旅行产品进行了分类，并阐释知识科普型研学包括各种类型的博物馆、科技馆、主题展览等资源。

2017 年 8 月，教育部印发的《中小学德育工作指南》指出：中小学要利用历史博物馆、文物展览馆、物质和非物质文化遗产地等开展中华优秀传统文化教育。

2017 年 12 月，教育部办公厅公布了包括中国人民革命军事博物馆在内的首批 204 个"全国中小学生研学实践教育基地"。次年 10 月，包括中国园林博物馆在内的 377 家单位也被教育部批准列入名单。值得一提的是，在两批次的 500 余家基地中，博物馆、纪念馆、科技馆等占到了 32.8%。这一系列的举措都将博物馆与中小学研学实践教育进行了"绑定"。

可见，在新的时代背景下，研学旅行与博物馆教育已经构成了相辅相成的关系，这既为博物馆公众教育带来了新的机遇，同时也带来了更多的挑战。面对博物馆

自身科普教育活动的固有模式，博物馆应该如何利用好自身的文化资源特色，建设科普教师队伍，并充分做好与学校教育需求的对接，帮助广大中小学生感受中国传统文化、中华传统美德，提高中小学生的社会责任感、创新精神和实践能力，成为博物馆行业需要不断探索的方向。

1.2 我国博物馆在研学方面的探索

随着 2008 年我国博物馆免费参观政策实施以来，去博物馆参观成为越来越多人学习的新方式，博物馆作为公共服务机构，也在不断发挥着教育的职能属性，加之博物馆研学热的不断升温，我国各类博物馆都努力开发出了一系列蕴含丰富内容的科普教育课程。

如湖南省博物馆通过"忙趁东风放纸鸢——风筝手绘体验""玉粽袭香千舸竞——龙舟手绘体验""竹帛前承古汉字——书法描红体验"等 10 余个常设教育项目及《1 小时中国史》《充满惊奇的东方之旅》的教育读物，以分众、分层、分级的教育体系，形成了对历史、文化、艺术等多角度的探索和实践（图 1）。

如秦始皇帝陵博物院的"我是秦俑修复师——学修兵马俑""我为秦俑涂颜色——学绘兵马俑""我是小小秦工匠——学塑兵马俑"等课程，要求课程的设置主要以秦代历史文化为主体，同时兼顾知识性、体验性、针对性、严谨性和延伸性。

如广东省博物馆的"驿路同游"综合实践课程则是通过构建馆校合作机制，专注挖掘南粤古驿道这一重要军事、商贸要道的历史沿革，通过古驿道丰富的不可移动资源及其深刻历史文化内涵，引导学生通过项目式学习模式，充分发挥主动性与创造性进行自主学习与知识构建。

我们不难看出，我国博物馆在研学热的大背景下，都在积极发挥着教育职能，所呈现出来的科普教育课程可谓是百花齐放，异彩纷呈。但是究其课程的本质，均以博物馆的定位属性、文化特色相一致，少有博物馆对

校内教育教学目标加以研究，从而通过博物馆的课程设置与校内教育相辅相成。

2 中国园林博物馆在研学教育方面优势分析

博物馆教育有别于学校教育的显著优势在于其大量的历史文物资料、专业领域的知识讲解、高度还原的历史场景、沉浸式的科普教学等，这都使博物馆教育成为学校教育必不可少的有益补充。而在研学教育课程的实践中，如何充分利用博物馆的优势，建立与学校教育相衔接的关系，则需要博物馆充分认识自身特色。

中国园林博物馆自身特色在于创造性地将传统博物馆的收藏、展示与室内外实景园林有机融合，形成"园中有馆、馆中有园"的展示环境，通过立体的场景还原和浸入式的文化体验，综合表现中国园林艺术魅力的生命力。

在这鲜活而有生命的环境里，园博馆不断开发出了各类适合青少年园林美育及自然科普教育课程。近年来紧密围绕《关于推进中小学生研学旅行的意见》中提出的"研学应与综合实践活动课程统筹考虑，促进研学旅行和学校课程有机融合"，不断探索将自身园林艺术、历史文化及自然科学的研究特色与学校课程的衔接模式，开发了与劳技、自然、生物等课程相关联的设计、建造、实验、创想等能力提升课程，以及与文学、艺术、美术等课程相衔接的传统插花、书画等园居生活美育课程，使博物馆真正成为面向北京市乃至全国广大中小学生开放的博物馆校外教育课堂，让参观者能够走进博物馆，通过真实可感的历史文物、资料展示、场景浸入、互动体验等，加深对课堂课本知识及中国传统优秀文化的深度理解及广度延伸。

2.1 结合传统节日节俗特色　开展园林美育教育

园博馆结合中小学的美育教育需求，充分发挥博物馆的历史文化属性，挖掘中华优秀传统文化在园居文化中的人文艺术精华，通过展示、展演、互动体验、研学、新媒体等方式，深度挖掘中国传统节日中蕴含的节俗文化，感知其间紧密结合的园林文化，在沉浸式的主题活动中学习传统文化课程。如挖掘古代上巳节文化源流，开展春日主题诗词吟诵、传统书法作品临摹、明前茶品饮等形式，浸入式体验古人春日曲水流觞、临水作诗的文化雅趣；依托馆内展览陈设及室内外实景园林景观，结合中国山水园林独特意象表达和美学特点，通过动手实践制作园林立体书展现中国园林建筑、山石、植物、水体四要素，使学生充分认知园林美学特色（图 2～图 5）。

2.2 突出行业特色　开展自然科普专题研究

依托馆内丰富的园林资源，深度挖掘馆内实景园林

图 1　参观湖南省博"长沙马王堆汉墓陈列"主题活动展厅

图 2　结合春季园林景观开展诗词诵读活动

图 3　学习瓦当纹饰文化，雕刻瓦当纹饰

图 4　仲夏夜之梦——夜宿最美博物馆，融合香文化体验

图 5　结合曲水流觞文化开展春日雅集活动

的自然景观及春夏秋冬四时不同景观特色，通过多元化的形式调动孩子们的学习兴趣，认识自然、了解自然，开展劳动教育系列体验，培养青少年的动手能力及生态环保意识。开展"生物多样性保护科普宣传月""爱鸟周主题活动""秘密花园劳动实践""实验室科学探索课程"等主题实践课程，带领青少年通过各类自然科普课程了解、感知大自然。如馆内集观赏、教学、实践、观察于一体的创意造园自然教育实践基地——"秘密花园"，全年通过春夏秋冬不同季节的课程开发，可使青少年感受规划、建造、播种、观测、研究等多种不同体验，通过各种有序的实践劳动逐步完成"秘密花园"的建设，让青少年亲自参与和见证园林的诞生，并让他们深刻了解和体验园林建设过程中劳动的重要性，提升热爱自然、希冀美好生态、期盼美好家园的情感力及动手能力（图 6 ～图 9）。

2.3　结合园林历史与国学典故　专注博物馆特色"游"学

　　除与学校教学相衔接的探索外，园博馆还不断通过

行业博物馆的资源优势，探索出一条具有园林特色的研学。博物馆可以充分利用行业资源优势，不断拓展研学课程的广度提升，通过横向的延伸学习，进一步拓展研学活动的知识探究范围。

　　例如园博馆作为园林行业的专题博物馆，自 2016 至 2019 年间，结合品牌课程"园林小讲师"，园林游学课堂先后组织 10 余批次学员走进故宫博物院、颐和园、恭王府、抗日战争纪念馆等公园、风景区、文博单位及文化遗产单位，根据课程相关知识开展各类主题游学体验活动。与传统的"游学"不同的是，改变目的地固有讲解的模式，结合小讲师课程知识点及学员的背景知识，有针对性地策划游学的目的地、知识重点及体验课程，并不断启发学员的思考与感悟，真正做到探究性、研究式的学习。

　　如：结合初级、高级班小讲师走进具有"一座恭王府，半部清代史"之称的王府园林——恭王府。结合馆内古代园林厅中的王府园林相关知识及"曲水流觞"场景复原，通过深入实地的了解王府园林的建筑布局特点，深入了解"流杯亭"这一园林建筑形式的由来，从而感知"兰

图6　开展北方常见植物花卉辨识活动

图7　植物生长特征观察及记录

图8　结合秋季彩叶景观开展植物色素实验探究

图9　秘密花园植物花境设计及种植劳动体验

亭雅集"中的魏晋风流对园林景观的影响（图10）；以中华人民共和国成立70周年为契机，带领学员走进中国抗日战争纪念馆，了解红色历史革命的同时，结合我馆近现代厅的历史背景，掌握校园园林及租界园林的产生、发展及现状，潜移默化感知中国园林不断发展、繁荣的过程，以及无数革命先辈的奉献精神（图11）。

　　通过不同馆际的探究，进行横向多维度的知识扩充。园博馆在园林小讲师"游学课程"上的探索为其他行业博物馆在专业知识领域资源探索方面进行了积极的尝试，启发各类行业博物馆在依托行业兼容并包的属性，通过博物馆与公园、风景区、文博单位及文化遗产单位联动的方式，不断开发出新的具有行业特色的研学路线和模式。

2.4　充分借力研学基地平台　做好博物馆研学模式的探索

　　研学活动的良性发展需博物馆、社会力量和学校以及政府部门来联合推进，在目前尚缺乏可操作性的行业标准的状况下，如何把握三方共同认可的具有教育性、实践性、安全性、公益性的原则，还需要一段较长的路要走。在研学开展的馆校对接方面，园博馆作为全国中小学生研学实践基地，优先借力基地平台作用，直接与学校建立对接，免去了良莠不齐的第三方机构的掺杂，一方面从专业的博物馆教育方面给出适合的研学课程，另一方面则通过与学校直接建立课程的"供需"对接，掌握一手资料，为后续的课程开发提供更多的基础支撑。主要对接方式如下：

　　首先是依托北京市社会大课堂资源单位平台，提供课程"菜单"供学校集体选课。学校根据研学主题与方向，与园博馆主动联系，提出参与馆内研学活动的相关需求。根据课程"菜单"进行意愿选择，并提出学生的研学需求，博物馆方只需加以部分有针对性的特色化课程设计。在这样的活动对接模式下，既能保证学生参观讲解的个性化定制，又能针对学生群体的需求选择体验项目，保

图 10　走进恭王府"流杯亭"了解曲水流觞文化

有连续性、可持续性的馆内学习、探究的条件。

3　博物馆研学工作开展的困境

3.1　缺乏政策指导

研学是较为新兴的事物，特别是博物馆研学的概念内涵及价值目标尚缺乏权威的认知和解读，已开展研学课程的博物馆其相关做法也较为单一，缺乏创新。

随着素质教育理念深入人心，以及文化需求日益增大，研学活动越来越得到博物馆、学校及第三方组织机构的重视，特别是研学在文旅融合的背景下，迎来新的发展机遇的同时，既要满足博物馆的教育功能，又要适当发挥博物馆休闲旅游的功能，如何实现博物馆研学在"游中学"，在"学中游"，博物馆如何把教育与旅游功能相结合，更需要相关政策的支持和工作人员的不断探索。

证了对学校研学团队的最大化接待。

其次，与教育部公布的全国研学营地合作，作为基地接待外省市研学营地组织到馆参加活动。如：2019年先后接待了北京市教委直属研学营地组织市内远郊区县及安徽、河南等外省市研学团队到园博馆开展一天或半天的研学实践课程（图12）。这样的对接模式，可作为研学参观"链"中的一个"点"，作为课程的提供方，免去与外省市研学团体繁杂的交通、食宿等方面的对接，只需与营地进行课程品质的深入对接，抓住整个研学活动的重点，可更好地为外省市学生团体提供本馆的研学特色活动。

最后，结合传统节假日及周末开展博物馆特色文化及科普体验课程，广泛招募社会青少年团体到馆开展备案至教育部的研学课程。一方面，以园博馆成熟的特色活动体验课程为依托，从而进一步做好品牌课程内容及质量的延伸。另一方面，也为更多青少年群体提供了具

3.2　人员梯队不能满足当前研学需求

目前博物馆普遍存在研学的讲解人员、科普教师及相关保障人员不足的情况，尤其在春、秋两季学生研学团队与馆内观众参观客流量两个高峰期重叠的时段，工作人员压力较大，这迫使博物馆需要不断创新研学课程的接待及服务模式。特别是博物馆应突出地域属性及地缘特色，这就要求各类博物馆需要更为专业的人员不断挖掘自身展览展陈及特色资源，开发出更多的具有园博馆特色的课程。

4　结语

研学旅游现在还处于一个初期发展阶段，不过让人欣喜的是，2019年10月教育部下发《普通高等学校高等职业教育（专科）专业目录2019年增补专业》，

图 11　走进抗战馆了解红色革命历史

图 12　接待河南研学团队开展特色体验活动

其中增补的 9 个专业就包括了"研学旅行管理与服务"专业，通过研学旅行政策法规、研学旅行项目开发与运营、研学旅行安全管理、中小学德育及实践课程概论等课程的设置，势必为旅行社、文博场馆、公共文化场馆培养一批具有德、智、体、美、劳全面发展的专业性人才。加之更多的博物馆也在结合馆内的相关资源进行探索与尝试，充分认识到自身的展览展陈资源、文化属性及专业的人才队伍建设的重要性。相信随着越来越多的博物馆、学校及第三方机构的关注，研学相关政策的完善及落地实施，博物馆将为研学提供一个更为专业和广阔的平台，为更多的中小学生提供研学实践的新天地。

参考文献

[1] 陈理娟，董倩茹 . 博物馆研学内涵及发展路径 [J] . 中国文物报，2019-10.

[2] 沈仲亮 . 博物馆 + 研学旅游：从"物理反应"到"化学反应"还有多远 [J] . 中国文物报，2019-4-9.

Exploration on Giving Full Play to the Educational Advantages of Museum Being a Study Travel Base-Taking The Museum of Chinese Gardens and Landscape Architecture as an Example

Wang Xin-yin, Yin Wei-chao

Abstract: Museum is unique in its cultural attribute, diversity, intuitiveness and specialization, therefore all kinds of study travel agencies and schools are attracted to carry out practice activities in museum constantly. Facing the ever-growing demand of study travel and the participation of study travel agencies, new explorations have taken place in major museums: how can museum mine their own cultural attributes and take full use of the museum's advantage of resource in out-of-school education, to link up with school by setting curriculum of different categories.Taking the Museum of Chinese Gardens and Landscape Architecture as the research object, this paper discusses how the museum can find its own mode in the tide of study travel through the planning and development of its study activities, characteristics and advantages, concrete operations, so as to bring thinking and exploration for the development of study travel in museum

Key words: Study travel; Museum education; Primary and secondary school students; Garden and Landscape architecture; Featured courses

作者简介

王歆音 /1985 年生 / 北京市人 / 助理经济师 / 毕业于北京联合大学 / 本科 / 现就职于中国园林博物馆北京筹备办公室 / 研究方向为科普教育（北京　100072）

殷伟超 /1988 年生 / 北京市人 / 助理馆员 / 毕业于北京联合大学 / 本科 / 现就职于中国园林博物馆北京筹备办公室 / 研究方向为科普教育（北京　100072）

1. 2019 年 4 月 28 日，中国北京世界园艺博览会在延庆开幕

4 月 28 日，2019 年中国北京世界园艺博览会正式开幕，中华人民共和国主席习近平发表了题为《共谋绿色生活，共建美丽家园》的重要讲话。本次世园会主题是"绿色生活 美丽家园"，旨在充分汇集世界各国最新的园艺创新资源，充分展示人类科技文化创新的最新成果，全面反映进入新世纪以来全球绿色创新、科技创新、文化创新的新趋势，反映世界各国人民追求绿色生活、建设美丽家园的新常态。2019 年 4 月 29 日至 2019 年 10 月 7 日在北京市延庆区举行，展期 162 天。

2. 2019 年 5 月 18 日，北京市公园管理中心主办"园说——北京古典名园文物展"

5 月 18 日，北京市公园管理中心主办的重要文化活动"园说——北京古典名园文物展"在首都博物馆开幕，展出颐和园、天坛、北海等市属公园包括瓷器、玉器、青铜器、书画等 190 件公园文物、50 余件（套）资料品，其中一级文物 13 件，二级文物 19 件。展览以讲述十余座北京市属古典名园在北京 800 余年城市建置和变迁中的历史、文化、生态及社会价值为主线，按照时间、空间、功能三个线索，串联"平地山海，溯自辽金""坛庙相望，天人合一""三山五园，移天缩地""百年公园，旧貌新颜"四个板块，全面展现北京保护和传承园林文化遗产成果，让市民深入了解北京的园林历史文化，同时也让这些精美的文物"活起来"。

3. 2019 年 5 月 21 日—8 月 31 日，中国园林博物馆举办"晋祠——中国祠庙园林之典范"展览

展览共展出 105 件（套）晋祠博物馆藏文物及晋祠历年修缮替换下来的建筑构件，展现晋祠的沧桑历史和太原城市、社会发展的历史进程。此次展览是继"天地生成 造化品汇——避暑山庄·外八庙皇家瑰宝大展"之后，又一解读历史名园系列展览。以更贴近观众思维的叙述式大纲，充分表现展示这座祠庙园林的历史、文化、艺术、科学和鉴赏价值；以灵动的展陈方式将园林小品与文物相结合，使观众身临其境地感受晋祠古老文化的魅力。

4. 2019 年 5 月 26 日，中国园林博物馆赴韩国举办中韩风景园林图片展并参加研讨和交流

应韩国国立文化财研究所邀请，中国园林博物馆对韩国相关文化机构进行访问。参加中韩风景园林图片展开幕式，并参加中韩日传统园林保护管理国际研讨会。中、韩、日三国园林方面的专家就东亚传统园林的保护、管理和利用进行了研讨和交流，还对宫陵遗迹中心、韩国国立中央博物馆、大田国立文化财研究所、庆州国立文化财研究所、月池等韩国园林、文化遗产研究、展示和管理机构进行了访问和交流，加深相互了解，双方将在东亚园林研究和展览方面进一步开展项目合作。

5. 2019 年 9 月 29 日，中国园林博物馆举办"盛世花开——庆祝中华人民共和国成立 70 周年插花艺术展"系列活动

29 日，"盛世花开——庆祝中华人民共和国成立 70 周年插花艺术展"在中国园林博物馆开展。展览通过"重现经典""古韵新风""幸福生活"三部分，70 组件插花艺术作品，表达对祖国的深情厚爱。展览将持续至 10 月 7 日，同时将举办插花艺术讲座等活动，为游客带来花艺展示，弘扬并传播中国插花艺术。

6. 中国园林博物馆举办陈俊愉院士园林成就展及相关学术活动

2019 年 9 月 21 日，为了缅怀中国风景园林学科前辈陈俊愉院士光辉的人生事迹、辉煌的学术成就和杰出的园林贡献，中国园林博物馆与北京林业大学、中国风景园林学会举办"只留清气满乾坤——陈俊愉院士园林成就展"。并举办"中国园林与园艺的发展——纪念陈俊愉院士诞辰 102 周年"主题沙龙，邀请业内专家畅谈中国园林与园艺的发展，共同缅怀陈俊愉院士为中国园林与园艺发展做出的杰出贡献。

7. 2018 年度全国十大考古新发现评选结果揭晓

2019 年 3 月 29 日，2018 年度全国十大考古新发现评选结果揭晓，参与角逐的共有来自全国各地申报的 34 项考古发掘项目，年代从新旧石器时代到晚清，时间跨度长达上万年。这十处重大考古发现分别是广东英德青塘遗址、湖北沙洋城河新石器时代遗址、陕西延安芦山峁新石器时代遗址、新疆尼勒克吉仁台沟口遗址、山西闻喜酒务头商代墓地、陕西澄城刘家洼东周遗址、江苏张家港黄泗浦遗址、河北张家口太子城金代城址、重庆合川钓鱼城范家堰南宋衙署遗址、辽宁庄河海域甲午沉舰遗址（经远舰）水下考古调查。

图书在版编目（CIP）数据

中国园林博物馆学刊.06 / 中国园林博物馆主编.
--北京：中国建材工业出版社，2020.1
　　ISBN 978-7-5160-2767-7

　　Ⅰ．①中… Ⅱ．①中… Ⅲ．①园林艺术－博物馆事业
－中国－文集 Ⅳ．①TU986.1-53

　　中国版本图书馆 CIP 数据核字（2019）第282532号

中国园林博物馆学刊　06

Zhongguo Yuanlin Bowuguan Xuekan 06

中国园林博物馆　　主编

出版发行：中国建材工业出版社
地　　址：北京市海淀区三里河路1号
邮　　编：100044
经　　销：全国各地新华书店
印　　刷：北京天恒嘉业印刷有限公司
开　　本：889mm×1194mm　1/16
印　　张：9
字　　数：300千字
版　　次：2020年1月第1版
印　　次：2020年1月第1次
定　　价：48.00元